范例导航系列丛书

Illustrator CC 中文版平面设计与制作 (微课版)

李 军 编著

清华大学出版社

北 京

内 容 简 介

本书以通俗易懂的语言、精挑细选的实用技巧、翔实生动的操作案例，全面介绍了 Illustrator CC 中文版平面设计与制作的相关知识，主要内容包括 Illustrator 基本概念和操作，绘制与管理图形对象，绘制复杂的图形，图形填色与描边，文字工具，描摹图稿与符号工具，修剪、混合与封套扭曲，图层与蒙版，图表的设计及应用，外观与效果应用，切片与网页输出，综合应用实战案例等方面的知识、技巧及应用案例。

本书内容翔实，图文并茂，可操作性和针对性强，适合广大 Illustrator 初中级用户，适合从事平面设计、插画设计、包装设计、网页制作等相关工作人员作为自学用书和参考指导书籍，也可以作为高等院校和社会培训机构教学与辅导用书。

图书在版编目(CIP)数据

Illustrator CC 中文版平面设计与制作：微课版/李军编著. —北京：清华大学出版社，2021.1
(范例导航系列丛书)
ISBN 978-7-302-57063-9

Ⅰ. ①I… Ⅱ. ①李… Ⅲ. ①平面设计—图形软件 Ⅳ. ①TP391.412

中国版本图书馆 CIP 数据核字(2020)第 251157 号

责任编辑：魏　莹
封面设计：杨玉兰
责任校对：周剑云
责任印制：宋　林

出版发行：清华大学出版社
　　　　网　　　址：http://www.tup.com.cn, http://www.wqbook.com
　　　　地　　　址：北京清华大学学研大厦 A 座　　　　邮　　编：100084
　　　　社 总 机：010-62770175　　　　　　　　　　邮　　购：010-62786544
　　　　投稿与读者服务：010-62776969, c-service@tup.tsinghua.edu.cn
　　　　质量反馈：010-62772015, zhiliang@tup.tsinghua.edu.cn
印 装 者：三河市宏图印务有限公司
经　　销：全国新华书店
开　　本：185mm×260mm　　　印　张：23.5　　　字　数：567 千字
版　　次：2021 年 1 月第 1 版　　　　　　印　次：2021 年 1 月第 1 次印刷
定　　价：89.00 元

产品编号：087707-01

致 读 者

"范例导航系列丛书"将成为您"快速掌握电脑技能，灵活处理职场工作"的全新学习工具和业务宝典，通过"图书+在线多媒体视频教程+网上技术指导"等多种方式与渠道，为您奉上丰盛的学习与进阶的盛宴。

"范例导航系列丛书"涵盖了电脑基础与办公、图形图像处理、计算机辅助设计等多个领域，本系列丛书汲取目前市面上同类图书的成功经验，针对读者最常见的需求进行精心设计，从而让内容更丰富、讲解更清晰、覆盖面更广，是读者首选的电脑入门与应用类学习及参考用书。

热切希望通过我们的努力不断满足读者的需求，不断提高我们的图书编写与技术服务水平，进而达到与读者共同学习、共同提高的目的。

一、轻松易懂的学习模式

我们遵循"打造最优秀的图书、制作最优秀的电脑学习视频、提供最完善的学习与工作指导"的原则，在本系列图书编写过程中，聘请电脑操作与教学经验丰富的教师和来自工作一线的技术骨干倾力合作，为您系统化地学习和掌握相关知识与技术奠定扎实的基础。

1. 快速入门、学以致用

本套图书特别注重读者学习习惯和实践工作应用，针对图书的内容与知识点，设计了更加贴近读者学习的教学模式，采用"基础知识学习+范例应用与上机指导+课后练习与上机操作"的教学模式，帮助读者从初步了解到掌握再到实践应用，循序渐进地成为电脑应用高手与行业精英。

2. 版式清晰、条理分明

为便于读者学习和阅读本书，我们聘请专业的图书排版与设计师，根据读者的阅读习

惯，精心设计了赏心悦目的版式，全书图案精美、布局美观，读者可以轻松完成整个学习过程，进而在愉快的阅读氛围中快速学习、逐步提高。

3. 结合实践、注重职业化应用

本套图书在内容安排方面，尽量摒弃枯燥乏味的基础理论，精选了更适合实际生活与工作的知识点，每个知识点均采用"基础知识+范例应用"的模式编写，其中"基础知识"的操作部分偏重于知识学习与灵活运用，"范例应用与上机操作"主要讲解该知识点在实际工作和生活中的综合应用。此外，每章的最后都安排了"本章小结与课后练习"及"上机操作"，帮助读者综合应用本章的知识进行自我练习。

二、易于读者学习的编写体例

本套图书在编写过程中，注重内容起点低、操作上手快、讲解言简意赅，读者不需要复杂的思考，即可快速掌握所学的知识与内容。同时针对知识点及各个知识板块的衔接，科学地划分章节，知识点分布由浅入深，符合读者循序渐进与逐步掌握的学习规律，从而使学习达到事半功倍的效果。

- **本章要点**：在每章的章首页，我们以言简意赅的语言，清晰地表述了本章即将介绍的知识点，读者可以有目的地学习与掌握相关知识。

- **操作步骤**：对于需要实践操作的内容，全部采用分步骤、分要点的讲解方式，图文并茂，使读者不但可以动手操作，还可以在大量的实践案例练习中，不断提高操作技能和经验。

- **知识精讲**：对于软件功能和实际操作应用比较复杂的知识，或者难以理解的内容，进行更为详尽的讲解，帮助您拓展、提高与掌握更多的技巧。

- **范例应用与上机操作**：读者通过阅读和学习此部分内容，可以边动手操作，边阅读书中所介绍的实例，一步一步地快速掌握和巩固所学知识。

- **课后练习与上机操作**：通过此栏目内容，不但可以温习所学知识，还可以通过练习，达到巩固基础、提高操作能力的目的。

三、精心制作的在线视频教程

本套丛书配套在线多媒体视频教学课程，旨在帮助读者完成"从入门到提高，从实践操作到职业化应用"的一站式学习与辅导过程。读者在阅读本书的过程中，可以使用手机网络浏览器或者微信等工具，扫描每节标题左侧的二维码，即可在打开的视频界面中实时在线观看视频教程，或者将视频课程下载到手机中，也可以将视频课程发送到自己的电子邮箱随时离线学习。

四、图书产品与读者对象

　　"范例导航系列丛书"涵盖电脑应用各个领域，为读者提供了全面的学习与交流平台，适合电脑的初、中级读者，以及对电脑有一定基础、需要进一步学习电脑办公技能的电脑爱好者与工作人员，也可作为大中专院校、各类电脑培训班的教材。本套丛书具体书目如下。

- ■ Office 2016 电脑办公基础与应用(Windows 7+Office 2016 版)(微课版)

- ■ Dreamweaver CC 中文版网页设计与制作(微课版)

- ■ Flash CC 中文版动画设计与制作(微课版)

- ■ Photoshop CC 中文版平面设计与制作(微课版)

- ■ Premiere Pro CC 视频编辑与制作(微课版)

- ■ Illustrator CC 中文版平面设计与制作(微课版)

- ■ 会声会影 2019 中文版视频编辑与制作(微课版)

- ■ CorelDRAW 2019 中文版图形创意设计与制作(微课版)

- ■ Office 2010 电脑办公基础与应用(Windows 7+Office 2010 版)

- ■ Dreamweaver CS6 网页设计与制作

- ■ AutoCAD 2014 中文版基础与应用

- ■ Excel 2010 电子表格入门与应用

- ■ Flash CS6 中文版动画设计与制作

- ■ CorelDRAW X6 中文版平面设计与制作

- ■ Excel 2010 公式·函数·图表与数据分析

- ■ Illustrator CS6 中文版平面设计与制作

致读者

III

- UG NX 8.5 中文版入门与应用
- After Effects CS6 基础入门与应用

五、全程学习与工作指导

为了帮助您顺利学习、高效就业，如果您在学习与工作中遇到疑难问题，欢迎来信与我们及时交流与沟通，我们将全程免费答疑。希望我们的工作能够让您更加满意，希望我们的指导能够为您带来更大的收获，希望我们可以成为志同道合的朋友！

最后，感谢您对本系列图书的支持，我们将再接再厉，努力为读者奉献更加优秀的图书。衷心地祝愿您能早日成为电脑高手！

编　者

前　　言

Illustrator CC 功能强大、易学易用，深受图形图像处理爱好者和平面设计人员的喜爱，在平面设计领域应用广泛，其强大的图像处理功能为图像的处理和制作带来了很大的便利。为了帮助初学者快速地掌握 Illustrator CC 软件，以便在日常的学习和工作中学以致用，我们编写了本书。

一、购买本书能学到什么

本书在编写过程中根据初学者的学习习惯，采用由浅入深、由易到难的方式讲解，为读者快速学习提供了一个全新的学习和实践操作平台，无论是基础知识安排还是实践应用能力的训练，都充分考虑了用户的需求，快速达到理论知识与应用能力的同步提高。全书结构清晰、内容丰富，主要包括以下 6 个方面的内容。

1. Illustrator CC 的基本概念和操作

本书第 1 章，介绍了软件的基本概念和操作方面的知识，包括 Illustrator 的应用领域、矢量图与位图、Illustrator CC 2019 工作界面、文件操作、视图显示的基本操作、使用辅助绘图工具和图像文档的查看等方面的知识及相关操作方法。

2. 绘制与填色图形

本书第 2~4 章，介绍了绘制与编辑图形以及为图形填色的相关知识，包括绘制与管理图形对象、绘制复杂的图形和图形填色与描边等相关操作方法。

3. 文本编辑与艺术处理

本书第 5~7 章，介绍了文字编辑与艺术处理的相关操作，包括文字工具，描摹图稿与符号工具，修剪、混合与封套扭曲的相关知识及使用方法。

4. 图层蒙版以及图表的设计应用

本书第 8~9 章，介绍了图层与蒙版以及图表的设计和应用，包括图层与蒙版、图表的设计及应用的方法与使用技巧。

5. 效果应用和切片与输出

本书第 10~11 章，介绍了效果应用和切片与输出方法，包括外观与效果应用、切片与网页输出等方面的知识。

6. 综合应用实战案例

本书第 12 章，介绍了制作精美名片、制作创意图形统计表和设计公益广告插图 3 个综合应用案例，为综合运用 Illustrator CC 软件奠定坚实的基础，使读者学习后，达到学以致用的效果。

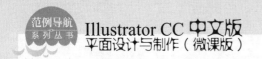

二、如何获取本书的学习资源

为帮助读者高效、快捷地学习本书的知识点，我们不但为读者准备了与本书知识点有关的配套素材文件，而且设计并制作了精品视频教学课程，还为教师准备了 PPT 课件资源。购买本书的读者，可以通过以下途径获取相关的配套学习资源。

1. 扫描书中二维码获取在线学习视频

读者在学习本书的过程中，可以使用微信的扫一扫功能，扫描本书标题左下角的二维码，在打开的视频播放页面中可以在线观看视频课程。这些课程读者也可以下载并保存到手机或电脑中离线观看。

2. 登录网站获取更多学习资源

本书配套素材和 PPT 课件资源，读者可登录网址 http://www.tup.com.cn(清华大学出版社官方网站)下载相关学习资料，也可关注"文杰书院"微信公众号获取更多的学习资源。

本书由文杰书院组织编写，参与本书编写工作的有李军、袁帅、文雪、李强、高桂华等。我们真切希望读者在阅读本书之后，可以开阔视野，提高实践操作技能，并从中学习和总结操作经验及规律，达到灵活运用的水平。鉴于编者水平有限，书中纰漏和考虑不周之处在所难免，热忱欢迎读者予以批评、指正，以便我们日后能为您编写更好的图书。

编　者

目　　录

第**1**章

Illustrator 基本概念和操作

本章主要介绍了 Illustrator 的应用领域、矢量图与位图、文件操作、Illustrator CC 2019 工作界面、视图显示的基本操作、使用辅助绘图工具方面的知识与技巧，同时还讲解了如何进行图像文档的查看。通过本章的学习，读者可以掌握 Illustrator 基本概念和操作方面的知识，为深入学习 Illustrator CC 中文版平面设计与制作知识奠定基础。

本 章 要 点

1. Illustrator 的应用领域

2. 矢量图与位图

3. Illustrator CC 2019 工作界面

4. 文件操作

5. 视图显示的基本操作

6. 使用辅助绘图工具

7. 图像文档的查看

Illustrator 的应用领域

手机扫描下方二维码，观看本节视频课程

Illustrator 是 Adobe 公司开发的功能强大的工业标准矢量绘图软件，广泛地应用于平面广告设计、网页图形设计等领域。Illustrator CC 2019(本书将以该版本进行详细讲解)功能非常强大，可以完成多种设计工作，本节将详细介绍 Illustrator 应用领域的相关知识。

1.1.1 标志和 VI 设计

Illustrator CC 2019 作为功能强大的矢量绘图软件，可以非常便捷地设计企业标志、品牌商标等，如图 1-1 所示。

图 1-1

Illustrator CC 2019 还可以以标志为核心进行 VI 设计，如图 1-2 所示。

图 1-2

1.1.2 插画设计

使用 Illustrator CC，用户还可绘制一些线条简练、颜色概括的时尚小插画，如图 1-3 所示。

图 1-3

1.1.3 平面设计

使用 Illustrator CC 2019 用户可以设计专业的平面设计作品，包括广告单页、画册、折页、时尚图案、名片等，如图 1-4～图 1-7 所示。

图 1-4

图 1-5

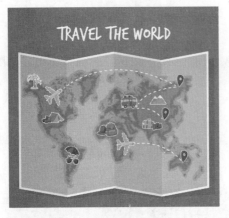

图1-6 图1-7

矢量图与位图

手机扫描下方二维码，观看本节视频课程

计算机的图像都是以数字的方式进行记录和存储的，可分为矢量式和位图式两种形式的图像。它们是设计的最基本的概念，只要接触图片就必然会接触这两个概念。这两种图像类型各有优缺点，在处理编辑图像文件时可以交叉使用。本节将详细介绍矢量图与位图的相关知识。

1.2.1 矢量图形

矢量图形也叫向量图形，是以数学的矢量方式来记录图像的内容。每个矢量对象都有与其外形相对应的路径，可以随意改变对象的位置、形状、大小和颜色，不会产生锯齿模糊的效果。矢量图形适用于设计标志、图案、文字等，如图1-8所示。

图1-8

1.2.2　位图图像

位图图像也叫像素图像或栅格图像，它是由许多单独的点组成的，每一个点即一个像素，而每一个像素都有明确的颜色。位图图像的清晰度与分辨率有关，分辨率代表单位面积内包含的像素，分辨率越高，在单位面积内的像素就越多，图像也就越清晰。因此，位图放大以后会出现锯齿现象，如图 1-9 所示。

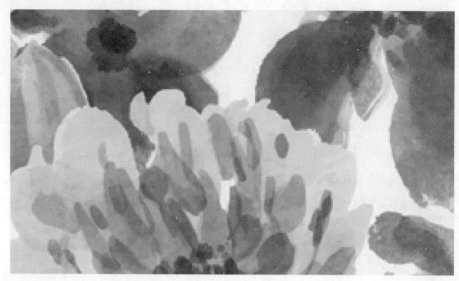

图 1-9

1.2.3　矢量图和位图的相互转换

使用 Illustrator 和 Photoshop 可以进行矢量图和位图的相互转换，下面将分别详细介绍其操作方法。

1.　将矢量图转换为位图

使用 Illustrator 软件配合 Photoshop 软件可以轻松地将矢量图转换为位图，下面详细介绍其操作方法。

素材文件❀　　第 1 章\素材文件\彩绘可爱新年雪人矢量素材.ai

效果文件❀　　第 1 章\效果文件\位图.jpg

 ① 在 Illustrator CC 2019 中选中矢量图，② 单击【编辑】主菜单，③ 在弹出的菜单中选择【复制】菜单项，如图 1-10 所示。

step 2　在 Photoshop 中新建一个文件，① 单击【编辑】主菜单，② 选择【粘贴】菜单项，如图 1-11 所示。

图 1-10

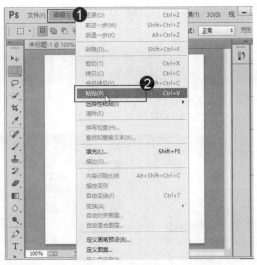

图 1-11

step 3 系统将弹出【粘贴】对话框，在其中可以选择不同的粘贴选项。一般情况下，① 选中【智能对象】单选按钮即可，这个选项的特点是保留导入图片的矢量特点，② 然后单击【确定】按钮，如图 1-12 所示。

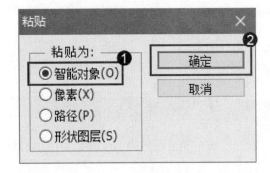

图 1-12

step 4 在 Photoshop 中会看到画布中出现导入的变换框，按下键盘上的 Enter 键确认，如图 1-13 所示。

图 1-13

step 5 此时，在【图层】面板中将出现一个【矢量智能对象】图层，如图 1-14 所示。

step 6 除非在【矢量智能对象】图层上，① 单击鼠标右键，② 在弹出的快捷菜单中选择【栅格化图层】菜单项，将其转换为普通的图像图层，如图 1-15 所示，否则这个图层将始终保留矢量的特性，可任意放大缩小。

图 1-14

图 1-15

step 7 对当前图层执行一些滤镜或变形操作的时候，不需要转换其矢量属性，例如对矢量图层执行【滤镜】→【像素化】→【彩块化】命令，如图 1-16 所示。

图 1-16

step 8 会发现 Photoshop 不会出现低版本中弹出的【提示栅格化】对话框，而是在当前图层添加一个【智能滤镜】的附加效果，如图 1-17 所示。这个功能可以最大限度地发挥矢量图的优势。

图 1-17

step 9 在 Photoshop 中完成一系列操作之后，① 在菜单栏中单击【文件】主菜单，② 在弹出的菜单中选择【存储为】菜单项，如图 1-18 所示。

step 10 弹出【另存为】对话框，① 选择准备保存位图图像的位置，② 设置【文件名】和【保存类型】，③ 单击【保存】按钮，即可完成将矢量图转换为位图的操作，如图 1-19 所示。

图 1-18

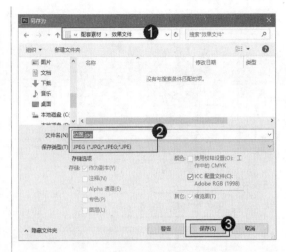

图 1-19

2. 将位图转换为矢量图

使用 Illustrator 软件可以轻松地将位图转换为矢量图，方便用户进行使用，下面详细介绍其操作方法。

| 素材文件 ❀ | 第1章\素材文件\花丛中的女子.jpg |
| 效果文件 ❀ | 第1章\效果文件\矢量图.ai |

step 1 在 Illustrator CC 2019 中导入一张位图照片，选中它之后应用控制面板中的【图像描摹】功能，即可将其转换为矢量图。单击【图像描摹】功能按钮，即可弹出多个描摹命令，如图 1-20 所示。

step 2 执行其中的某个命令即可完成描摹的过程，如图 1-21 所示是执行【黑白徽标】命令的效果。

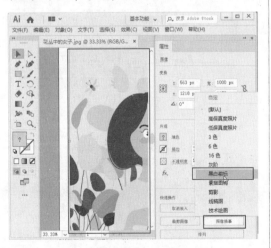

图 1-20

图 1-21

step 3 在 Illustrator 中完成一系列操作之后，① 在菜单栏中单击【文件】主菜单，② 在弹出的菜单中选择【存储为】菜单项，如图 1-22 所示。

图 1-22

step 4 弹出【存储为】对话框，① 选择准备保存矢量图像的位置，② 设置【文件名】和【保存类型】，③ 单击【保存】按钮，即可完成将位图转换为矢量图的操作，如图 1-23 所示。

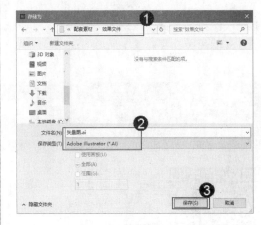

图 1-23

1.2.4　Illustrator 可用的图像存储格式

图像存储格式是指图像文件中的数据信息的不同存储方式。在 Illustrator 中，用户不仅可以使用软件本身的*.AI 图形文件格式，还可以导入和导出其他的图形文件格式，如*.EPS、*.SVG、*.PDF 等。下面将分别介绍几种常用的文件格式。

1. AI 格式

AI 格式即 Adobe Illustrator 文件，是 Illustrator 原生文件格式，可以同时保存矢量信息和位图信息，是 Illustrator 专有的文件格式。AI 格式能够保存 Illustrator 的图层、蒙版、滤镜效果、混合和透明度等数据信息。AI 格式是在图形软件 Freehand、CorelDRAW 和 Illustrator 之间进行数据交换的理想格式。

2. EPS 格式

EPS 格式是 Encapsulated PostScript 的缩写，是一种通用的行业标准格式，主要用于存储矢量图形和位图图像。EPS 格式采用 PostScript 语言进行描述，并且可以保存其他类型的信息，大多数绘图软件和排版软件都支持 EPS 格式。EPS 格式可以在各软件之间相互交换，用于印刷、输出 Illustrator 文件的格式，将所选路径以外的区域应用为透明状态。

3. PDF 格式

PDF 是一种通用的文件格式，这种文件格式保留在各种应用程序和平台上创建的字体、图像和版面。PDF 格式是一种跨平台的文件格式，Illustrator 和 Photoshop 都可以直接将文件

存储为 PDF 格式。PDF 格式的文件可用于 Acrobat Reader 在 Windows、Mac OS、UNIX、DOS 环境中进行浏览。

4. SVG 格式

SVG 格式的英文全称为 Scalable Vector Graphics，原意为可缩放的矢量图形，是一种用来描述图像的形状、路径文本和滤镜效果的矢量格式，可以任意放大显示，不会丢失图像细节。该图形格式的优点是非常紧凑，并能提供可以在网上发布或打印的高质量图形。

Section 1.3 Illustrator CC 2019 工作界面

手机扫描下方二维码，观看本节视频课程

Illustrator CC 2019 的工作界面性能增强，呈现出更整洁的界面，为用户提供了更好的体验。此外，工作界面和工作流程中新增了一些重要内容并对某些部分进行了修改，从而提高用户在使用 Illustrator 时的效率，本节将详细介绍 Illustrator CC 2019 工作界面的相关知识。

1.3.1 认识工作区

在软件中用户用来布置操作对象、绘制图形的区域被称为工作区。工作区几乎占据了整个窗口的位置，如图 1-24 所示。

图 1-24

知识精讲

在学习菜单命令的时候注意要有意识地观察每个主菜单的特点，如【文件】菜单下集中了关于创建、保存、导出和导入文件、打印等有关文件基本操作的命令，【对象】菜单下集中了 Illustrator 对于路径对象的很多高级的编辑命令。

下面讲解工作区的各个功能区域。

- ①菜单栏。大部分的基本操作都能从菜单栏里找到。
- ②控制面板。对应不同操作状态的即时命令面板，如在没有选择任何对象的情况下，可设置文档的尺寸和软件的"首选项"，如图 1-25 所示。

图 1-25

当选中某个对象的时候，会出现能够修改其尺寸和坐标位置的选项。同时要注意，在控制面板的最左边会提示当前所选对象的属性，如图 1-26 所示表示所选对象是一个"锚点"对象时，控制面板的状态。

图 1-26

- ③工具箱。Illustrator 的核心控制区，里面包含使用频率非常高的工具，包括选择工具、绘图工具、修图工具、文字工具、图形工具等。

　　在工具箱中，若图标右下方有一个小三角，则表示里面有隐藏工具。在该工具图标上单击鼠标右键，就能打开隐藏的工具菜单。

- ④浮动面板。包括描边、渐变、透明度、色板、画笔、符号等面板，通常情况下需要结合菜单和工具箱才能真正发挥面板的强大功能。

　　通常情况下，按快捷键 Shift+Tab 可以快速地隐藏所有的浮动面板，再按一次该快捷键则取消隐藏。而按 Tab 键可以将浮动面板和工具箱一起隐藏。这一点和 Photoshop 是一样的，因为它们都是 Adobe 公司开发的软件，有很多相似甚至相同的操作方法，所以用户在具备 Photoshop 的学习基础上再学习 Illustrator 会轻松很多。

- ⑤画板。绘图的工作窗口，也是在打印时有效的打印范围。

1.3.2　智能绘图模式

　　Illustrator CC 2019 除了正常绘图模式外，还有两种智能绘图模式，在工具箱中可单击图标进行切换，如图 1-27 所示。

图 1-27

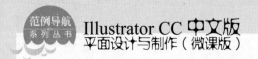

1. 背面绘图 🔒

使用背面绘图模式时，新画的图形会出现在选中图形的下方，重叠的地方默认被遮住。Illustrator 默认的方式是新画的图形总是在最上方，如果想让旧图形覆盖新图形就需要画完了再调整层次，而这一模式省去了这一步。

2. 内部绘图 ⊙

在图形的内部绘图，不管怎么画，只有图形内部的会显示出来，其实生成的是一个自动蒙版的编组对象。下面用几个图形来讲解这个模式。首先选择矩形工具并按住 Shift 键绘制一个正方形，如图 1-28 所示。然后单击【内部绘图】按钮 ⊙，正方形四角出现了虚线，表示进入内部绘图模式，如图 1-29 所示。

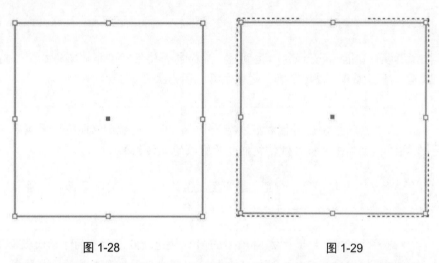

图 1-28   图 1-29

使用五角星工具在矩形的中心点按住 Shift+Alt 组合键可创建一个以鼠标指针落点为中心的五角星形状，如图 1-30 所示。然后使用工具箱里面的移动工具在图形的外部任何地方单击取消其选择状态，此时会发现五角星进入到了矩形里面，如图 1-31 所示。

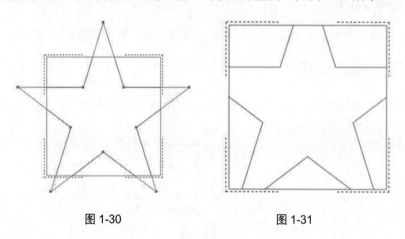

图 1-30   图 1-31

此时如果使用群组选择工具单击五角星可单独选中它，然后为它设置一个颜色，如图 1-32 所示。

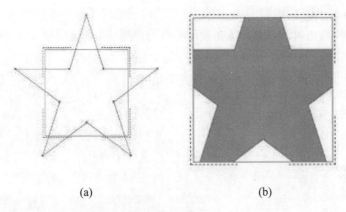

(a)   (b)

图 1-32

如使用移动工具选中整个编组对象，然后单击鼠标右键，在弹出的快捷菜单中将出现图 1-33 所示的【释放剪切蒙版】命令(这也验证了使用内部绘图将得到一个蒙版对象)，执行这个命令，五角星即可被分离出来，如图 1-34 所示。

   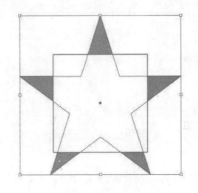

图 1-33   图 1-34

此时用移动工具可将正方形和五角星两个图形分别移动到不同的位置，如图 1-35 所示。

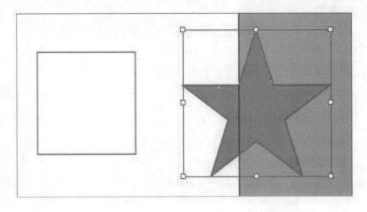

图 1-35

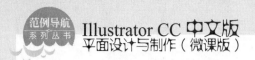
1.3.3 改变工作界面的颜色

启动 Illustrator CC 2019 软件后，默认的工作界面颜色显示为深灰色，开发者的目的是想让用户的视觉体验更舒适，尤其是在处理丰富的色彩作品时，可以专注于处理图片。下面详细介绍改变工作界面颜色的操作方法。

 启动 Illustrator CC 2019 软件，在菜单栏中选择【编辑】→【首选项】→【用户界面】菜单项，如图 1-36 所示。

 弹出【首选项】对话框，① 切换到【用户界面】选项设置界面，② 在【亮度】选项右侧可以通过单击相应的按钮设置工作界面的亮度，③ 将【画布颜色】设置为【白色】，④ 单击【确定】按钮，如图 1-37 所示。

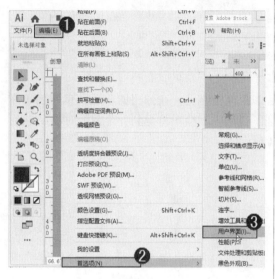

图 1-36

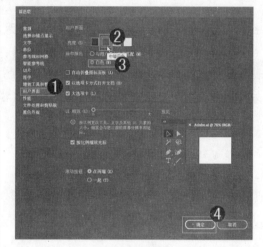

图 1-37

 返回到 Illustrator CC 2019 主界面中，可以看到工作界面的颜色已经改变，这样即可完成改变工作界面颜色的操作，如图 1-38 所示。

图 1-38

1.3.4　调整窗口大小

在 Illustrator CC 标题栏的右侧有 3 个控制窗口大小的按钮 。当单击【最小化】按钮 时，工作界面将呈最小化状态，并且显示在 Windows 系统的任务栏中。在任务栏中单击【最小化】图标，可以使 Illustrator CC 软件的界面还原为最大化显示；当单击【恢复】按钮 时，可以使工作界面变为还原状态，此时按钮变为【最大化】 形状，再次单击此按钮可以将还原后的工作界面最大化显示；当单击【关闭】按钮 时，可以将当前工作界面关闭，退出 Illustrator CC 软件。

Section 1.4　文 件 操 作

手机扫描下方二维码，观看本节视频课程

Illustrator CC 2019 和很多的矢量图形软件在操作方法、概念上都没有太大的区别。前面的学习让用户对 Illustrator CC 2019 有了大体了解，本小节将会让用户掌握一些基础的文件操作方法。如新建、打开、置入、存储、导出和关闭等，这些基本操作对于以后的进一步学习是非常重要的。

1.4.1　新建文件

用户可能经常使用 Word 文档，它启动之后就是一个新的文件。但是 Illustrator CC 需要使用一些菜单命令创建一个新的文件。下面详细介绍新建文件的操作方法。

step 1　在 Illustrator CC 菜单栏中，选择【文件】→【新建】菜单项，如图 1-39 所示。

step 2　弹出【新建文档】对话框，用户可以设置新建文件的名称、文件大小、方向、出血等，完成设置后，单击【创建】按钮，如图 1-40 所示。

图 1-39

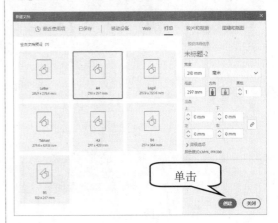

图 1-40

第一章 Illustrator 基本概念和操作

step 3　通过以上方法即可完成新建文件的操作，效果如图 1-41 所示。

图 1-41

智慧锦囊

在 Illustrator CC 中，新建一个文件时，按 Ctrl+Alt+N 组合键可快速新建文件，而不会打开【新建文档】对话框，并且其文件属性与上一个文件相同。

考考您

请您根据上述方法新建一个文件，测试一下您的学习效果。

知识精讲　根据设计用途的不同，Illustrator CC 预置了多个预设配置，在【新建文档】对话框顶部的选项卡中可以选择文档的用途。

1.4.2　打开一个已存在的文件

用户有时候会需要打开一个已经制作好的或者一个还没有完成的文件，下面将详细介绍打开一个已存在文件的操作方法。

step 1　在 Illustrator CC 菜单栏中，选择【文件】→【打开】菜单项，如图 1-42 所示。

图 1-42

step 2　弹出【打开】对话框，① 选择需要打开的已存在文件所在的位置，② 选择准备打开的文件，③ 单击【打开】按钮，如图 1-43 所示。

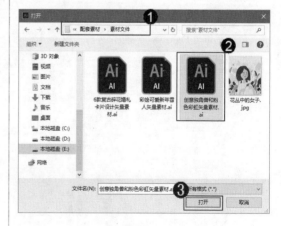

图 1-43

step 3 可以看到已经将选择的文件打开了，这样即可完成打开已存在文件的操作，如图 1-44 所示。

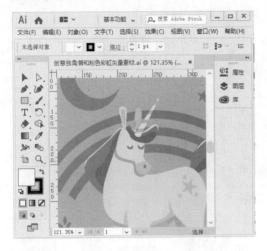

图 1-44

在 Illustrator CC 中，如果用户想打开最近使用的文件，需要选择【文件】菜单，再选择【最近打开的文件】菜单项，这里包含了用户最近在 Illustrator 中使用过的 19 个文件，单击其中一个文件的名称，通过以上方法即可直接打开最近使用的文件。设置文件名称时，最好修改为自定义名称，方便日后查找。

考考您

请您根据上述方法打开一个文件，测试一下您的学习效果。

1.4.3 保存文件

在 Illustrator CC 中绘制编辑完成图像后，用户应学会如何将文件及时保存，下面详细介绍保存文件的操作方法。

step 1 第一次保存绘制完成的图像，选择【文件】→【存储】菜单项，如图 1-45 所示。

图 1-45

step 2 弹出【存储为】对话框，① 设置保存文件所在的位置，② 设置文件名称，③ 单击【保存】按钮，如图 1-46 所示。

图 1-46

step 3 弹出【Illustrator 选项】对话框，① 设置准备保存的版本，② 单击【确定】按钮，如图 1-47 所示。

step 4 返回到 Illustrator CC 软件主界面中，可以看到文件的标题已修改为刚刚设置的名称，这样即可完成保存文件的操作，如图 1-48 所示。

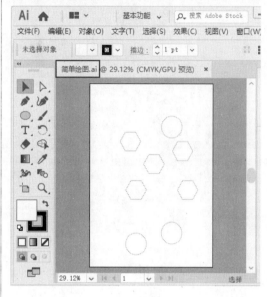

图 1-47

图 1-48

1.4.4 关闭文件

在 Illustrator CC 中，完成绘制图形或者编辑图像并保存后，用户需要学习如何关闭文件，关闭文件操作后并不会将软件退出，下面详细介绍其操作方法。

step 1 在菜单栏中，① 单击【文件】主菜单，② 选择【关闭】菜单项，如图 1-49 所示。

step 2 可以看到已经将该文件关闭，这样即完成关闭文件的操作，如图 1-50 所示。

图 1-49

图 1-50

视图显示的基本操作

手机扫描下方二维码，观看本节视频课程

在使用 Illustrator CC 绘制图像的过程中，用户可以根据需要随时调整视图显示的比例和模式，方便用户在使用 Illustrator 绘制图像时进行观察和操作。本节将详细介绍视图显示的基本操作相关知识。

1.5.1 选择视图模式

启动 Illustrator CC 软件后，在菜单栏中单击【视图】菜单项，在弹出的菜单中可以看到其中包括【预览】、【轮廓】、【叠印预览】、【像素预览】4 种视图模式，在绘制图像时可以根据不同需求选择不同的视图模式。下面将分别介绍这 4 种视图模式。

1. 预览模式

预览模式是系统默认的模式，如果运用其他模式后想返回最初的【预览】模式，可在菜单栏中选择【视图】菜单项，再选择【预览】命令即可。在【预览】模式下会显示图形或图像的大部分细节，但占用内存较大，显示和刷新速度较慢，如图 1-51 所示。

2. 轮廓模式

轮廓模式隐藏了图像的颜色信息，图像仅显示出其轮廓。在菜单栏中单击【视图】菜单项，再选择【轮廓】命令即可将图像以轮廓线方式显示。这种模式的显示速度和屏幕刷新率比较快，适合查看比较复杂的图像，如图 1-52 所示。

图 1-51

图 1-52

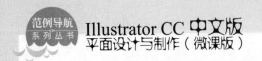

3. 叠印预览模式

叠印预览模式可以显示接近油墨混合且透明的效果，在菜单栏中选择【视图】菜单项，再选择【叠印预览】命令，图像即显示为【叠印预览】模式，如图 1-53 所示。

4. 像素预览模式

像素预览模式可以将矢量图像转换为位图图像而显示出来，这样可以有效地控制图像的精确度和尺寸。在菜单栏中选择【视图】菜单项，再选择【像素预览】命令即可转换为【像素预览】模式，如图 1-54 所示。

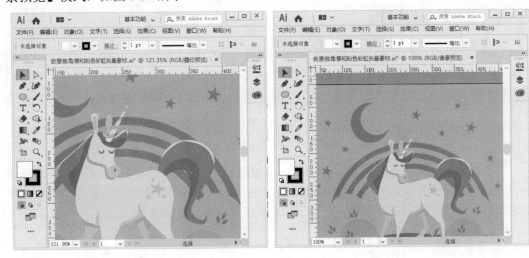

图 1-53　　　　　　　　　　　　　　　图 1-54

　　　3 种视图模式的快捷键操作：如需快速切换【轮廓】模式，在键盘上按 Ctrl+Y 组合键；如需快速切换【叠印预览】模式，在键盘上按 Ctrl+Alt+Shift+Y 组合键；如需快速切换【像素预览】模式，在键盘上按 Ctrl+Alt+Y 组合键。这样即可方便用户利用视图模式的快捷键更加方便快捷地绘制图像。

1.5.2　适合窗口与实际大小显示图像

在 Illustrator CC 中绘制图像时，用户需要运用到适合窗口大小显示图像和显示图像的实际大小的操作方法，熟练使用其操作方法能够帮助用户快速有效地绘制图像，下面将详细介绍适合窗口与实际大小显示图像的操作方法。

1. 适合窗口大小显示图像

在 Illustrator CC 中，用户选择适合窗口大小显示图像，可以使图像在工作界面中保持最大限度的完整性。下面详细介绍其操作方法。

step 1 在 Illustrator CC 菜单栏中，选择【视图】→【画板适合窗口大小】菜单项，如图 1-55 所示。

step 2 通过以上操作即可完成适合窗口大小显示图像的操作，效果如图 1-56 所示。

图 1-55

图 1-56

2. 显示图像的实际大小

在 Illustrator CC 中，若想显示实际大小图像，可将图像按百分百的比例效果显示，用户可以在此状态下对图像进行更精确的编辑。下面详细介绍其操作方法。

step 1 在 Illustrator CC 菜单栏中，选择【视图】→【实际大小】菜单项，如图 1-57 所示。

step 2 通过以上操作即可完成显示实际大小图像的操作，效果如图 1-58 所示。

图 1-57

图 1-58

1.5.3 全屏与窗口显示图像

在 Illustrator CC 中，为满足用户的工作需求，而提供了多种屏幕模式。在打开多个图像窗口时，也可将其按要求摆放。下面将分别介绍全屏与窗口显示图像的操作。

第一章　Illustrator 基本概念和操作

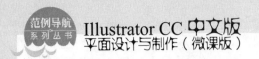
1. 全屏显示图像

Illustrator CC 中提供了 4 种全屏显示图像的屏幕模式，分别是【演示文稿模式】、【正常屏幕模式】、【带有菜单栏的全屏模式】和【全屏模式】。单击工具箱下方的【更改屏幕模式】按钮 🔲，可以在 4 种模式之间相互转换；反复按 F 键也可以切换屏幕显示模式。

- 演示文稿模式：该模式是 Illustrator CC 2019 中新增加的一项非常实用的功能，它能够提供在 Web 或移动设备上打印或查看裁剪后设计稿的效果。
- 正常屏幕模式：这种屏幕模式包含有标题栏、菜单栏、工具箱、工具属性栏、控制面板、状态栏和打开文件的标题栏。
- 带有菜单栏的全屏模式：这种屏幕模式包含有菜单栏、工具箱、工具属性栏、控制面板等。
- 全屏模式：这种屏幕模式包含有工具箱、工具属性栏和控制面板。

2. 窗口显示图像

在 Illustrator CC 中，打开多个文件时，屏幕会显示出多个窗口，用户可根据实际需求摆放和布置窗口。下面详细介绍其操作方法。

step 1 在 Illustrator CC 菜单栏中，选择【窗口】→【排列】菜单项，再根据实际需要选择窗口的显示效果，这里选择【平铺】菜单项，如图 1-59 所示。

step 2 可以看到打开的文件已按照"平铺"的方式进行显示，通过以上操作即可完成窗口显示图像的操作，效果如图 1-60 所示。

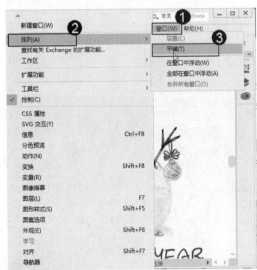

图 1-59

图 1-60

知识精讲 按 Ctrl+空格组合键，鼠标会变成放大镜，在页面中想要放大的位置进行单击，图形就会按照一定的比例放大。相反，按 Ctrl+空格+Alt 组合键则鼠标变成缩小镜。

Section

Section

1.6

使用辅助绘图工具

手机扫描下方二维码，观看本节视频课程

　　在 Illustrator CC 中提供了多种辅助绘图工具。这些工具对绘制图形不做任何修改，只在绘制过程中起到参考作用。利用这些工具可以测量和定位图像，极大地提高用户的工作效率。本节将详细介绍标尺、网格和参考线的相关知识及使用方法。

1.6.1　标尺

　　标尺由水平标尺和垂直标尺两部分组成。使用标尺可以很方便地测量出图像的大小与位置，还可以结合从标尺中拖动出的参考线准确地创建和编辑图像。在默认情况下，Illustrator 中的标尺不会显示出来，下面详细介绍标尺的使用方法。

step 1　在 Illustrator CC 菜单栏中，选择【视图】→【标尺】→【显示标尺】菜单项，如需隐藏标尺，选择【隐藏标尺】菜单项即可，如图 1-61 所示。

step 2　可以看到标尺已经在界面中显示出来，这样即可完成显示标尺的操作，效果如图 1-62 所示。

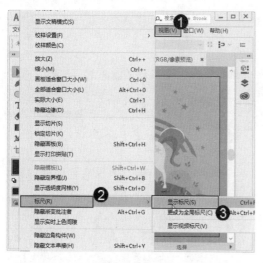

图 1-61

图 1-62

知识精讲

　　如果要改变标尺的原点位置，可将鼠标放置在垂直和水平标尺的交汇点，拖动出十字线至合适的位置，释放鼠标，拖至的位置就是标尺的原点。

1.6.2　网格

　　在 Illustrator CC 中，用户在绘制图像时，需要用到网格的操作，网格对图像的放置和排版非常有用。下面详细介绍使用网格的操作方法。

step 1 在 Illustrator CC 菜单栏中，选择【视图】→【显示网格】菜单项，如需隐藏网格，选择【隐藏网格】菜单项即可，如图 1-63 所示。

step 2 可以看到已经将网格显示出来，这样即可完成显示网格的操作，效果如图 1-64 所示。

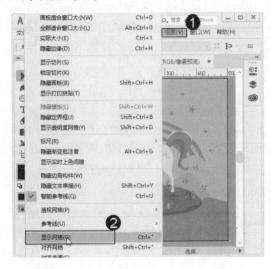

图 1-63

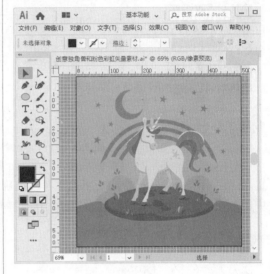

图 1-64

1.6.3 智能参考线

智能参考线不同于普通参考线，它可以根据当前的操作以及操作的状态显示相应的提示信息。下面详细介绍使用智能参考线的操作方法。

step 1 在 Illustrator CC 菜单栏中，选择【视图】→【智能参考线】菜单项，如图 1-65 所示。

step 2 这样即可完成显示智能参考线的操作，如图 1-66 所示。

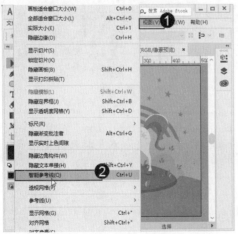

图 1-65

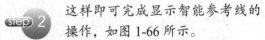

图 1-66

选择【视图】菜单中的【对齐网格】菜单项，当在编辑图像时，能够自动对齐网格，以实现操作的准确性。想要取消对齐网格的效果，只需再次选择【对齐网格】菜单项即可。

Section 1.7 图像文档的查看

手机扫描下方二维码，观看本节视频课程

在使用 Illustrator CC 绘制和编辑图形的过程中，用户可以巧妙地使用一些工具和技巧来详细查看用户所需要观察的各种视图的图形。本小节将详细介绍查看图像文档的相关知识及操作方法。

1.7.1 缩放工具：放大、缩小、看细节

在 Illustrator CC 中，用户可以通过【视图】菜单中的【放大】与【缩小】菜单项来显示绘制的图像。也可以选择【工具】面板中的【缩放】工具，进行视图显示比例的调整。下面将分别予以介绍放大与缩小显示图像的操作。

1. 放大显示图像

在 Illustrator CC 中，用户可根据实际需要放大显示图像，以便于更好地绘制图像。下面详细介绍其操作方法。

step 1 在 Illustrator CC 菜单栏中，选择【视图】→【放大】菜单项，每选择一次【放大】菜单项，页面内的图像就会放大一级，如图 1-67 所示。

step 2 可以看到图像已被放大显示，通过以上步骤即可放大显示图像，效果如图 1-68 所示。

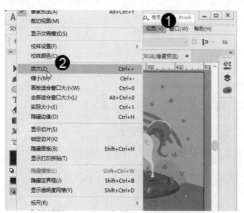

图 1-67

图 1-68

第一章 Illustrator 基本概念和操作

2. 缩小显示图像

在 Illustrator CC 中，用户可以缩小显示图像，在此状态下可方便对图像进行查看与编辑，下面介绍其操作方法。

step 1 在 Illustrator CC 菜单栏中，选择【视图】→【缩小】菜单项，每选择一次【缩小】菜单项，页面内的图像就会缩小一级，如图 1-69 所示。

step 2 可以看到图像已被缩小显示，通过以上步骤即可缩小显示图像，效果如图 1-70 所示。

图 1-69

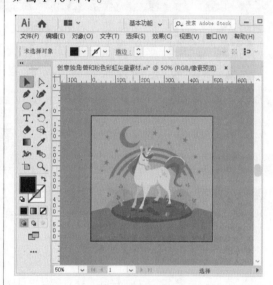

图 1-70

1.7.2 抓手工具：平移画面

抓手工具是用来平移图像的工具，可以纵向或横向移动，可以使图像向任意方向移动。用户如需放大显示工作区域进行观察图像时，单击工具箱中的【抓手】工具 🖑，然后在工作区中单击并拖动鼠标，即可移动视图画面，如图 1-71 所示。

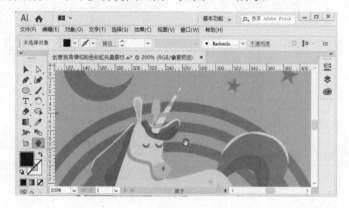

图 1-71

1.7.3　使用导航器查看画面

在 Illustrator CC 中，通过【导航器】面板，不仅可以方便地对工作区中所显示的图像进行移动观察，还可以对视图显示的比例进行缩放调节。下面详细介绍开启【导航器】面板并使用导航器查看画面的操作方法。

step 1 在 Illustrator CC 菜单栏中，选择【窗口】→【导航器】菜单项，如图 1-72 所示。

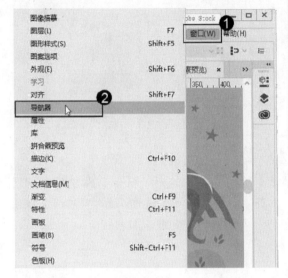

图 1-72

step 2 开启【导航器】面板，在左下角下拉列表中输入 50%后按回车键，可以降低缩放比例。【导航器】面板中的红色框将会变大，它指出了当前显示在文档窗口的区域。根据放大比例不同，该区域可能无法看到，但总能将其调出来，如图 1-73 所示。

图 1-73

step 3 单击几次【导航器】面板底部的山脉图标 ，将页面放大直到比例约为 150%，如图 1-74 所示。

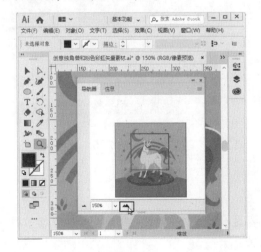

图 1-74

step 4 将鼠标指向导航器的代理预览区域内，鼠标将变成手形，如图 1-75 所示。

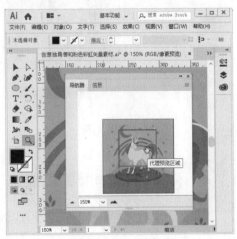

图 1-75

step 5 拖动【导航器】面板中的代理预览区域，滚动到图稿的其他区域，将代理预览区域拖曳到手册封面右下角处，如图 1-76 所示。

图 1-76

step 6 在【导航器】面板中，在代理预览区域外部单击，这时将移动红色框，从而在文档窗口中显示图稿的其他区域，如图 1-77 所示。

图 1-77

step 7 ① 打开导航器面板菜单，② 取消选中【仅查看面板内容】复选框，如图 1-78 所示。

图 1-78

step 8 这时将显示画布中的所有图稿，通过以上步骤即可完成使用导航器查看画面的操作，如图 1-79 所示。

图 1-79

1.7.4　使用不同的屏幕模式

在 Illustrator CC 中，为用户提供了 4 种屏幕显示模式，在绘制图像时，如需切换屏幕显示模式，可以单击工具箱最下方的【更改屏幕模式】按钮 ，如图 1-80 所示。或者反

复按键盘上的 F 键即可切换屏幕显示模式。如果想隐藏其他控制面板，只显示屏幕模式，可以按键盘上的 Tab 键，即可关闭其他面板。

图 1-80

Section 1.8　范例应用与上机操作

手机扫描下方二维码，观看本节视频课程

通过本章的学习，读者可以掌握 Illustrator 基本概念和操作的知识以及一些常见的操作方法，本小节将通过一些范例应用，如置入文件、使用模板新建文件，练习上机操作，以达到巩固学习、拓展提高的目的。

1.8.1　置入文件

在 Illustrator CC 中，置入文件是为了把其他文件输入到 Illustrator CC 当前编辑的文件中。置入的文件可以嵌入到 Illustrator CC 文件中，成为当前文件的一部分。下面将详细介绍置入文件的操作方法。

| 素材文件 | 第 1 章\素材文件\创意独角兽和粉色彩虹.ai、橙色励志艺术字.ai |
| 效果文件 | 第 1 章\效果文件\置入文件.ai |

 step 1　打开素材文件"创意独角兽和粉色彩虹.ai"，在菜单栏中选择【文件】→【置入】菜单项，如图 1-81 所示。

step 2　弹出【置入】对话框，① 选择需要置入的素材文件"橙色励志艺术字.ai"，② 单击【置入】按钮，如图 1-82 所示。

图 1-81

图 1-82

 返回到软件的主界面中，光标处会出现一个置入的形状，单击画板任意位置，如图 1-83 所示。

 即可将该素材文件嵌入到图像中，调整其位置和大小，如图 1-84 所示。

图 1-83

图 1-84

 使用鼠标单击画板的另一位置处，通过以上步骤即可完成置入文件的操作，效果如图 1-85 所示。

图 1-85

1.8.2 使用模板新建文件

在 Illustrator CC 中内置的模板有很多种，用户也可上网下载多种模板以供使用。使用模板可以提高工作效率，下面将详细介绍其操作方法。

素材文件 ✸ 无

效果文件 ✸ 第 1 章\效果文件\T 恤衫.ai

step 1 在 Illustrator CC 菜单栏中，选择【文件】→【从模板新建】菜单项，如图 1-86 所示。

图 1-86

step 3 通过以上方法即可完成使用模板新建文件的操作，效果如图 1-88 所示。

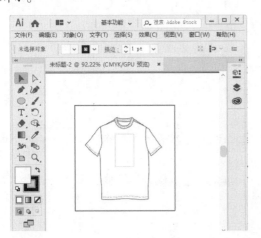

图 1-88

step 2 弹出【从模板新建】对话框，① 选择需要的模板，② 单击【新建】按钮，如图 1-87 所示。

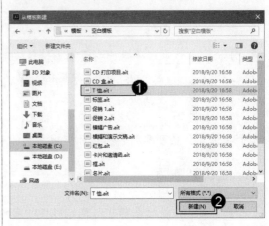

图 1-87

智慧锦囊

如果要保存自己的模板，那么用户可以进行以下操作：在菜单栏中选择【文件】→【存储为模板】菜单项，将会打开【存储为】对话框，新建一个文件夹，然后单击【保存】按钮即可。

考考您

请您根据上述方法使用模板创建一个文件，测试一下您的学习效果。

Section 1.9 本章小结与课后练习

本节内容无视频课程，习题参考答案在本书附录

通过本章的学习，读者基本可以掌握 Illustrator 基本概念和操作的基本知识以及一些常见的操作方法，让用户对 Illustrator 的设计知识有一个初步的了解，为后续的软件学习打下良好的基础。下面通过练习几道习题，达到巩固与提高的目的。

一、填空题

1. _____也叫向量图形，是以数学的矢量方式来记录图像的内容。

2. _____也叫像素图像或栅格图像，它是由许多单独的点组成的，每一个点即一个像素，而每一个像素都有明确的颜色。

3. 标尺由_____标尺和_____标尺两部分组成。使用标尺可以很方便地测量出图像的大小与位置，还可以结合从标尺中拖动出的参考线准确地创建和编辑图像。

二、判断题

1. 每个矢量对象都有与其外形相对应的路径，可以随意改变对象的位置、形状、大小和颜色，不会产生锯齿模糊的效果。　　　　　　　　　　　　　　　　（　　）

2. 位图图像的清晰度与分辨率有关，分辨率代表单位面积内包含的像素，分辨率越高，在单位面积内的像素就越多，图像也就越清晰。因此，位图放大以后不会出现锯齿现象。
　　　　　　　　　　　　　　　　　　　　　　　　　　　　　　（　　）

三、思考题

1. 如何新建文件？
2. 如何关闭文件？

四、上机操作

1. 通过本章的学习，读者基本可以掌握 Illustrator 基本概念和操作方面的知识，下面通过练习改变显示区域，达到巩固与提高的目的。

2. 通过本章的学习，读者基本可以掌握 Illustrator 基本概念和操作方面的知识，下面通过练习缩小显示图像，达到巩固与提高的目的。

第**2**章

绘制与管理图形对象

　　本章主要介绍了选择对象、绘制基本的几何图形、管理图形对象方面的知识与技巧，同时还讲解了如何进行变换操作，通过本章的学习，读者可以掌握绘制与管理图形对象基础操作方面的知识，为深入学习 Illustrator CC 中文版平面设计与制作知识奠定基础。

1. 选择对象

2. 绘制基本的几何图形

3. 管理图形对象

4. 变换操作

　　在使用 Illustrator CC 绘制图像的过程中，选择对象是经常需要执行的操作。Illustrator CC 有多种选择对象的方法，用户可以使用相应的选择工具进行图像的选择。本节将详细介绍选择对象的相关知识及操作方法。

2.1.1　用选择工具选择对象

　　【选择工具】是用来选择图形或图形组的工具，这个工具非常基础，但却很重要。使用它单击或框选一个或几个对象之后，默认情况下该对象的周围会出现如图 2-1 所示的定界框，用户可以通过定界框对对象进行缩放、旋转等操作。

(a)　　　　　　　　　　　　　　　　　　(b)

图 2-1

2.1.2　用魔棒工具选择对象

　　【魔棒工具】可以基于图形的填充色、边线的颜色、线条的宽度等来选择对象。如图 2-2 所示为使用魔棒工具单击图中的某一颜色块后所有的同样颜色块路径都会被选中。

图 2-2

2.1.3　用编组选择工具选择对象

【编组选择工具】针对的是编组的对象，如图2-3所示打开的是一个编组的对象，如果使用选择工具去单击选择它会选中整个编组对象。而使用编组选择工具则可以在不解除编组的情况下，单击某个色块选中单独的路径对象并随意移动它，如图2-4所示。

图2-3

图2-4

2.1.4　用【图层】面板选择对象

使用Illustrator CC不仅可以通过相应的选择工具来进行选择对象，还可以使用【图层】面板轻松地选择对象。下面详细介绍其操作方法。

素材文件	第2章\素材文件\简单图形.ai
效果文件	无

step 1 打开素材文件"简单图形.ai"，在右侧【图层】面板中，单击图层名称后的圆圈，如图2-5所示。

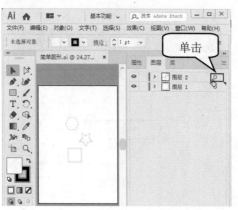

图2-5

step 2 这样就可以选中在这个图层里的所有对象了，效果如图2-6所示。

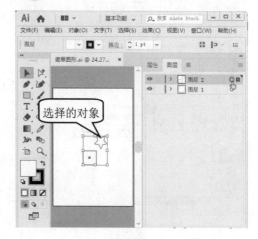

图2-6

step 3　在【图层】面板中，① 单击图层名称左侧小三角按钮将其展开，② 单击准备选择对象右侧的圆圈，如图 2-7 所示。

step 4　可以看到，此对象已被选中了，这样即可完成用【图层】面板选择对象的操作，如图 2-8 所示。

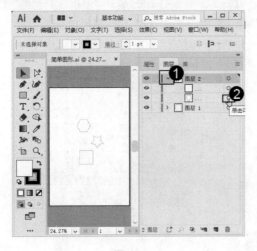

图 2-7

图 2-8

2.1.5　存储所选对象

在 Illustrator CC 菜单栏中，可以使用【选择】菜单中的【存储所选对象】菜单项存储某些经常使用的固定对象，即使这些对象的填充、属性等发生变化，依然可以方便地一次性选择好。下面详细介绍存储所选对象的操作方法。

step 1　选中需要存储的对象，然后在菜单栏中选择【选择】→【存储所选对象】菜单项，如图 2-9 所示。

step 2　弹出【存储所选对象】对话框，① 根据实际需求更改对象的名称，② 单击【确定】按钮，这样即可储存选择的对象，如图 2-10 所示。

图 2-9

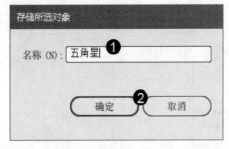

图 2-10

step 3 ① 在菜单栏中单击【选择】菜单，② 在弹出的下拉菜单中即可看到所存储的对象，这样即完成存储所选对象的操作，如图 2-11 所示。

图 2-11

智慧锦囊

在 Illustrator CC 中，如果用户想对所存储的对象进行编辑，可以在菜单栏中选择【选择】→【编辑所选对象】菜单项，即可弹出【编辑所选对象】对话框，在其中用户可以进行相关编辑。

考考您

请您根据上述方法存储所选对象，测试一下您的学习效果。

Section
2.2
绘制基本的几何图形

手机扫描下方二维码，观看本节视频课程

在 Illustrator CC 中，可以使用工具箱中的基本绘图工具绘制出各种基本图形，对这些基本图形进行编辑和变形，就可以得到更多复杂的图形对象。本节将详细介绍绘制基本几何图形的相关知识及操作方法。

2.2.1 绘制直线段

在 Illustrator CC 中，可以使用【直线段工具】 ╱ 在工作区中绘制出直线段，当需要精确的数值时，也可以使用数值方法来绘制直线段。下面将详细介绍绘制直线段的两种操作方法。

1. 使用鼠标拖动绘制直线段

在 Illustrator CC 中，用户可根据实际需要使用【直线段工具】 ╱ ，利用鼠标拖动的方法快捷地在工作区中绘制出直线段。下面详细介绍其操作方法。

step 1 在 Illustrator CC 工具箱中，① 单击【直线段工具】按钮 ╱ ，② 将鼠标指针移动至工作区中，可见光标已变为十字标线 ╬ ，如图 2-12 所示。

step 2 在工作区中，① 选择一个起点位置并单击，② 按住鼠标左键将其拖动至另一终点位置，释放鼠标即可完成绘制直线段的操作，如图 2-13 所示。

图 2-12

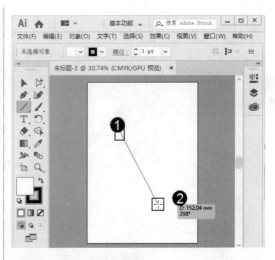

图 2-13

2. 使用数值方法绘制直线段

在 Illustrator CC 中，使用直线段工具绘制直线段时，如需精确的数值，可以使用数值方法绘制直线段。下面详细介绍其操作方法。

step 1 在 Illustrator CC 工具箱中，① 单击【直线段工具】按钮 ，② 将鼠标指针移动至工作区中任意位置并单击，即可弹出【直线段工具选项】对话框，根据实际需要输入长度和角度值，③ 单击【确定】按钮，如图 2-14 所示。

step 2 通过以上步骤即可完成使用数值方法绘制直线段的操作，效果如图 2-15 所示。

图 2-14

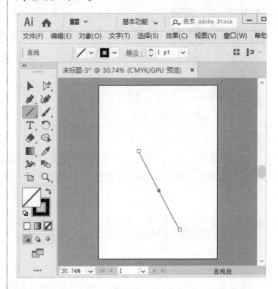

图 2-15

知识精讲

在绘制直线段时，在打开的【直线段工具选项】对话框中有一个【线段填色】复选框。在默认设置下，该复选框处于未选中状态，此时绘制出的线段是以透明色填充的。如果选中此复选框，绘制的线段以当前色进行填充。直线段的填充颜色设置包括蓝色、红色和绿色几种填充效果。

2.2.2　绘制弧线

在 Illustrator CC 中，用户可以使用【弧形工具】 在工作区中绘制出弧形线段，当需要精确的数值时，也可以使用数值方法绘制弧形线段。下面将分别介绍这两种操作方法。

1.　使用鼠标拖动绘制弧线

在 Illustrator CC 中，用户可根据实际需要使用【弧形工具】 ，利用鼠标拖动的方法快捷地在工作区中绘制出弧线。下面详细介绍其操作方法。

step 1　在 Illustrator CC 工具箱中，① 按住【直线段工具】按钮 ，② 在弹出的菜单中选择【弧形工具】 ，③ 将鼠标移动至工作区中，可见光标已变为十字标线 ，如图 2-16 所示。

step 2　在工作区中，① 选择一个起点位置并单击，② 拖动鼠标指针调整出需要的弧度大小，释放鼠标即可完成绘制弧线的操作，如图 2-17 所示。

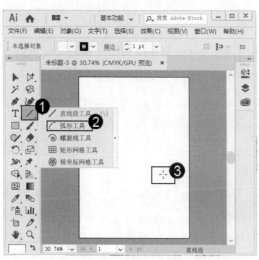

图 2-16

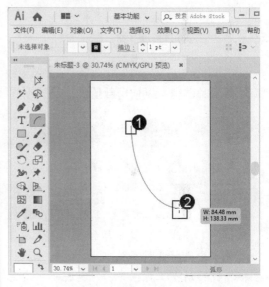

图 2-17

2.　使用数值方法绘制弧线

在 Illustrator CC 中，使用【弧形工具】 绘制弧线时，如需精确的数值，可以使用数值方法绘制弧线段。下面详细介绍其操作方法。

step 1　在 Illustrator CC 工具箱中，① 选择【弧形工具】 ，② 将鼠标指针移动至工作区中任意位置并单击，弹出【弧线段工具选项】对话框，根据实际需要设置参数值，③ 单击【确定】按钮，如图 2-18 所示。

step 2　通过以上步骤即可完成使用数值方法绘制弧线的操作，效果如图 2-19 所示。

图 2-18

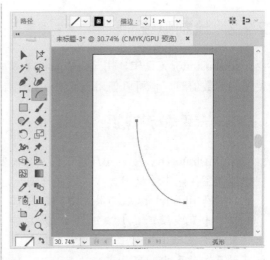

图 2-19

2.2.3 绘制螺旋线

在 Illustrator CC 中，可以使用【螺旋线工具】 在工作区中绘制出螺旋线，当需要精确的数值时，也可以使用数值方法绘制螺旋线。下面将分别介绍这两种操作方法。

1. 使用鼠标拖动绘制螺旋线

在 Illustrator CC 中，用户可根据实际需要使用【螺旋线工具】 ，利用鼠标拖动的方法快捷地在工作区中绘制出螺旋线。下面详细介绍其操作方法。

step 1 在 Illustrator CC 工具箱中，① 按住【直线段工具】按钮 ，② 在弹出的菜单中选择【螺旋线工具】 ，③ 将鼠标指针移动至工作区中，可见光标已变为十字标线 ，如图 2-20 所示。

step 2 选择一个中心位置并按住鼠标左键不放，然后拖动鼠标指针调整出所需的螺旋线大小，释放鼠标即可完成螺旋线的绘制，效果如图 2-21 所示。

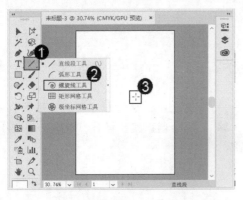

图 2-20

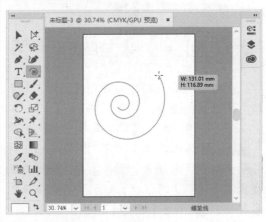

图 2-21

在绘制螺旋线的过程中，用户可以拖动鼠标转动螺旋线。按向上键可以增加螺旋线的圈数，按向下键可以减少螺旋线的圈数，按住"~"键可以绘制出更多的螺旋线，按住空格键，将会冻结正在绘制的螺旋线，并可在工作区任意拖动，释放空格键即可继续绘制螺旋线。按 Shift 键可以使螺旋线以 45°的增量旋转。

2. 使用数值方法绘制螺旋线

在 Illustrator CC 中，使用【螺旋线工具】绘制螺旋线时，如需精确的数值，可以使用数值方法绘制螺旋线。下面详细介绍其操作方法。

step 1 选择【螺旋线工具】，① 将鼠标指针移动至工作区中任意位置并单击，即可弹出【螺旋线】对话框，② 根据实际需要设置【半径】、【衰减】、【段数】等数值，③ 单击【确定】按钮，如图 2-22 所示。

step 2 通过以上步骤即可完成使用数值方法绘制螺旋线的操作，效果如图 2-23 所示。

图 2-23

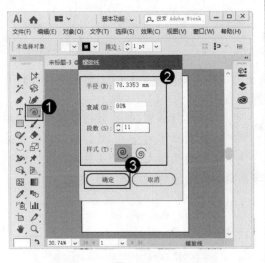

图 2-22

2.2.4 绘制矩形和圆角矩形

在 Illustrator CC 中绘制图像时，可以使用【矩形工具】和【圆角矩形工具】快速地在工作区中绘制出矩形和圆角矩形，当需要精确的数值时，也可以使用数值方法绘制出矩形。下面将分别详细介绍绘制矩形和圆角矩形的操作。

1. 使用鼠标拖动绘制矩形

在 Illustrator CC 中，用户可根据实际需要使用【矩形工具】，拖动鼠标在工作区中绘制出矩形。下面详细介绍其操作方法。

第2章 绘制与管理图形对象

step 1　在 Illustrator CC 工具箱中，① 单击【矩形工具】按钮□，② 将鼠标指针移动至工作区中，可见光标已变为十字标线 ┼，如图 2-24 所示。

step 2　在工作区中，将鼠标指针移动到预设矩形的一角，然后按住鼠标左键拖曳出需要的矩形大小，释放鼠标即可完成绘制矩形的操作，效果如图 2-25 所示。

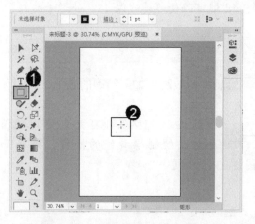

图 2-24

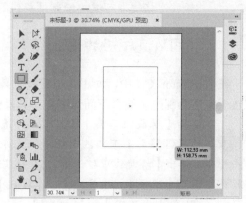

图 2-25

2. 使用鼠标拖动绘制圆角矩形

在 Illustrator CC 中，用户可根据实际需要使用【圆角矩形工具】□，拖动鼠标指针在工作区中绘制出圆角矩形。下面将详细介绍其操作方法。

step 1　在 Illustrator CC 工具箱中，① 按住【矩形工具】按钮□，② 在弹出的菜单中选择【圆角矩形工具】□，③ 将鼠标指针移动至工作区中，可见光标已变为十字标线 ┼，如图 2-26 所示。

step 2　在工作区中，将鼠标指针移动到预设圆角矩形的一角，然后按住鼠标左键拖曳出需要的矩形大小，释放鼠标即可完成绘制圆角矩形的操作，效果如图 2-27 所示。

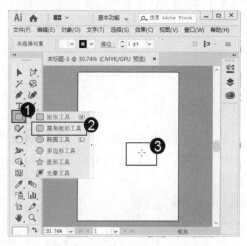

图 2-26

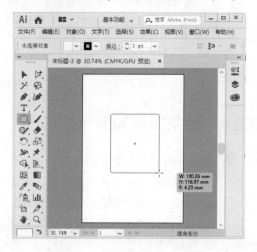

图 2-27

3. 使用数值方法绘制矩形

在 Illustrator CC 中，使用【矩形工具】绘制矩形时，如需精确的数值，可以使用数值方法绘制出矩形。下面将详细介绍其操作方法。

step 1 ① 单击【矩形工具】按钮□，② 将鼠标指针移动至工作区中任意位置并单击，弹出【矩形】对话框，根据需要设置宽度和高度，③ 单击【确定】按钮，如图 2-28 所示。

step 2 通过以上步骤即可完成使用数值方法绘制矩形的操作，效果如图 2-29 所示。

图 2-28

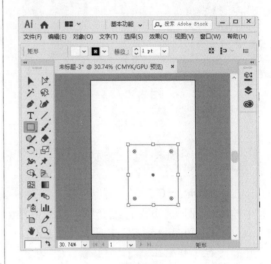

图 2-29

知识精讲　　在 Illustrator CC 中绘制矩形时，拖动鼠标指针并按住 Shift 键，即可绘制出一个正方形。按住 Alt 键即可从中心开始绘制图形。

2.2.5 绘制椭圆形和圆形

在 Illustrator CC 中绘制图像时，可以使用【椭圆工具】○快速地在工作区中绘制出椭圆形和圆形，当需要精确的数值时，也可以使用数值方法绘制出椭圆形。下面将分别详细介绍绘制椭圆形和圆形的操作方法。

1. 使用鼠标拖动绘制椭圆形

在 Illustrator CC 中，用户可根据实际需要使用【椭圆工具】○，拖动鼠标在工作区中绘制出椭圆形。下面将详细介绍其操作方法。

step 1 在 Illustrator CC 工具箱中，① 按住【矩形工具】按钮□，② 在弹出的菜单中选择【椭圆工具】○，③ 将鼠标指针移动至工作区中，可见光标已变为十字标线 ╪，如图 2-30 所示。

step 2 在工作区中，将鼠标指针移动到预设椭圆形的一角，然后按住鼠标左键拖曳出需要的椭圆形大小，释放鼠标即可完成绘制椭圆形的操作，效果如图 2-31 所示。

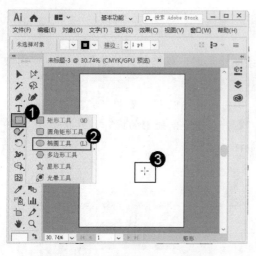

图 2-30

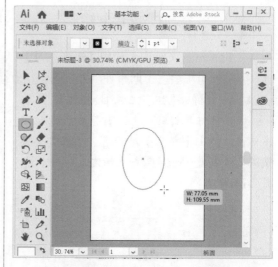

图 2-31

2. 使用鼠标拖动绘制圆形

在 Illustrator CC 中，用户可根据实际需要使用【椭圆工具】 ，拖动鼠标指针在工作区中绘制出圆形。下面详细介绍其操作方法。

step 1　在 Illustrator CC 工具箱中，① 按住【矩形工具】按钮 ，② 在弹出的菜单中选择【椭圆工具】 ，③ 将鼠标指针移动至工作区中，可见光标已变为十字标线 ，如图 2-32 所示。

step 2　在工作区中，将鼠标指针移动到预设圆形的一角，然后单击按住 Shift 键并拖动鼠标，释放鼠标即可完成绘制圆形的操作，效果如图 2-33 所示。

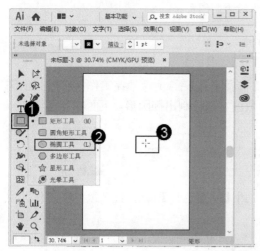

图 2-32

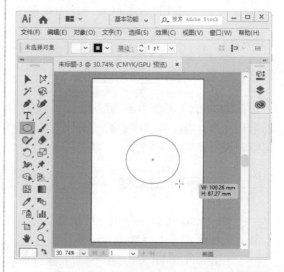

图 2-33

3. 使用数值方法绘制椭圆形

在 Illustrator CC 中，使用【椭圆工具】绘制椭圆形时，如需精确的数值，可以使用数值方法绘制出椭圆形。下面详细介绍其操作方法。

step 1 在 Illustrator CC 工具箱中，①选择【椭圆工具】按钮◯，②将鼠标指针移动至工作区中任意位置并单击，即可弹出【椭圆】对话框，根据需要设置宽度和高度，③单击【确定】按钮，如图 2-34 所示。

step 2 通过以上步骤即可完成使用数值方法绘制椭圆形的操作，效果如图 2-35 所示。

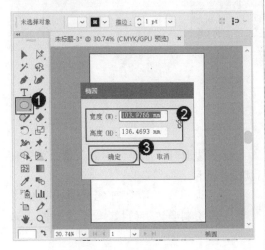

图 2-34

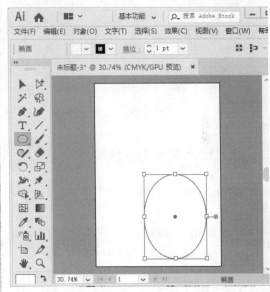

图 2-35

2.2.6 绘制多边形

在 Illustrator CC 中绘制图像时，用户可以使用【多边形工具】◯快速地在工作区中绘制出多边形，当需要精确的数值时，也可以使用数值方法绘制出多边形。下面将分别详细介绍绘制多边形的操作方法。

1. 使用鼠标拖动绘制多边形

在 Illustrator CC 中，用户可根据实际需要使用【多边形工具】◯，拖动鼠标在工作区中绘制出多边形。下面详细介绍其操作方法。

step 1 在 Illustrator CC 工具箱中，①按住【矩形工具】按钮▢，②在弹出的菜单中选择【多边形工具】◯，③将鼠标指针移动至工作区中，可见光标已变为十字标线 ┿，如图 2-36 所示。

step 2 在工作区中，将鼠标指针移动到预设多边形的中心，然后按住鼠标左键拖曳出需要的多边形大小，释放鼠标即可完成绘制多边形的操作，效果如图 2-37 所示。

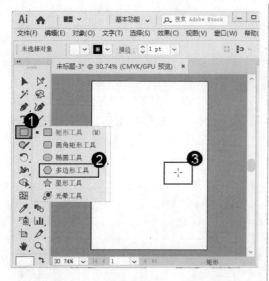

图 2-36

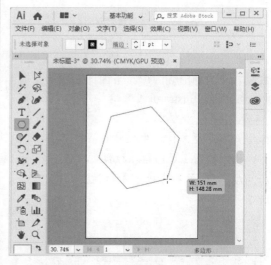

图 2-37

2. 使用数值方法绘制多边形

在 Illustrator CC 中，使用【多边形工具】 绘制多边形时，如需精确的数值，可以使用数值方法绘制出需要的多边形。下面详细介绍其操作方法。

step 1　在 Illustrator CC 工具箱中，① 选择【多边形工具】按钮 ，② 将鼠标指针移动至工作区中任意位置并单击，弹出【多边形】对话框，根据需要设置【半径】和【边数】，③ 单击【确定】按钮，如图 2-38 所示。

step 2　通过以上步骤即可完成使用数值方法绘制多边形的操作，效果如图 2-39 所示。

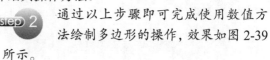

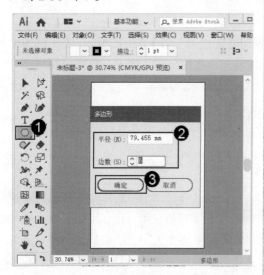

图 2-38

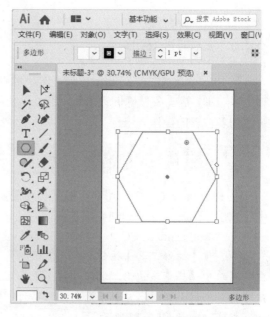

图 2-39

在绘制多边形时，按住鼠标的同时，按键盘上的向上方向键可以增加多边形的边数，按键盘上的向下方向键可以减少多边形的边数。系统默认的多边形为六边形，绘制不同的多边形只需按住键盘上的"~"键即可。按住空格键，将冻结正在绘制的多边形，并可以在工作区中任意拖动，释放空格键后，可以继续绘制多边形。

2.2.7 绘制星形

在绘制图像时，可以使用【星形工具】 ☆ 快速地在工作区中绘制出星形，当需要精确的数值时，也可以使用数值方法绘制出星形。下面将详细介绍绘制星形的操作方法。

1. 使用鼠标拖动绘制星形

在 Illustrator CC 中，用户可根据实际需要使用【星形工具】 ☆，拖动鼠标在工作区中绘制出星形。下面将详细介绍其操作方法。

step 1 在 Illustrator CC 工具箱中，① 按住【矩形工具】按钮 □，② 在弹出的菜单中选择【星形工具】 ☆，③ 将鼠标指针移动至工作区中，可见光标已变为十字标线 ╬，如图 2-40 所示。

step 2 在工作区中，将鼠标指针移动到预设星形的中心，然后按住鼠标左键拖曳出需要的星形大小，释放鼠标即可完成绘制星形的操作，效果如图 2-41 所示。

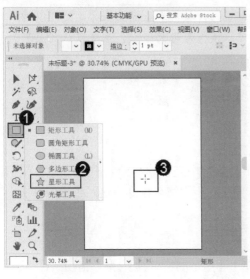

图 2-40

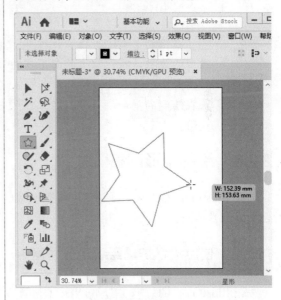

图 2-41

2. 使用数值方法绘制星形

在 Illustrator CC 中，使用【星形工具】 ☆ 绘制星形时，如需精确的数值，可以使用数值方法绘制出需要的星形。下面详细介绍其操作方法。

1 在 Illustrator CC 工具箱中，① 选择【星形工具】 ☆ ，② 将鼠标指针移动至工作区中任意位置并单击，即可弹出【星形】对话框，根据需要设置【半径】和【角点数】，③ 单击【确定】按钮，如图 2-42 所示。

 2 通过以上步骤即可完成使用数值方法绘制星形的操作，效果如图 2-43 所示。

图 2-42

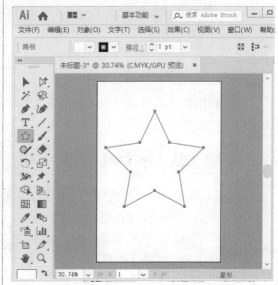

图 2-43

 在绘制星形时，拖动鼠标可以转动星形，按键盘上的向上方向键可以增加星形的边数，按键盘上的向下方向键可以减少星形的边数。系统默认的星形为五角星，绘制不同的星形只需按住键盘上的"~"键即可。按住空格键，将冻结正在绘制的星形，并可以在工作区中任意拖动，释放空格键后，可以继续绘制星形。

2.2.8　绘制矩形网格

在 Illustrator CC 中，可以使用【矩形网格工具】 ▦ 在工作区中绘制出矩形网格，当需要精确的数值时，也可以使用数值方法绘制矩形网格。下面将分别介绍这两种操作方法。

1.　使用鼠标拖动绘制矩形网格

在 Illustrator CC 中，用户可根据实际需要使用【矩形网格工具】 ▦ ，拖动鼠标指针在工作区中绘制出矩形网格。下面将详细介绍其操作方法。

step 1 在 Illustrator CC 工具箱中，① 按住【直线段工具】按钮 ／ ，② 在弹出的菜单中选择【矩形网格工具】 ▦ ，③ 将鼠标指针移动至工作区中，可见光标已变为十字标线 ┼ ，如图 2-44 所示。

step 2 在工作区中，选择一个起点位置并按住鼠标左键，然后拖动鼠标指针调整出需要的网格大小，释放鼠标即可完成矩形网格的绘制，效果如图 2-45 所示。

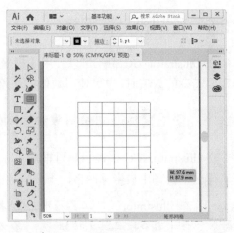

图 2-44

图 2-45

2. 使用数值方法绘制矩形网格

　　在 Illustrator CC 中，使用【矩形网格工具】⊞绘制矩形网格时，如需精确的数值，可以使用数值方法绘制矩形网格。下面详细介绍其操作方法。

step 1 ① 选择【矩形网格工具】⊞，② 将鼠标指针移动至工作区中任意位置并单击，即可弹出【矩形网格工具选项】对话框，根据实际需要设置参数值，③ 单击【确定】按钮，如图 2-46 所示。

step 2 通过以上步骤即可完成使用数值方法绘制矩形网格的操作，效果如图 2-47 所示。

图 2-46

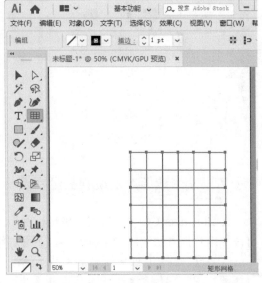

图 2-47

知识精讲

　　在使用矩形网格工具绘制矩形网格时，按 Shift 键可以使网格以 45°的增量旋转，按 Alt 键可以以起点为中心向四周绘制矩形网格。

2.2.9 绘制极坐标网格

在 Illustrator CC 中，可以使用【极坐标网格工具】 ◉ 在工作区中绘制出极坐标网格，当需要精确的数值时，也可使用数值方法绘制极坐标网格。下面将详细介绍这两种操作方法。

1. 使用鼠标拖动绘制极坐标网格

在 Illustrator CC 中，用户可根据实际需要使用【极坐标网格工具】 ◉，拖动鼠标指针在工作区中绘制出极坐标网格。下面将详细介绍其操作方法。

step 1 在 Illustrator CC 工具箱中，① 按住【直线段工具】按钮 ／，② 在弹出的菜单中选择【极坐标网格工具】 ◉，③ 将鼠标指针移动至工作区中，可见光标已变为十字标线 ╬，如图 2-48 所示。

step 2 在工作区中，选择一个起点位置并按住鼠标左键，然后拖动鼠标指针调整出需要的网格大小，释放鼠标即可完成极坐标网格的绘制，效果如图 2-49 所示。

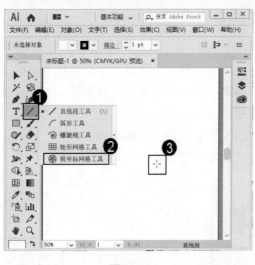

图 2-48

图 2-49

2. 使用数值方法绘制极坐标网格

在 Illustrator CC 中，使用【极坐标网格工具】 ◉ 绘制极坐标网格时，如需精确的数值，可以使用数值方法绘制极坐标网格。下面详细介绍其操作方法。

step 1 ① 选择【极坐标网格工具】 ◉，② 将鼠标指针移动至工作区中任意位置并单击，弹出【极坐标网格工具选项】对话框，根据实际需要设置参数值，③ 单击【确定】按钮，如图 2-50 所示。

step 2 通过以上步骤即可完成使用数值方法绘制极坐标网格的操作，效果如图 2-51 所示。

图 2-50

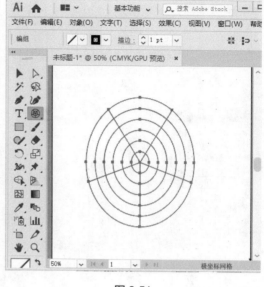

图 2-51

在 Illustrator CC 中，使用各种线段工具进行绘图时，可以同时按住键盘上的 "~" 键并拖动，即可绘制出连续的图形。

2.2.10 绘制光晕图形

在绘制图像时，可以使用【光晕工具】快速地在工作区中绘制出光晕效果的图形，可以用来制作眩光效果，如阳光、珠宝的光芒等。当需要精确的数值时，也可以使用数值方法绘制出光晕图形。下面将分别详细介绍绘制光晕效果图形的操作方法。

1. 使用鼠标拖动绘制光晕图形

在 Illustrator CC 中，用户可根据实际需要使用【光晕工具】，拖动鼠标在工作区中绘制出光晕效果的图形。下面将详细介绍其操作方法。

step 1 在 Illustrator CC 工具箱中，① 按住【矩形工具】按钮，② 在弹出的菜单中选择【光晕工具】，③ 将鼠标指针移动至工作区中，可见光标已变为十字标线，如图 2-52 所示。

step 2 在工作区中，将鼠标指针移动到预设光晕效果图形的中心，然后按住鼠标左键拖曳出需要的光晕大小，释放鼠标即可完成绘制光晕图形的操作，效果如图 2-53 所示。

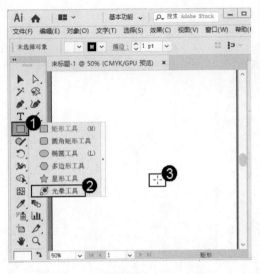

图 2-52

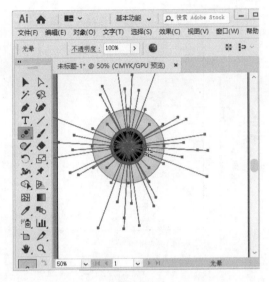

图 2-53

2. 使用数值方法绘制光晕图形

在 Illustrator CC 中，使用【光晕工具】 绘制光晕效果图形时，如需精确的数值，可以使用数值方法绘制出需要的光晕效果图形。下面将详细介绍其操作方法。

step 1 ① 选择【光晕工具】 ，② 将鼠标指针移动至工作区中任意位置并单击，即可弹出【光晕工具选项】对话框，根据实际需要设置【直径】、【亮度】、【增大】、【路径】和【方向】等数值，③ 单击【确定】按钮，如图 2-54 所示。

step 2 通过以上步骤即可完成使用数值方法绘制光晕图形的操作，效果如图 2-55 所示。

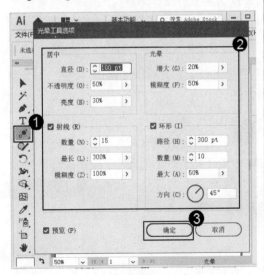

图 2-54

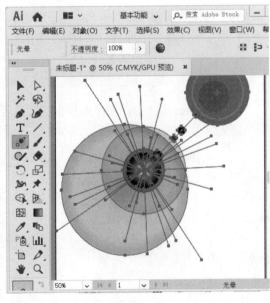

图 2-55

Section 2.3 管理图形对象

手机扫描下方二维码，观看本节视频课程

与日常的企业管理工作或者人员管理一样，在 Illustrator CC 中的对象也需要一定的管理。在设计或者绘制图形的时候，用户就需要将绘制的对象进行顺序排列、对齐与分布、隐藏与显示、编组与解组以及对象的锁定与解锁等操作。本节将详细介绍管理图形对象的相关知识及操作方法。

2.3.1 对象的顺序排列

在同一个绘图窗口中有多个对象时，便会出现重叠或相交的情况，此时就会涉及调整对象之间的顺序排列等问题。下面详细介绍对象顺序排列的操作方法。

素材文件❀　　第2章\素材文件\表情星星.ai

效果文件❀　　第2章\效果文件\对象的顺序排列.ai

step 1　打开素材文件"表情星星.ai"，选择准备进行顺序排列的对象，在菜单栏中选择【对象】→【排列】菜单项，然后在【排列】子菜单中，用户可以选择相应的菜单项来改变对象的排列顺序，这里选择【置于顶层】菜单项，如图 2-56 所示。

step 2　可以看到选择的对象已被置于顶层，这样即可完成对象顺序排列的操作，效果如图 2-57 所示。

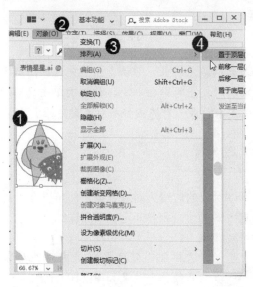

图 2-56

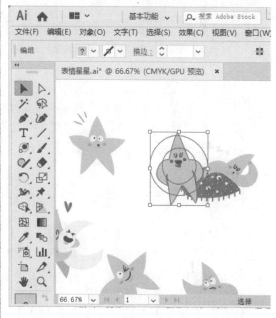

图 2-57

第2章　绘制与管理图形对象

53

2.3.2 对齐对象

在 Illustrator CC 中，用户可以使用【对齐】面板中的命令排列对象。选择菜单栏中的【窗口】→【对齐】菜单项即可打开【对齐】面板，其中【对齐对象】选项组中包含【水平左对齐】、【水平居中对齐】、【水平右对齐】等 6 个命令。下面将分别详细进行介绍。

1. 水平左对齐

【水平左对齐】命令是以最左边对象的左边线为基准线，将选中的各个对象的左边缘都和这条线对齐，最左边的对象位置不变。下面详细介绍其操作方法。

step 1 　选中需要对齐的对象，然后打开【对齐】面板，在【对齐对象】选项组中单击【水平左对齐】按钮，如图 2-58 所示。

step 2 　这样即可完成水平左对齐对象的操作，效果如图 2-59 所示。

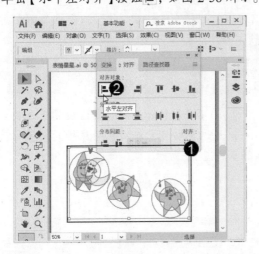

图 2-58

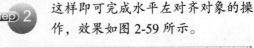
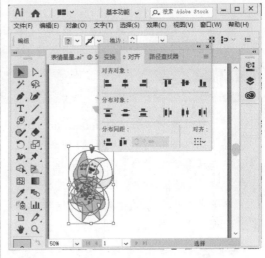

图 2-59

知识精讲　　在 Illustrator CC 中可以指定对齐对象的基准对象，方法是：首先选择所有需要对齐的对象，然后在需要作为基准的对象上再单击一次，被再次单击的对象周围出现了一个加粗的蓝色线框，这表示它成为对齐或分布对象的基准。

2. 水平居中对齐

在 Illustrator CC 中，【水平居中对齐】命令不以对象的边线为对齐依据，而是以选定对象的中点为基准点进行居中对齐，所有对象在垂直方向的位置保持不变。下面详细介绍水平居中对齐的操作方法。

step 1 　选中需要对齐的对象，然后打开【对齐】面板，在【对齐对象】选项组中单击【水平居中对齐】按钮，如图 2-60 所示。

step 2 　这样即可完成水平居中对齐对象的操作，效果如图 2-61 所示。

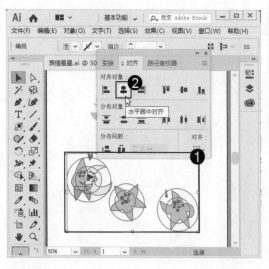

图 2-60

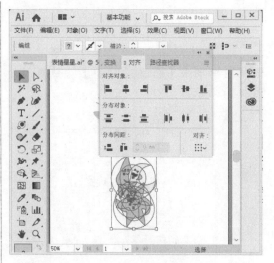

图 2-61

3. 水平右对齐

在 Illustrator CC 中，【水平右对齐】命令与【水平左对齐】命令正好相反，是以右边对象的右边线为基准线，选取对象的右边缘线都和这条线对齐，最右边的对象位置不变。下面将详细介绍其操作方法。

step 1 选中需要对齐的对象，然后打开【对齐】面板，在【对齐对象】选项组中单击【水平右对齐】按钮 ，如图 2-62 所示。

step 2 这样即可完成水平右对齐对象的操作，效果如图 2-63 所示。

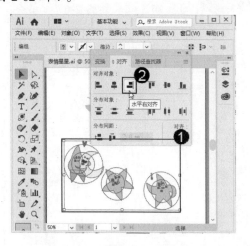

图 2-62

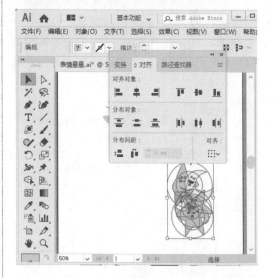

图 2-63

4. 垂直顶对齐

在 Illustrator CC 中，【垂直顶对齐】命令是以多个对齐对象中最上面对象的上边线为基

准线，选取的对象中的最上面的对象位置不变。下面将介绍其操作方法。

step 1 选中需要对齐的对象，然后打开【对齐】面板，在【对齐对象】选项组中单击【垂直顶对齐】按钮，如图 2-64 所示。

step 2 这样即可完成垂直顶对齐对象的操作，效果如图 2-65 所示。

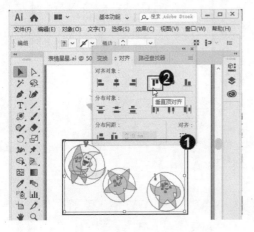

图 2-64

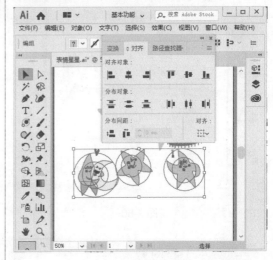

图 2-65

5. 垂直居中对齐

在 Illustrator CC 中，【垂直居中对齐】命令是以多个要对齐对象的中点为基准点进行对齐，所有对象垂直移动，其各个对象的中点在水平方向上连成直线。下面介绍其操作方法。

step 1 选中需要对齐的对象，然后打开【对齐】面板，在【对齐对象】选项组中单击【垂直居中对齐】按钮，如图 2-66 所示。

step 2 这样即可完成垂直居中对齐对象的操作，效果如图 2-67 所示。

图 2-66

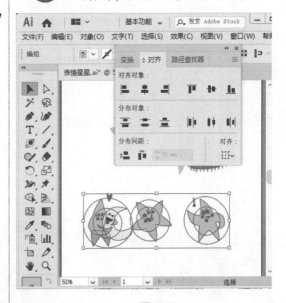

图 2-67

6. 垂直底对齐

在 Illustrator CC 中，【垂直底对齐】命令是以多个对齐对象中最下面对象的下边线为基准线进行对齐，最下面对象的位置不变，所有对象的水平位置也不会发生改变。下面将详细介绍垂直底对齐的操作方法。

step 1 选中需要对齐的对象，然后打开【对齐】面板，在【对齐对象】选项组中单击【垂直底对齐】按钮 ，如图 2-68 所示。

step 2 这样即可完成垂直底对齐对象的操作，效果如图 2-69 所示。

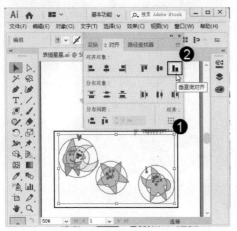

图 2-68

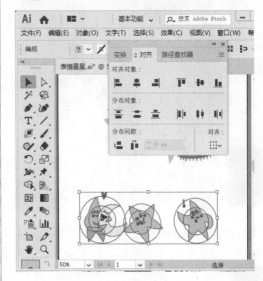

图 2-69

在 Illustrator CC 中，用户使用【对齐】面板时，将鼠标指针移动至面板中的按钮时，将会显示出对应的中文名称注释。【对齐】面板中的命令可以使选定的对象沿指定的轴向对齐。单击【对齐】面板上的三角形按钮，将会缩小或放大面板，放大面板后，添加了一组分部间距命令，可以方便用户绘制更精确的图形。

2.3.3 分布对象

在 Illustrator CC 中，用户可以使用【对齐】面板中的命令进行排列对象。选择菜单栏中的【窗口】→【对齐】命令即可打开【对齐】面板，其中【分布对象】选项组包含【垂直顶分布】、【垂直居中分布】、【垂直底分布】等 6 个命令，并且有两个分布间距命令。下面将分别予以详细介绍。

1. 垂直顶分布

在 Illustrator CC 中，【垂直顶分布】命令是以每个选取对象的上边线为基准线，使对象按相等的间距进行垂直分布。下面详细介绍其操作方法。

step 1　选中需要分布的对象，然后打开【对齐】面板，在【分布对象】选项组中单击【垂直顶分布】按钮，如图 2-70所示。

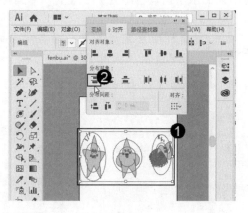

图 2-70

step 2　这样即可完成垂直顶分布对象的操作，效果如图 2-71 所示。

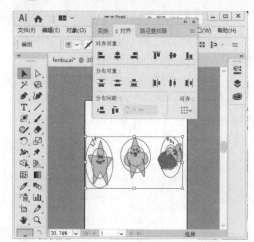

图 2-71

2.　垂直居中分布

在 Illustrator CC 中，【垂直居中分布】命令是以每个选取对象的中线为基准线，使对象按相等的间距进行垂直分布。下面详细介绍其操作方法。

 step 1　选中需要分布的对象，然后打开【对齐】面板，在【分布对象】选项组中单击【垂直居中分布】按钮，如图 2-72 所示。

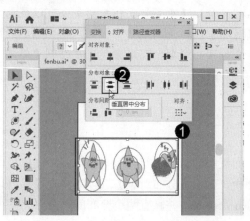

图 2-72

step 2　这样即可完成垂直居中分布对象的操作，效果如图 2-73 所示。

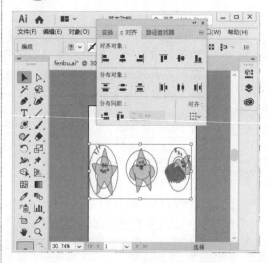

图 2-73

3.　垂直底分布

在 Illustrator CC 中，【垂直底分布】命令是以每个选取对象的下边线为基准线，使对象按相等的间距进行垂直分布。下面详细介绍其操作方法。

step 1 选中需要分布的对象，然后打开【对齐】面板，在【分布对象】选项组中单击【垂直底分布】按钮，如图 2-74 所示。

step 2 这样即可完成垂直底分布对象的操作，效果如图 2-75 所示。

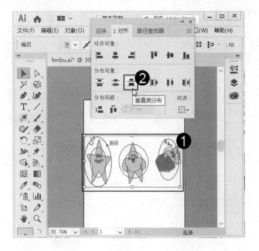

图 2-74

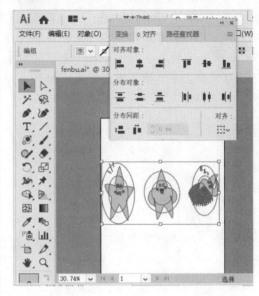

图 2-75

4. 水平左分布

在 Illustrator CC 中，【水平左分布】命令是以每个选取对象的左边线为基准线，使对象按相等的间距进行垂直分布。下面详细介绍其操作方法。

step 1 选中需要分布的对象，然后打开【对齐】面板，在【分布对象】选项组中单击【水平左分布】按钮，如图 2-76 所示。

step 2 这样即可完成水平左分布对象的操作，效果如图 2-77 所示。

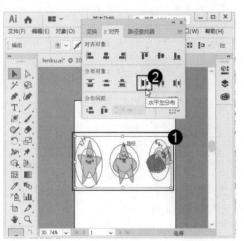

图 2-76

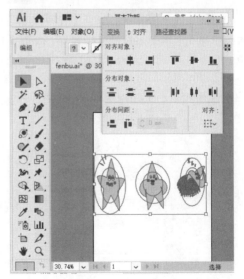

图 2-77

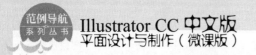

5. 水平居中分布

在 Illustrator CC 中，【水平居中分布】命令是以每个选取对象的中线为基准线，使对象按相等的间距进行垂直分布。下面详细介绍其操作方法。

step 1 选中需要分布的对象，然后打开【对齐】面板，在【分布对象】选项组中单击【水平居中分布】按钮，如图 2-78 所示。

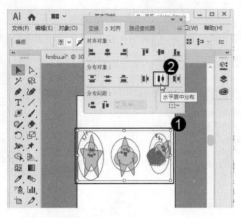

图 2-78

step 2 这样即可完成水平居中分布对象的操作，效果如图 2-79 所示。

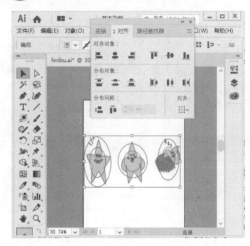

图 2-79

6. 水平右分布

在 Illustrator CC 中，【水平右分布】命令是以每个选取对象的右边线为基准线，使对象按相等的间距进行垂直分布。下面详细介绍其操作方法。

step 1 选中需要分布的对象，然后打开【对齐】面板，在【分布对象】选项组中单击【水平右分布】按钮，如图 2-80 所示。

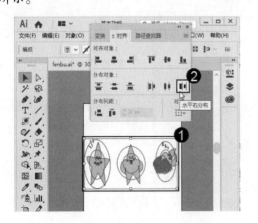

图 2-80

step 2 这样即可完成水平右分布对象的操作，效果如图 2-81 所示。

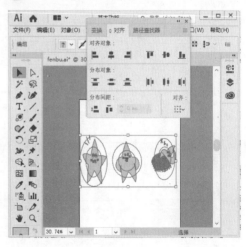

图 2-81

7. 垂直分布间距

在 Illustrator CC 中，用户如需精确指定对象的垂直分布距离，可以单击【对齐】面板中的【垂直分布间距】按钮进行设置。下面将详细介绍其操作方法。

step 1 选中需要分布的对象，然后打开【对齐】面板，在【分布间距】选项组中单击【垂直分布间距】按钮 :≡，如图 2-82 所示。

step 2 这样即可完成垂直分布间距的操作，效果如图 2-83 所示。

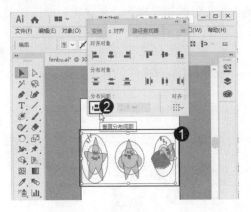

图 2-82

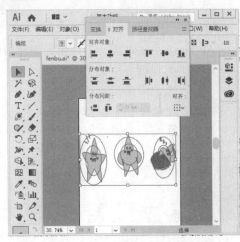

图 2-83

8. 水平分布间距

在 Illustrator CC 中，用户如需精确指定对象的水平分布距离，可以单击【对齐】面板中的【水平分布间距】按钮进行设置。下面将详细介绍其操作方法。

step 1 选中需要分布的对象，然后打开【对齐】面板，在【分布间距】选项组中单击【水平分布间距】按钮 ｉ，如图 2-84 所示。

step 2 这样即可完成水平分布间距的操作，效果如图 2-85 所示。

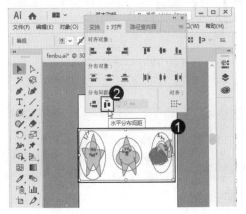

图 2-84

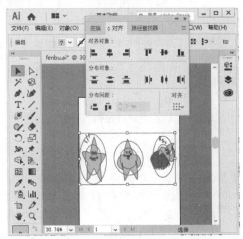

图 2-85

2.3.4　隐藏与显示对象

在 Illustrator CC 中，用户可以将当前不重要的图像隐藏起来，从而避免进行错误编辑，使绘图页面更加简洁，在完成编辑后，还可以将隐藏对象显示出来。隐藏对象包括所选对象、上方所有图稿和其他图层 3 个部分。下面将详细介绍这几种操作方法。

1.　隐藏所选对象

在 Illustrator CC 中，用户可以隐藏对象以防止绘图时的错误操作，使绘图页面更加简洁明了。下面详细介绍其操作方法。

step 1　选中需要隐藏的图形，在菜单栏中选择【对象】→【隐藏】→【所选对象】菜单项，如图 2-86 所示。

step 2　通过以上步骤即可完成隐藏所选对象的操作，效果如图 2-87 所示。

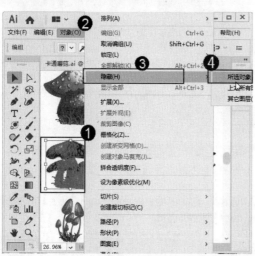

图 2-86

图 2-87

　用户不仅可以选择菜单栏中【对象】→【隐藏】→【所选对象】菜单项进行隐藏对象，还可以按键盘上的 Ctrl+3 组合键，以快速隐藏对象。

2.　隐藏上方所有图稿

在 Illustrator CC 中，用户可以隐藏上方所有图稿以防止绘图时的错误操作，使绘图页面更加简洁明了。下面详细介绍其操作方法。

　选中需要隐藏其上方图稿的对象，然后在菜单栏中选择【对象】→【隐藏】→【上方所有图稿】菜单项，如图 2-88 所示。

　通过以上步骤即可完成隐藏上方所有图稿的操作，效果如图 2-89 所示。

图 2-88

图 2-89

3. 隐藏其他图层

在 Illustrator CC 中，用户可以隐藏其他图层以防止绘图时的错误操作，使绘图页面更加简洁明了。下面详细介绍其操作方法。

选中除需要隐藏图层之外的对象，然后在菜单栏中选择【对象】→【隐藏】→【其它图层】菜单项，这样即可完成隐藏其他图层的操作，如图 2-90 所示。

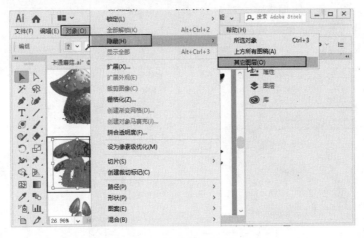

图 2-90

4. 显示所有对象

在 Illustrator CC 中，当用户隐藏选定对象后，还可以将隐藏的对象显示出来，使绘制图像更加方便快捷。下面详细介绍其操作方法。

 当对象被隐藏后，在菜单栏中选择【对象】→【显示全部】菜单项，如图 2-91 所示。

step 2 通过以上步骤即可完成显示所有对象的操作，效果如图 2-92 所示。

图 2-91

图 2-92

2.3.5　编组与解组

当画板中的对象比较多的时候，需要把其中相关的对象进行编组以便于控制和操作。下面详细介绍编组与解组的操作方法。

step 1　①选中多个准备进行编组的对象，②单击鼠标右键，在弹出的快捷菜单中选择【编组】菜单项，如图 2-93 所示。

step 2　可以看到选择的多个对象已被编成一组，这样即可完成编组的操作，如图 2-94 所示。

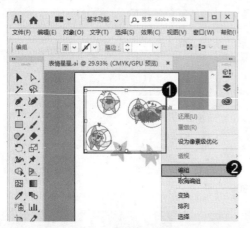

图 2-93

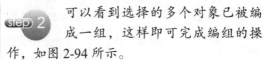

图 2-94

step 3　①选中准备进行解组的对象，②单击鼠标右键，在弹出的快捷菜单中选择【取消编组】菜单项，如图 2-95 所示。

step 4　可以看到刚刚编成一组的多个对象已被解组，单击任意一个对象都可以将其单独选中，这样即可完成解组的操作，如图 2-96 所示。

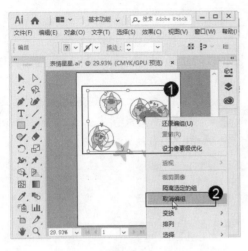

图 2-95

图 2-96

2.3.6　对象的锁定与解锁

在 Illustrator CC 中，锁定对象可以防止操作时错误选中对象，也可以防止当多个对象重叠在一起时，选择一个对象，而避免全部选中。锁定对象包含所选对象、上方所有图稿和其他图层 3 个部分。下面将分别详细介绍对象的锁定与解锁的方法。

1.　锁定所选对象

在 Illustrator CC 中，用户可以锁定对象以防止绘图时的错误操作，使绘制图像更加准确快捷。下面将详细介绍其操作方法。

step 1　选中需要锁定的对象，在菜单栏中选择【对象】→【锁定】→【所选对象】菜单项，如图 2-97 所示。

step 2　可以看到选择的对象已被锁定，不能被选中，这样即可完成锁定对象的操作，如图 2-98 所示。

图 2-97

图 2-98

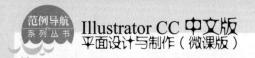
2. 锁定上方所有图稿

在 Illustrator CC 中，用户可以锁定上方所有图稿以防止绘图时的错误操作，使绘制图像更加准确快捷。下面将详细介绍其操作方法。

step 1 选中需要锁定的对象，在菜单栏中选择【对象】→【锁定】→【上方所有图稿】菜单项，如图 2-99 所示。

step 2 可以看到上方图稿不能被选中，这样即可完成锁定上方所有图稿的操作，如图 2-100 所示。

图 2-99

图 2-100

3. 锁定其他图层

在 Illustrator CC 中，用户可以锁定其他图层以防止绘图时的错误操作，使绘制图像更加准确快捷。下面详细介绍其操作方法。

step 1 选中一个图层中的对象，在菜单栏中选择【对象】→【锁定】→【其它图层】菜单项，如图 2-101 所示。

step 2 可以看到其他图层中的对象不能被选中，这样即可完成锁定其他图层的操作，如图 2-102 所示。

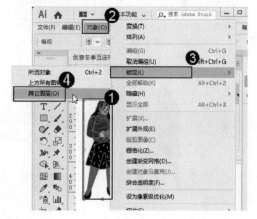

图 2-101

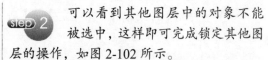

图 2-102

4. 解除锁定对象

在 Illustrator CC 中，用户可以解锁被锁定的对象，使绘制图像更加准确快捷。下面详细介绍其操作方法。

step 1 对象被锁定后，在菜单栏中选择【对象】→【全部解锁】菜单项，如图 2-103 所示。

step 2 可以看到锁定的对象都已被解锁并可以被选中，这样即可完成解锁对象的操作，如图 2-104 所示。

图 2-103

图 2-104

Section 2.4 变 换 操 作

手机扫描下方二维码，观看本节视频课程

在使用 Illustrator CC 编辑对象的过程中，变换是一个重要的编辑步骤，对任何绘制图形的工作来说，变换的功能也是必不可少的。用户可以使用【变换】面板进行变换操作，也可以进行自由变换、旋转、缩放、镜像、倾斜等变换操作。本节将详细介绍变换的相关知识及操作方法。

2.4.1 使用【变换】面板

在菜单栏中选择【窗口】→【变换】菜单项，即可启用【变换】面板，如图 2-105 所示。该面板中显示了一个或多个被选对象的位置、尺寸和方向等有关信息。通过输入新的数值，可以对被选对象进行修改和调整。【变换】面板中的所有值都是针对对象的边界框而言。

- X 文本框：输入一个数值可以改变被选择对象水平方向上的位置。
- Y 文本框：输入一个数值可以改变被选择对象竖直方向上的位置。

- 【宽】文本框：输入一个数值可以改变被选择对象边界框的宽度。
- 【高】文本框：输入一个数值可以改变被选择对象边界框的高度。
- 【角度】◿ 下拉列表框：输入 0～360° 之间的角度值，或者从下拉列表中选择一个数值，可以旋转被选对象。
- 【倾斜】◢ 下拉列表框：输入一个数值，或者从下拉列表中选择一个数值，可以使被选对象按照输入的角度倾斜。

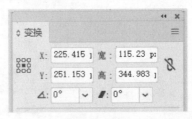

图 2-105

单击【变换】面板右上角的菜单按钮 █，将会打开如图 2-106 所示的菜单。

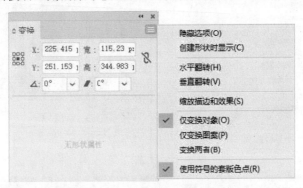

图 2-106

- 选择【水平翻转】菜单项，可以沿水平方向对所选对象应用镜像变换。
- 选择【垂直翻转】菜单项，可以沿垂直方向对所选择对象应用镜像变换。垂直翻转效果如图 2-107 所示。

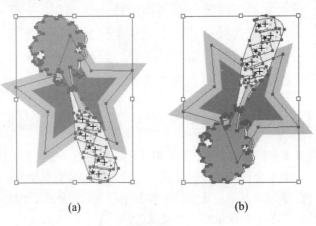

(a)　　　　　　　　　　(b)

图 2-107

- 选择【仅变换对象】菜单项，只有对象发生变换。
- 选择【仅变换图案】菜单项，只有图案发生变换。
- 选择【变换两者】菜单项，可以使对象和图案都发生变换。

2.4.2 使用自由变换工具变换对象

在进行设计时，用户有时候需要对同一个对象进行各种不同的变换，所以 Illustrator CC 设计了自由变换工具。自由变换工具可以连续进行移动、旋转、镜像、缩放和倾斜等操作，是一个十分方便快捷的工具。下面将详细介绍进行自由变换的操作方法。

step 1 选择一个需要进行自由变换的图案。然后在工具箱中选择【自由变换工具】，如图 2-108 所示。

step 2 在不按下鼠标键的情况下把光标移动到矩形外面，光标会变成一个弯曲的箭头，表示此时拖动鼠标可以实现对象的旋转，如图 2-109 所示。

图 2-108

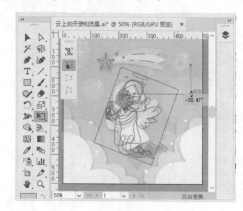

图 2-109

step 3 把光标移动到矩形边界框的一个手柄上，此时光标变成了一个直箭头，拖动鼠标就可以缩放对象以达到想要的尺寸，如图 2-110 所示。

step 4 把光标移动到矩形的内部，光标变成了，这时拖动鼠标可以移动对象，如图 2-111 所示。

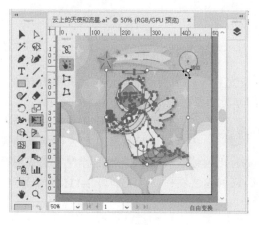

图 2-110

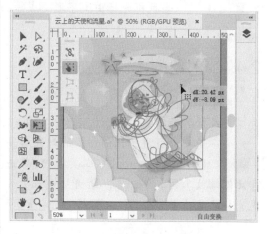

图 2-111

2.4.3 对象的旋转

在 Illustrator CC 中，用户还可以使用【旋转工具】 编辑图形对象，使图像更加丰富多变。在 Illustrator 中，旋转工具的作用是旋转选中的对象。可以指定一个固定点或对象的中心点作为对象的旋转中心，使用鼠标拖动的方法旋转对象。

step 1 在 Illustrator CC 工具箱中，① 使用选择工具选择需要旋转的对象，② 单击【旋转工具】按钮 ，如图 2-112 所示。

step 2 将鼠标指针移动到工作区中，选择旋转中心，按下鼠标左键。然后在选中对象上拖动鼠标旋转对象，旋转到所需的角度，释放鼠标即可，如图 2-113 所示。

图 2-112

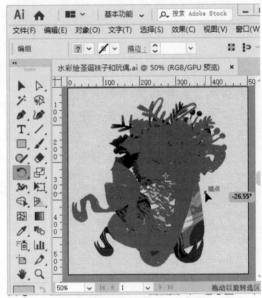

图 2-113

知识精讲

当鼠标光标由十字形变成箭头时，拖动鼠标才能旋转对象。

2.4.4 对象的比例缩放

在 Illustrator CC 中，用户可以使用【比例缩放工具】 快速准确地按比例缩放对象，使工作更加方便快捷。下面将详细介绍进行比例缩放的操作方法。

step 1 选中准备进行比例缩放的对象后，① 在 Illustrator CC 工具箱中，单击【比例缩放工具】按钮 ，② 单击对象，可见光标已变为十字标线 ，如图 2-114 所示。

step 2 在工作区中，选择任意一点并拖动鼠标，然后按住鼠标左键拖曳出需要的比例缩放大小，释放鼠标即可完成对象的比例缩放操作，效果如图 2-115 所示。

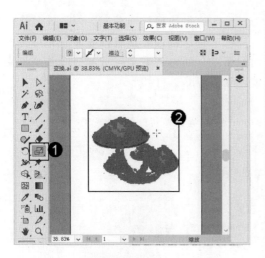

图 2-114

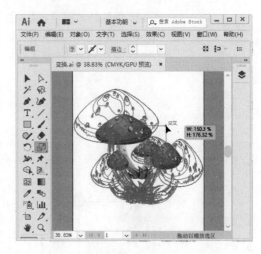

图 2-115

2.4.5 对象的镜像

在 Illustrator CC 中，用户可以快速准确地镜像对象，使工作更加方便快捷。下面详细介绍镜像的操作方法。

step 1 ① 选中准备进行镜像的对象，② 按住【旋转工具】按钮，③ 在弹出的菜单中选择【镜像工具】，如图 2-116 所示。

step 2 选中需要镜像的对象，选择任意一点并旋转对象，即可完成对象绕自身中心镜像的操作，如图 2-117 所示。

图 2-116

图 2-117

2.4.6 对象的倾斜

在 Illustrator CC 中，用户使用【倾斜工具】可以快速地倾斜对象，使工作更加方便快捷。下面详细介绍倾斜对象的操作方法。

第 2 章 绘制与管理图形对象

step 1 ①选中准备进行倾斜的对象，②按住【比例缩放工具】按钮📐，③在弹出的菜单中选择【倾斜工具】📐，如图2-118所示。

step 2 使用鼠标拖动对象，倾斜时对象会出现蓝色的虚线指示倾斜变形的方向和角度。倾斜到需要的角度后释放鼠标左键即可，如图2-119所示。

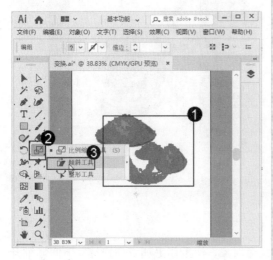

图 2-118

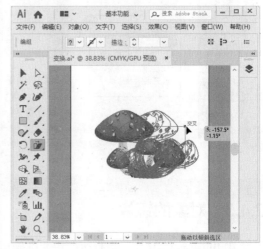

图 2-119

使用【倾斜工具】📐可以使选择的对象倾斜，还可以产生特殊的效果。例如使用倾斜工具及其窗口中的【复制】命令，在应用【倾斜】命令的同时复制，使对象的副本位于原对象之后，然后使用灰度色的填充就可以创建较为特殊的阴影效果。

Section 2.5 范例应用与上机操作

手机扫描下方二维码，观看本节视频课程

 通过本章的学习，读者基本可以掌握绘制与管理图形对象的基本知识以及一些常见的操作方法，本小节将通过一些范例应用，如绘制花朵图形、绘制地产标志，练习上机操作，以达到巩固学习、拓展提高的目的。

2.5.1 绘制花朵图形

通过本范例的学习，用户可以学习利用【星形工具】☆和【直接选择工具】▷等调整图形锚点的操作方法。

素材文件	无
效果文件	第2章\效果文件\绘制花朵.ai

step 1 在工具箱中选择【星形工具】☆，按 F6 键，打开【颜色】面板，设置颜色参数，如图 2-120 所示。

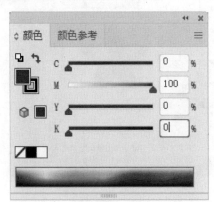

图 2-120

step 3 选择【直接选择工具】，在五角星上选择如图 2-122 所示的锚点。

图 2-122

step 5 按住键盘上的 Shift 键，分别选择其他的 4 个锚点，如图 2-124 所示。

step 2 绘制出一个洋红色的五角星图形，如图 2-121 所示。

图 2-121

step 4 在控制栏中单击【将所选锚点转换为平滑】按钮，将锚点转换为平滑锚点，如图 2-123 所示。

图 2-123

step 6 在控制栏中单击【将所选锚点转换为平滑】按钮，将这 4 个锚点转换为平滑锚点，如图 2-125 所示的形状。

第 2 章 绘制与管理图形对象

73

图 2-124

图 2-125

step 7 再选择其中一个锚点，在锚点两边出现两条控制柄，拖动控制柄调整图形的形状，如图 2-126 所示。

step 8 分别调整每个锚点两边的控制柄，将图形调整成如图 2-127 所示的形状效果。

图 2-126

图 2-127

step 9 选择【椭圆工具】，在图形中间位置绘制一个白色的圆形图形，至此，一个简单的花朵图形就绘制完成了，效果如图 2-128 所示。

step 10 在菜单栏中选择【文件】→【存储】菜单项，如图 2-129 所示。将文件名命名为"绘制花朵.ai"存储。

图 2-128

图 2-129

2.5.2 绘制地产标志

本章学习了绘制与管理图形对象操作的相关知识，本范例详细介绍绘制地产标志的操作方法，来巩固和提高本章学习的内容。

 无

效果文件 第2章\效果文件\绘制地产标志.ai

 1 在工具箱中选择【圆角矩形工具】 ▢，绘制一个圆角矩形，如图 2-130 所示。

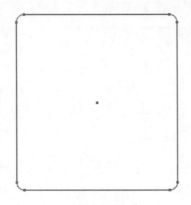

图 2-130

 3 在工具箱中选择【旋转工具】 ↻，旋转复制出一个椭圆形，如图 2-132 所示。

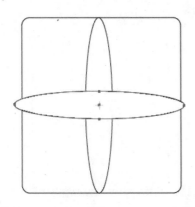

图 2-132

 5 利用【选择工具】 ▶，单独选择两个椭圆，如图 2-134 所示。

 2 在工具箱中选择【椭圆工具】 ◯，在圆角矩形里绘制一个椭圆形，如图 2-131 所示。

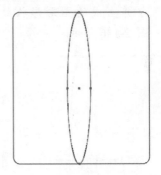

图 2-131

4 按下键盘上的 Ctrl+A 组合键，将 3 个图形同时选中，然后在控制栏中分别单击【水平居中对齐】按钮 ▯ 和【垂直居中对齐】按钮 ▯，此时 3 个图形居中对齐了，如图 2-133 所示。

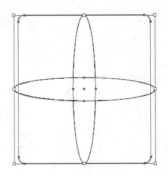

图 2-133

6 在菜单栏中选择【窗口】→【路径查找器】菜单项，打开【路径查找器】面板，在面板中单击【联集】按钮 ▯，如图 2-135 所示。

第2章 绘制与管理图形对象

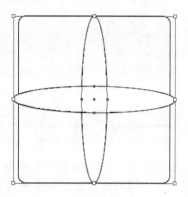

图 2-134

 合并生成的图形形状效果，如
图 2-136 所示。

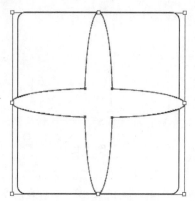

图 2-136

 在【路径查找器】面板中，单击【减
去顶层】按钮 ，如图 2-138 所示。

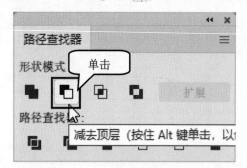

图 2-138

 在工具箱中选择【实时上色工具】
，分别给标志 4 个角部分填充上
红色、橘黄色、蓝色和绿色，如图 2-140 所示。

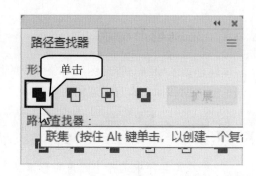

图 2-135

 再将下面的圆角矩形同时选中，如
图 2-137 所示。

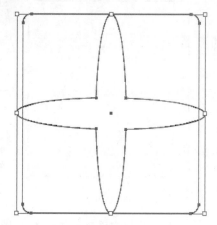

图 2-137

修剪得到的图形形状效果，如
图 2-139 所示。

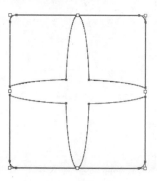

图 2-139

在工具箱中选择【文字工具】，
在图形下面输入文字，这样一个简
单的地产标志就设计完成了，最终效果如
图 2-141 所示。

图 2-140

文杰地产
WENJIE DICHAN

图 2-141

Section 2.6　本章小结与课后练习

本节内容无视频课程，习题参考答案在本书附录

通过本章的学习，读者基本可以掌握绘制与管理图形对象的基本知识以及一些常见的操作方法，帮助用户更深刻地理解基本绘图工具和相关命令，下面通过练习几道习题，达到巩固与提高的目的。

一、填空题

1. _____是用来选择图形或图形组的工具，这个工具非常基础，但却很重要。使用它单击或框选一个或几个对象之后，默认情况下该对象的周围会出现定界框，用户可以通过定界框对对象执行缩放、旋转等操作。

2. 【魔棒工具】可以基于图形的_____、_____、线条的宽度等来进行选择。

3. 在 Illustrator CC 中，可以使用【直线段工具】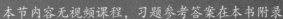在工作区中绘制出_____，当需要精确的数值时，也可以使用_____绘制直线段。

4. 在 Illustrator CC 中，用户可以使用【对齐】面板中的命令排列对象。选择菜单栏中的_____→【对齐】菜单项即可打开【对齐】面板，其中【对齐对象】选项组包含【水平左对齐】、【水平居中对齐】、【水平右对齐】等_____个命令。

5. _____命令是以最左边对象的左边线为基准线，将选中的各个对象的左边缘都和这条线对齐，最左边的对象位置不变。

6. 在 Illustrator CC 中，_____命令不以对象的边线为对齐依据，而是以选定对象的中点为基准点进行居中对齐，所有对象在垂直方向的位置保持不变。

7. 在 Illustrator CC 中，_____命令是以多个对齐对象中最上面对象的上边线

为基准线，选取的对象中的最上面的对象位置不变。

8. 在 Illustrator CC 中，＿＿＿＿＿＿＿命令是以每个选取对象的上边线为基准线，使对象按相等的间距进行垂直分布。

9. 在 Illustrator CC 中，＿＿＿＿＿＿＿命令是以每个选取对象的左边线为基准线，使对象按相等的间距进行垂直分布。

二、判断题

1. 【编组选择工具】  针对的是编组的对象，如果使用选择工具去单击选择它会选中整个编组对象。而使用编组选择工具则可以在不解除编组的情况下，单击某个色块选中单独的路径对象并随意移动它。　　　　　　　　　　　　　　　　　　　　　　　　　（　　）

2. 在 Illustrator CC 菜单栏中，可以使用【选择】菜单中的【存储所选对象】菜单项存储某些经常使用的固定对象，即使这些对象的填充、属性等发生变化，依然可以方便地一次性选择好。　　　　　　　　　　　　　　　　　　　　　　　　　　　　　　　　（　　）

3. 在绘制图像时，可以使用【极坐标网格工具】 快速地在工作区中绘制出光晕效果的图形，可以用来制作眩光效果，如阳光、珠宝的光芒等。当需要精确的数值时，也可以使用数值方法绘制出光晕图形。　　　　　　　　　　　　　　　　　　　　　　　（　　）

4. 在同一个绘图窗口中有多个对象时，便会出现重叠或相交的情况，此时就会涉及调整对象之间的排列顺序等问题。　　　　　　　　　　　　　　　　　　　　　（　　）

5. 在 Illustrator CC 中，【垂直底对齐】命令是以多个对齐对象中最下面对象的下边线为基准线进行对齐，最下面对象的位置不变，所有对象的水平位置也不会发生改变。
　　　　　　　　　　　　　　　　　　　　　　　　　　　　　　　　　　　（　　）

6. 在 Illustrator CC 中，用户可以将当前不重要的图像隐藏起来，从而避免进行错误编辑，使绘图页面更加简洁，在完成编辑后，还可以将隐藏对象显示出来。隐藏对象包括所选对象、上方所有图稿、其他图层 3 个部分。　　　　　　　　　　　　　　　　（　　）

7. 在 Illustrator　CC 中，镜像工具的作用是旋转选中的对象。可以指定一个固定点或对象的中心点作为对象的旋转中心，使用鼠标拖动的方法旋转对象。　　　　（　　）

三、思考题

1. 如何存储所选对象？
2. 如何使用自由变换工具变换对象？

四、上机操作

1. 通过本章的学习，读者基本可以掌握绘制与管理图形对象方面的知识，下面通过练习绘制夜晚海景图，达到巩固与提高的目的。

2. 通过本章的学习，读者基本可以掌握绘制与管理图形对象方面的知识，下面通过练习绘制带花园的小房子，达到巩固与提高的目的。

第**3**章

绘制复杂的图形

本章主要介绍了钢笔工具、画笔工具、铅笔工具、橡皮擦工具方面的知识与使用技巧，同时还讲解了如何使用透视图工具，通过本章的学习，读者可以掌握绘制复杂的图形基础操作方面的知识，为深入学习 Illustrator CC 中文版平面设计与制作知识奠定基础。

本 章 要 点

1. 钢笔工具
2. 画笔工具
3. 铅笔工具
4. 橡皮擦工具
5. 透视图工具

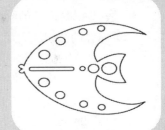

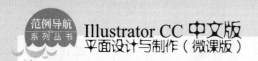

　　在 Illustrator CC 中，钢笔工具是一个非常重要的工具。使用钢笔工具可以绘制直线、曲线和任意形状的路径，可以对线段进行精确的调整，使其更加完美。本节将详细介绍路径和锚点的相关知识以及使用钢笔工具的相关操作方法。

3.1.1　认识路径和锚点

　　在 Illustrator CC 中，用户进行绘制直线、曲线等对象时，需绘制出路径和锚点，绘制路径的工具有很多种，包括钢笔工具、画笔工具、铅笔工具等，锚点连接起来的一条线或多条线段组成了路径。下面将详细介绍路径和锚点的相关知识。

1.　路径

　　在 Illustrator CC 中，路径是使用绘图工具创建的直线、曲线等对象，是组成所有线条和图形的基本元素。路径本身没有宽度和颜色，当路径添加描边后，即可显示出描边的相应属性。为满足用户的绘图需要，路径又分为开放路径、闭合路径和复合路径。下面详细介绍有关路径的知识。

　　(1) 开放路径

　　在 Illustrator CC 中，开放路径的两个端点没有连接在一起，在对开放路径进行颜色填充时，系统会假定路径两端已经连接形成闭合路径而将其填充。开放路径是由起点、中间点和终点构成的，也可以只有一个点，如图 3-1 所示。

　　(2) 闭合路径

　　在 Illustrator CC 中，闭合路径没有起点和终点，是一条起点和终点重合的连续的路径，可对其进行颜色填充或描边，闭合路径是不可以由单点组成的，如图 3-2 所示。

图 3-1

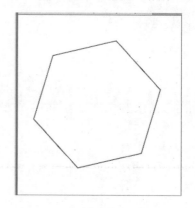

图 3-2

(3) 复合路径

在 Illustrator CC 中，复合路径是将几个开放或者闭合的路径进行组合而形成的路径，其具有开放路径和闭合路径的填充效果，如图 3-3 所示。

(4) 路径的组成

在 Illustrator CC 中，使用某个工具绘制时产生的线条称为路径。路径是由锚点和线段组成的，用户可以通过调整路径上的锚点或线段改变路径的形状，如图 3-4 所示。

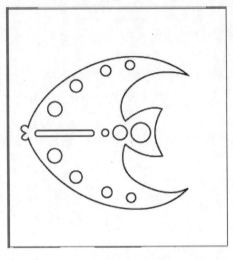

图 3-3

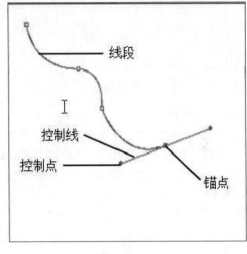

图 3-4

　　在曲线路径上，每一个锚点有一条或两条控制线，在曲线中间的锚点有两条控制线，在曲线端点的锚点有一条控制线。控制线总是与曲线上锚点所在的圆相切。

2. 锚点

在 Illustrator CC 中，锚点是路径中每条线段的开始点到终点之前的若干点，是构成直线或曲线的基本元素，锚点可以固定路径，并能够在路径上任意添加和删除锚点。通过锚点可以调整路径的形状，也可以通过锚点的转换进行直线与曲线之间的转换。下面将详细介绍锚点的相关知识。

(1) 平滑点

在 Illustrator CC 中，平滑点是两条平滑曲线连接处的锚点，平滑点可以使两条线段连接成一条平滑的曲线，平滑点可以防止路径突然改变方向，每一个平滑点都有两条相对应的控制线，如图 3-5 所示。

(2) 直线角点

在 Illustrator CC 中，角点所处的位置，路径形状都会急剧地改变方向。直线角点是两条直线以一个很明显的角度形成的交点，这种锚点上没有控制线和控制块，如图 3-6 所示。

(3) 曲线角点

在 Illustrator CC 中，曲线角点是由两条曲线段相交并突然改变方向所在的点，这种锚点

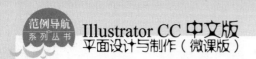

有两条控制线，每个曲线角点都有两个独立的控制块，如图 3-7 所示。

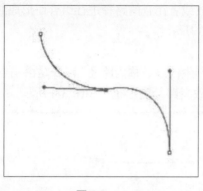

图 3-5

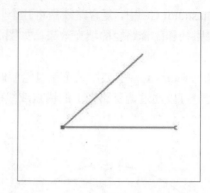

图 3-6

（4）复合角点

在 Illustrator CC 中，复合角点是由一条直线段和一条曲线段相交的点，这种锚点只有一条控制线和一个独立的控制块，如图 3-8 所示。

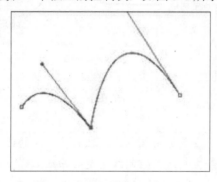

图 3-7

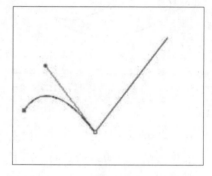

图 3-8

3.1.2 使用钢笔工具绘制直线

在 Illustrator CC 中，用户可根据实际需要使用【钢笔工具】绘制出直线和折线，也可以将开放的路径闭合起来。下面详细介绍其操作方法。

1. 绘制直线

在 Illustrator CC 中，用户可以使用【钢笔工具】绘制出直线，为绘制复杂的图像打好基础。下面将详细介绍其操作方法。

step 1　在 Illustrator CC 工具箱中，① 单击【钢笔工具】按钮，② 将鼠标指针移动至工作区内，此时光标变为形状，如图 3-9 所示。

step 2　在绘图区中，单击任意位置为起点，再将鼠标移动至另一位置为终点，此时两点连接组成一条线，这样即可完成使用钢笔工具绘制直线的操作，如图 3-10 所示。

图 3-9

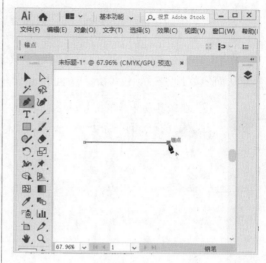

图 3-10

2. 绘制折线

在 Illustrator CC 中，用户可以使用【钢笔工具】 绘制出折线，为绘制复杂的图像打好基础。下面将详细介绍其操作方法。

step 1 在 Illustrator CC 工具箱中，① 单击【钢笔工具】按钮 ，② 以任意位置为起点，再将鼠标移动至另一位置为终点，如图 3-11 所示。

step 2 绘制出一条直线后，然后将鼠标移动至下一个位置并单击，这样即可完成使用钢笔工具绘制折线的操作，效果如图 3-12 所示。

图 3-11

图 3-12

3. 将开放的路径闭合

在 Illustrator CC 中，在使用【钢笔工具】 ✏ 绘制出开放路径后，可以将开放的路径闭合，从而更好地进行颜色填充。下面将详细介绍其操作方法。

 ① 在工具箱中，单击【钢笔工具】按钮 ✏，② 绘制一条折线，如图 3-13 所示。

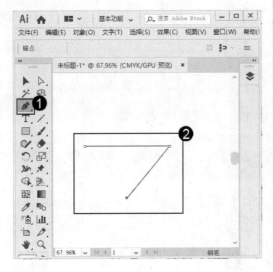

图 3-13

Step 2 将光标移动至折线的起点位置，可见光标变为 ♦ 形状，单击起点位置，如图 3-14 所示。

图 3-14

Step 3 将光标移动至折线的结束位置，可见光标变为 ♦ 形状，单击结束位置即可完成使用钢笔工具将开放路径闭合的操作，如图 3-15 所示。

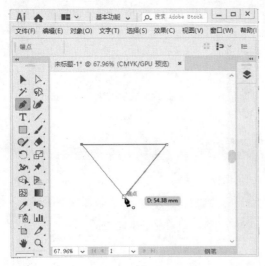

图 3-15

智慧锦囊

在利用【钢笔工具】 ✏ 绘制路径时，如果在单击鼠标左键确定第二个锚点时，同时按住 Shift 键，可以绘制出水平、垂直或 45° 角倍数的直线段。

考考您

请您根据上述方法使用【钢笔工具】 ✏ 绘制直线，测试一下您的学习效果。

3.1.3 使用钢笔工具绘制波浪曲线

在 Illustrator CC 中，曲线上的锚点与直线上的锚点不同，曲线上的锚点称为曲线锚点或曲线点。曲线锚点由 3 部分组成，包括锚点、方向点、方向线，方向线表示曲线在该锚点位置的切线方向。下面详细介绍绘制波浪曲线的操作方法。

step 1 ① 在工具箱中，选择【钢笔工具】，② 用鼠标单击绘图区任意位置，再将鼠标移动至另一位置，拖动控制柄调整曲线的弯度，如图 3-16 所示。

step 2 释放鼠标后，再将鼠标移动至下一位置调整并释放鼠标，重复操作可绘制出波浪线效果，这样即可完成使用钢笔工具绘制波浪曲线的操作，如图 3-17 所示。

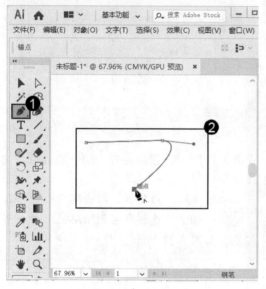

图 3-16

图 3-17

3.1.4 在路径上增加、删除和转换锚点

在 Illustrator CC 中，展开钢笔工具组，其中包含有【添加锚点工具】、【删除锚点工具】和【锚点工具】。下面将详细介绍添加锚点、删除锚点和转换锚点的操作方法。

1. 添加锚点

在 Illustrator CC 中，用户可以使用【添加锚点工具】，在绘制出的一段路径上修改添加锚点。下面详细介绍其操作方法。

step 1 ① 在工具箱中，按住【钢笔工具】按钮，② 在弹出的菜单中选择【添加锚点工具】，如图 3-18 所示。

step 2 选择一段路径，单击路径上的任意位置，这样路径上即可增加一个新的锚点，如图 3-19 所示。

第 3 章 绘制复杂的图形

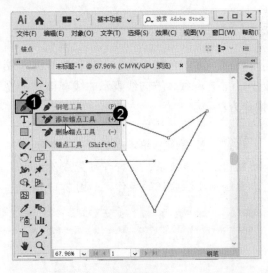

图 3-18

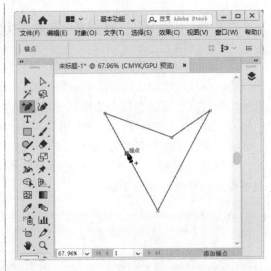

图 3-19

2. 删除锚点

在 Illustrator CC 中，用户可以使用【删除锚点工具】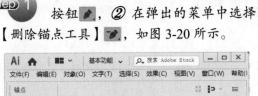，删除路径上的任意锚点，使图像更加整洁清晰。下面详细介绍其操作方法。

step 1 ① 在工具箱中，按住【钢笔工具】按钮 ，② 在弹出的菜单中选择【删除锚点工具】 ，如图 3-20 所示。

step 2 选择一段路径，单击路径上的任意锚点，这样即可删除路径上的一个锚点，如图 3-21 所示。

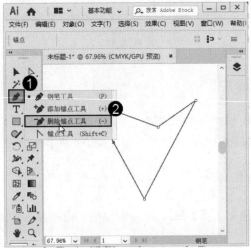

图 3-20

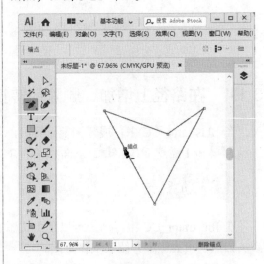

图 3-21

3. 转换锚点

在 Illustrator CC 中，用户可以使用【锚点工具】 ，修改转换路径上的锚点，从而方便用户绘制图像。下面详细介绍其操作方法。

step 1 ① 在工具箱中，按住【钢笔工具】按钮 ✏️，② 在弹出的菜单中选择【锚点工具】 ⊾，如图 3-22 所示。

图 3-22

step 2 选择一段闭合路径，单击路径上的任意锚点，按住鼠标左键并拖动锚点可以编辑路径的形状，这样即可完成转换锚点的操作，如图 3-23 所示。

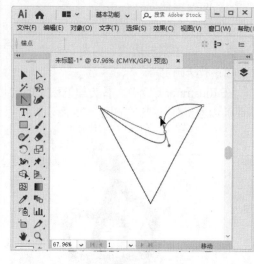

图 3-23

知识精讲

使用【锚点工具】 ⊾ 可以转换锚点的属性，使用该工具在曲线点上单击即可变为直线点，在直线点上单击即可变为曲线点。使用【直接选择工具】 ⊾ 选取路径上的锚点，在工具箱中选择【锚点工具】 ⊾，在选中的锚点上单击并拖动即可完成使用锚点工具转换锚点属性的操作。

Section 3.2 **画 笔 工 具**

手机扫描下方二维码，观看本节视频课程

Illustrator CC 为用户提供了画笔工具，用精巧的结构仿效传统的绘画工具，使用它可以在电脑绘图中获得很好的传统绘图效果。另外，使用画笔工具可以得到素描的效果，同时，熟练地使用画笔工具还可以创造出非常好的书法效果。本节将详细介绍画笔工具的相关知识及使用方法。

3.2.1 使用画笔工具

下面将详细介绍画笔类型与功能、画笔工具的选项以及使用【画笔工具】 ✏️ 绘制图形的相关知识及操作方法。

范例导航
系列丛书
Illustrator CC 中文版
平面设计与制作（微课版）

1. 画笔类型与功能

在 Illustrator CC 中，常用的画笔工具有 4 种，分别为书法画笔、毛刷画笔、艺术画笔和图案画笔。在菜单栏中选择【窗口】→【画笔】菜单项，即可打开【画笔】面板。下面将分别介绍画笔的 4 种类型与功能。

(1) 图案画笔

在使用图案画笔绘制图案时，该图案由沿路径重复的各个拼贴组成。图案画笔最多包括 5 种拼贴，即图案的边线、内角、外角、起点和终点，如图 3-24 所示。

(2) 书法画笔

在 Illustrator CC 中，书法画笔创建的描边，是类似于笔尖呈某个角度的书法笔，是沿着路径的中心绘制出来，如图 3-25 所示。

图 3-24   图 3-25

(3) 艺术画笔

在 Illustrator CC 中，艺术画笔是沿着路径的长度均匀拉伸出的画笔形状或对象形状，可以绘制出具有艺术效果的笔触，如图 3-26 所示。

(4) 毛刷画笔

在 Illustrator CC 中，毛刷画笔创建的描边，是类似于毛刷刷出的触感，整体感觉比较柔和，如图 3-27 所示。

图 3-26   图 3-27

2. 画笔工具的选项

在 Illustrator CC 中，用户可以使用画笔工具并通过修改其选项创建用户需要的效果，在工具箱中双击【画笔工具】按钮 ✐，即可打开【画笔工具选项】对话框。用户可以通过对画笔工具的一些选项进行精确设定，从而更好地绘制图像，如图 3-28 所示。

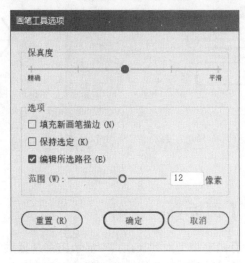

图 3-28

【画笔工具选项】对话框中各参数的含义如下。

- 保真度：用于设定在画笔工具绘制曲线时，所经过的路径上各点的精确度，度量的单位是像素。其中保真度的值越小，所绘制的曲线就越粗糙，相反，值越大，所绘制的曲线精确度就越高。设置【保真度】的最小值是 0.5，最大值是 20。
- 填充新画笔描边：选中该复选框后，将填色应用于路径上。在绘制封闭路径时最有用。
- 保持选定：选中该复选框后，每绘制一条曲线，绘制出的曲线都将处于被选中状态。在书写汉字时，可以将其禁用。
- 编辑所选路径：选中该复选框后，在路径绘制完成后可以编辑路径上的锚点。

3. 使用画笔工具绘制图形

在 Illustrator CC 中，用户可以根据实际需求，使用【画笔工具】✐绘制各式各样的图形效果，从而使图像更加丰富多彩。下面详细介绍使用画笔工具绘制图形的操作方法。

step 1 ① 在工具箱中，选择【画笔工具】✐，② 打开【画笔】面板，在其中选择一种画笔类型，如选择【炭笔-羽毛】选项，如图 3-29 所示。

step 2 在绘图区中，拖动鼠标并绘制出图形，然后释放鼠标即可完成使用画笔工具绘制图形的操作，效果如图 3-30 所示。

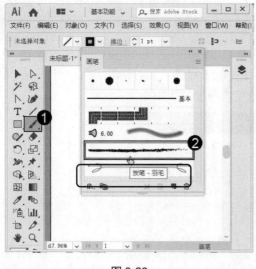

图 3-29

图 3-30

3.2.2 使用【画笔】面板

【画笔】面板中包含有画笔类型的列表，其中显示出系统提供的画笔形状和颜色。共有4类画笔，分别是书法效果画笔、毛刷画笔、艺术画笔和图案画笔，使用后有不同的效果。下面将详细介绍【画笔】面板的相关知识。

1. 功能按钮

在 Illustrator CC 中，用户使用【画笔】面板绘制图形时，在面板最下方有一排按钮即功能按钮，使用后有不同的效果，从而更好地进行绘制图形，如图 3-31 所示。

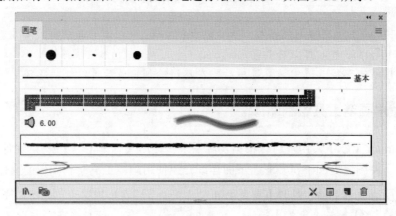

图 3-31

【画笔】面板中各参数的含义如下。

- 画笔库菜单 ▥：单击该按钮后即可打开画笔库菜单，从中可以选择需要的画笔类型。
- 移去画笔描边 ✕：单击该按钮后即可将图形中的任意一种画笔形状删除，只留下轮廓线。

- 所选对象的选项 : 单击该按钮后即可打开画笔选项窗口, 可以编辑不同的画笔形状。
- 新建画笔 : 单击该按钮后即可打开新建画笔窗口, 从而创建新的画笔类型。
- 删除画笔 : 选定画笔类型后, 单击此按钮即可删除选中的画笔类型。

2. 面板菜单

在 Illustrator CC 中, 单击【画笔】面板中右上方的面板菜单按钮 , 即可打开一个下拉菜单, 如图 3-32 所示。

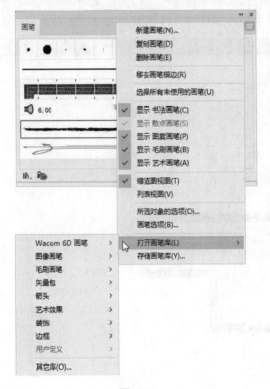

图 3-32

面板菜单中各菜单项的含义如下。

- 新建画笔: 用于新建一种画笔类型。
- 复制画笔: 用于复制选定的画笔。
- 删除画笔: 用于删除选定的画笔。
- 移去画笔描边: 用于将图形中的任意一种画笔形状删除, 只留下轮廓线。
- 选择所有未使用的画笔: 用于选中所有在当前文件中还没有使用的画笔类型。
- 缩览图视图: 用于以缩小图的形式列出画笔的种类和样式。
- 列表视图: 用于以列表形式列出画笔的种类和样式。
- 画笔选项: 用于打开相应的画笔选项窗口。
- 所选对象的选项: 用于打开所选的画笔选项窗口并对其编辑。

- 打开画笔库：用于选择需要显示的画笔类型。
- 存储画笔库：用于存储画笔库。

3.2.3　编辑画笔选项

用户可以对现有的画笔进行编辑，从而改变画笔的外观、大小、颜色和角度等。另外，对于不同的画笔类型，编辑的方法也有所不同。

1.　编辑图案画笔

在 Illustrator CC 中，图案画笔通常用于绘制常见的图案效果。单击【画笔】面板→双击选中的【图案】画笔类型，即可打开【图案画笔选项】对话框，如图 3-33 所示。

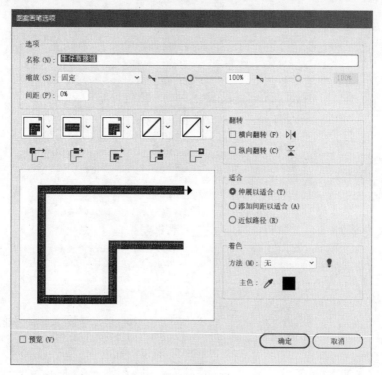

图 3-33

- 名称：用于更改画笔的名称。其下面的五个图表分别可以编辑图案的边、外角边、内角边、起点和终点。
- 缩放：用于调整相对于原始大小的拼贴大小。
- 间距：用于调整拼贴之间的间距。
- 横向翻转：用于改变图案横向翻转线条的方向。
- 纵向翻转：用于改变图案纵向翻转线条的方向。
- 伸展以适合：用于延长或缩短图案，以适合对象，生成不均匀的拼贴。
- 添加间距以适合：用于在每个图案拼贴之间添加空白，将图案按比例应用于路径。
- 近似路径：用于在不改变拼贴的状况下使拼贴适合于最近似的路径，所应用的图案，路径将向内侧或外侧移动，以保持均匀拼贴。

2. 编辑书法画笔

在 Illustrator CC 中，在【画笔】面板中双击选中的【书法画笔】类型，即可打开【书法画笔选项】对话框，如图 3-34 所示。在该对话框中用户可以给书法笔刷命名，设置笔刷角度、圆度以及大小等。

图 3-34

3. 编辑艺术画笔

在 Illustrator CC 中，艺术画笔可以使用户绘制的图形更加生动形象。在【画笔】面板中双击选中的【艺术画笔】类型，打开【艺术画笔选项】对话框，如图 3-35 所示。

图 3-35

【艺术画笔选项】对话框中各选项的含义如下。

- 名称：用于更改画笔的名称。
- 宽度：用于调整相对于原始大小的宽度大小。
- 按比例缩放：用于将艺术画笔路径按比例缩放。
- 伸展以适合描边长度：用于伸展描边长度，以适合对象。
- 在参考线之间伸展：用于将路径在参考线之间伸展。
- 方向：用于决定图稿相对于线条的方向。
- 着色：用于编辑画笔的色调以及颜色。
- 横向翻转：用于改变路径横向翻转线条的方向。
- 纵向翻转：用于改变路径纵向翻转线条的方向。
- 预览：选中该复选框即可预览设置后的效果。

4. 编辑毛刷画笔

毛刷画笔能够指定使用毛刷画笔工具绘制线条的画笔形状等。在【画笔】面板中双击选中的【毛刷画笔】类型，打开【毛刷画笔选项】对话框，如图 3-36 所示。

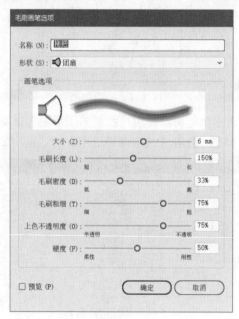

图 3-36

【毛刷画笔选项】对话框中各参数的含义如下。

- 名称：用于更改画笔的名称。
- 形状：用于选择改变毛刷的形状。
- 大小：用于调整毛刷的大小。
- 毛刷长度：用于调整毛刷的长度。
- 毛刷密度：用于调整毛刷的密度。
- 毛刷粗细：用于调整毛刷的粗细。

- 上色不透明度：用于调整毛刷画笔上色的不透明度。
- 硬度：用于调整毛刷画笔的硬度质感。

3.2.4 画笔库面板

在 Illustrator CC 中，画笔库面板是系统预设的画笔集合，用户可以打开多个画笔库来浏览其中的内容并选择画笔。下面详细介绍使用画笔库面板的操作方法。

step 1 在菜单栏中选择【窗口】→【画笔库】菜单项，在子菜单中选择需要的库，这里选择【矢量包】库，然后根据需要选择使用的矢量包，这里选择【手绘画笔矢量包】菜单项，如图 3-37 所示。

step 2 系统会打开【手绘画笔矢量包】面板，用户即可使用其中的画笔库资源绘制图形，这样即可完成使用画笔库面板的操作，如图 3-38 所示。

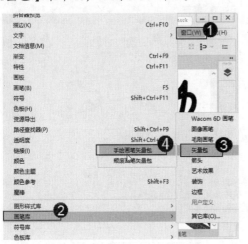

图 3-37

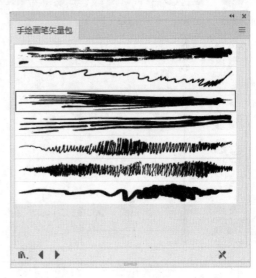

图 3-38

在绘制完第一种边框后，如需绘制第二种边框，需要将第一种绘制的边框处于未激活状态，才能开始第二种边框的绘制，否则第一种绘制的边框将变为第二种边框。用户使用多种画笔库中的效果绘制图像，将使图像更加丰富多彩。

Section 3.3 铅笔工具

手机扫描下方二维码，观看本节视频课程

在 Illustrator CC 中，使用【铅笔工具】可以随意绘制出自由的曲线路径，在绘制过程中系统会自动依据鼠标的轨迹来设定节点而产生路径。还可以使用【平滑工具】修饰曲线使之更加平滑，并且可以使用【路径橡皮擦工具】擦除现有路径的全部或一部分。本节将详细介绍铅笔工具组中的相关工具知识及使用方法。

3.3.1 使用铅笔工具

在 Illustrator CC 中，用户可以使用铅笔工具绘制图像，也可以通过设置铅笔工具的参数值帮助用户更好地绘制图像。下面详细介绍使用铅笔工具绘制图形的操作方法。

1. 使用铅笔工具绘制图像

在 Illustrator CC 中，用户可以使用【铅笔工具】 方便快捷地勾勒出需要设计的草图构想，从而帮助用户更加有效率地绘制图像。下面详细介绍其操作方法。

step 1 在绘图区中，① 选择【铅笔工具】 ，② 单击绘图区中任意点并拖动鼠标进行绘制，如图 3-39 所示。

step 2 这样即可完成使用铅笔工具绘制图像的操作，如图 3-40 所示。

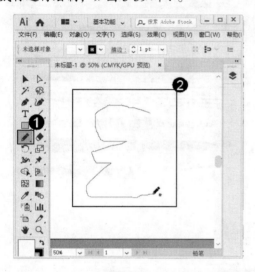

图 3-39

图 3-40

使用铅笔工具可以绘制闭合路径或非闭合路径，就像使用铅笔在纸张上绘图一样。绘图时，Illustrator 可以创建锚点并将其放在路径上，而绘制完毕后，还可以调整这些锚点。

2. 设置铅笔工具的参数值

在 Illustrator CC 中，用户可以通过设置【铅笔路径】的参数值，从而帮助用户绘制图像更加方便快捷。下面详细介绍其操作方法。

step 1 ① 在工具箱中，使用鼠标双击【铅笔工具】 ，② 弹出【铅笔工具选项】对话框，并根据实际需要设置相应的参数值，③ 单击【确定】按钮，如图 3-41 所示。

step 2 这样即可完成设置铅笔工具参数值的操作，如图 3-42 所示。

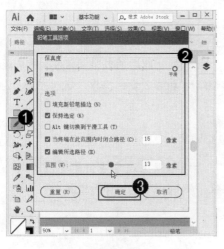

图 3-41

图 3-42

3.3.2 使用平滑工具

在 Illustrator CC 中,用户可以使用【平滑工具】 修饰曲线使之更加平滑,也可通过设置参数值使曲线更加平滑,从而方便用户绘制图像。下面将详细介绍其操作方法。

1. 使用平滑工具修饰曲线

在 Illustrator CC 中,平滑工具能够在尽可能保持原样不变的前提下,对一条路径的现有区段进行平滑处理。下面将详细介绍其操作方法。

step 1 ① 选择需要平滑处理的路径,② 按住【铅笔工具】按钮 , ③ 在弹出的菜单中选择【平滑工具】 ,如图 3-43 所示。

step 2 使用平滑工具在需要处理的路径上拖动鼠标,如图 3-44 所示。

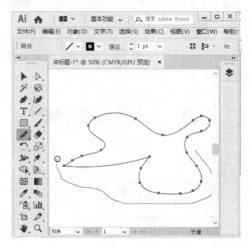

图 3-44

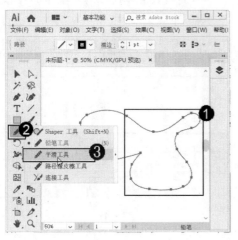

图 3-43

step 3 释放鼠标，可以看到处理的路径已变得平滑，通过以上步骤即可完成使用平滑工具处理路径的操作，如图 3-45 所示。

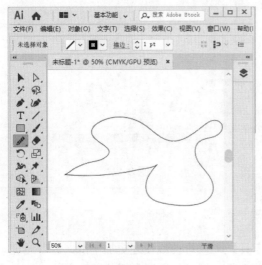

图 3-45

智慧锦囊

如果对处理后的效果不满意，用户还可以继续重复第 2 步的操作，进行平滑处理。

考考您

请您根据上述方法使用平滑工具平滑路径，测试一下您的学习效果。

2. 设置平滑工具的参数值

在 Illustrator CC 中，用户可以通过设置平滑工具的参数值更好地修饰路径。下面详细介绍设置平滑工具参数值的操作方法。

step 1 ① 在工具箱中，双击【平滑工具】 ✐，② 弹出【平滑工具选项】对话框，如图 3-46 所示。

图 3-46

step 2 在【平滑工具选项】对话框中，① 根据实际需要设置【保真度】选项组中的【平滑度】参数值，② 单击【确定】按钮，即可完成设置平滑工具参数值的操作，如图 3-47 所示。

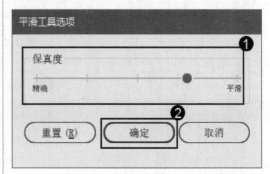

图 3-47

3.3.3 使用路径橡皮擦工具

在 Illustrator CC 中，用户可以使用【路径橡皮擦工具】 擦除现有路径的全部或一部分，但是【路径橡皮擦工具】 不能应用于文本对象和包含有渐变网格的对象。下面详细介绍使用路径橡皮擦工具的操作方法。

step 1　① 在工具箱中，按住【铅笔工具】按钮 ，② 在弹出的菜单中选择【路径橡皮擦工具】 ，如图 3-48 所示。

step 2　选中图像，然后单击需要擦除的路径并拖动鼠标进行擦除，如图 3-49 所示。

图 3-48

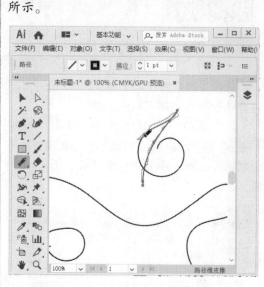

图 3-49

step 3　释放鼠标后可以看到路径已被擦除，通过以上步骤即可完成使用路径橡皮擦工具擦除路径的操作，效果如图 3-50 所示。

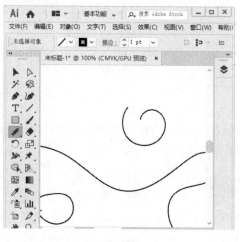

图 3-50

智慧锦囊

在 Illustrator CC 中，不仅可以使用【路径橡皮擦工具】 从路径的两端擦除，也可以擦除路径中间的一部分，使路径变为两条较短的路径。

考考您

请您根据上述方法使用【路径橡皮擦工具】 来调整路径，测试一下您的学习效果。

橡皮擦工具

手机扫描下方二维码，观看本节视频课程

在 Illustrator CC 中，工具箱包含有很多种调整路径的工具，用户可以使用橡皮擦工具、剪刀工具、刻刀工具等进行调整路径的操作，从而帮助用户更加快捷地绘制图像。本节将介绍橡皮擦工具组中工具的相关知识及使用方法。

3.4.1 使用橡皮擦工具

使用【橡皮擦工具】 ◆ 可以轻松删除图像的多余部分，从而方便用户绘制图像。下面将介绍使用橡皮擦工具的方法。

step 1 ① 在工具箱中，选择【橡皮擦工具】 ◆，② 按住键盘上的 Alt 键并在多余的图像上画一个矩形将其盖住，如图 3-51 所示。

step 2 释放鼠标，可以发现被盖住的部分已不见而被删除，这样即可完成使用橡皮擦工具的操作，效果如图 3-52 所示。

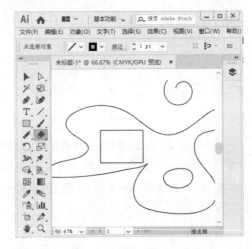

图 3-52

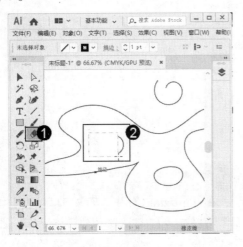

图 3-51

3.4.2 使用剪刀工具

在 Illustrator CC 中，用户可以使用【剪刀工具】 ✂ 剪切路径，使一条路径变为两条路径，从而方便用户绘制图像。下面将详细介绍其操作方法。

step 1 ① 在工具箱中，按住【橡皮擦工具】按钮 ◆，② 在弹出的菜单中选择【剪刀工具】 ✂，如图 3-53 所示。

step 2 选择一段路径，单击路径上任意一点，路径将从单击的位置被剪切成两条路径，按方向键可以看见剪切效果，这样即可完成使用剪刀工具的操作，效果如图 3-54 所示。

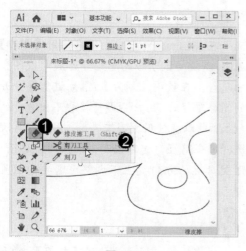

图 3-53

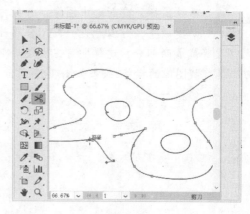

图 3-54

在使用【剪刀工具】剪切图像时，单击任意点后，需要用户使用键盘上的上下左右方向键调整到需要的位置，才能看见被剪切后的图像。

3.4.3 使用刻刀工具

在 Illustrator CC 中，用户可以使用【刻刀】 裁剪路径，使一条闭合路径变为两条闭合路径，从而方便用户绘制图像。下面详细介绍其操作方法。

step 1 ① 在工具箱中，按住【橡皮擦工具】按钮 ◆，② 在弹出的菜单中选择【刻刀】 ，如图 3-55 所示。

step 2 选择一段闭合路径，单击路径上任意位置，按住鼠标左键从路径的上方至下方拖动出一条线，如图 3-56 所示。

图 3-55

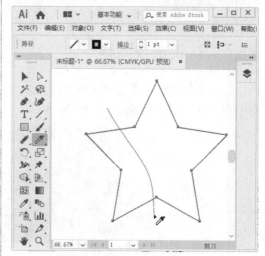

图 3-56

第 4 章　绘制复杂的图形

step 3　释放鼠标，重新选中图像，并按方向键调整，可以看见一段闭合路径已经被剪裁成两部分，这样即可完成使用刻刀工具剪裁图像的操作，效果如图 3-57 所示。

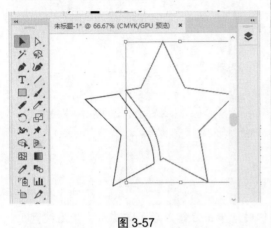

图 3-57

智慧锦囊

在 Illustrator CC 中，用户使用【刻刀】可以使一段闭合的路径分开成两段闭合的路径，在使用【刻刀】✐划过需要分开的闭合路径时，用户不调整将看不出分开的效果，所以在使用刻刀工具后，用户需再次选择闭合路径，这时已变为两条闭合路径，用键盘上的方向键上下调整至需要的位置即可。

考考您

请您根据上述方法使用【刻刀】✐和【剪刀工具】✂来编辑路径，测试一下您的学习效果。

Section 3.5　透视图工具

手机扫描下方二维码，观看本节视频课程

在 Illustrator CC 中，透视图工具组包含透视网格工具和透视选区工具，利用透视网格工具可以使用户在透视图平面上绘制出一点、两点、三点透视图形或立体透视场景；利用透视选区工具可以完成对图形的选择、移动等操作。本节将详细介绍透视图工具的相关知识及操作方法。

3.5.1　认识透视网格

在工具箱中单击【透视网格工具】之后，即可启动当前画笔的透视网格功能，在画布中会出现如图 3-58 所示的透视网格。

图 3-58

默认情况下，透视网格是两点透视的，可以通过选择【视图】→【透视网格】→【一点透视】→【一点-正常视图】菜单项来改变透视类型，如图 3-59 所示。同理用户还可以改变为三点透视类型。

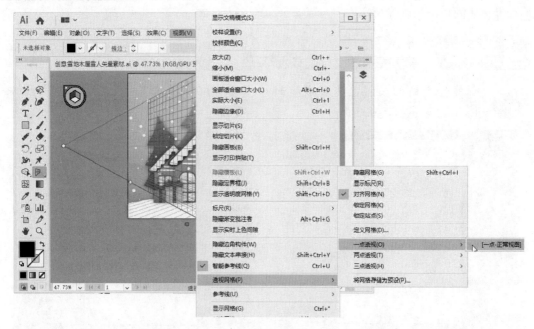

图 3-59

如图 3-60 和图 3-61 所示分别为一点透视和三点透视网格的显示效果。

图 3-60

图 3-61

一点透视对于观察公路、铁轨时很有帮助。两点透视可用于观察正方体(如建筑物)或两条相交的公路，通常有两个消失点。三点透视常用于俯视或仰视建筑物。

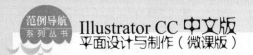
3.5.2　在透视网格中绘制对象

　　在网格可见的情况下，使用矩形工具可以轻松地在透视网格中绘制对象，本例详细介绍如何在透视网格中绘制立体图形。

素材文件❋	无
效果文件❋	第3章\效果文件\立体图形.ai

 创建一个新的文档，然后添加如图 3-62 所示的三点透视网格。

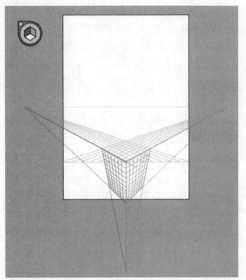

图 3-62

 在地平线上按住鼠标左键并向上拖动鼠标，移动透视网格到页面中，如图 3-63 所示。

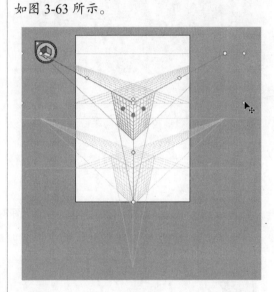

图 3-63

 向下拖动网格垂直高度点，将网格变矮，如图 3-64 所示。

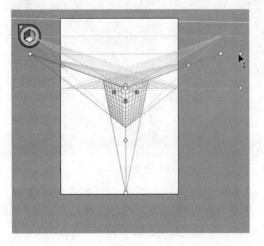

图 3-64

 向左拖动右侧的消失点，调整网格的透视，如图 3-65 所示。

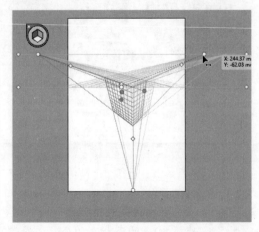

图 3-65

step 5 用相同的方法将左侧的消失点向右稍微调整，使两侧对称，如图 3-66 所示。

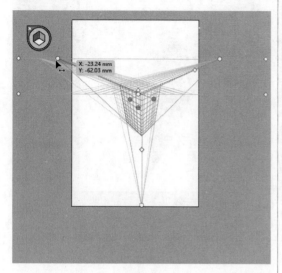

图 3-66

step 7 按住鼠标左键并向左边网格的对角线方向拖动鼠标，绘制透视矩形，如图 3-68 所示。

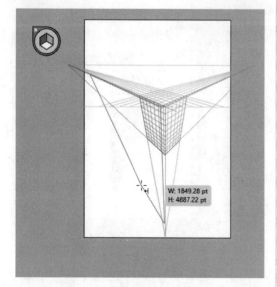

图 3-68

step 9 选择【透视网格工具】，单击下边的面，将透视网格的底面设置为可编辑面，颜色显示为绿色，如图 3-70 所示。

step 6 在工具箱中选择【矩形工具】，然后将鼠标指针移动到如图 3-67 所示的网格点位置。

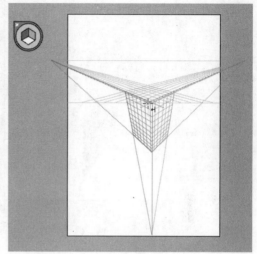

图 3-67

step 8 双击【渐变工具】，打开【渐变】面板，给图形填充如图 3-69 所示的渐变颜色。

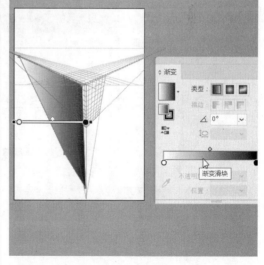

图 3-69

step 10 在透视网格的顶面，利用【矩形工具】绘制透视矩形，如图 3-71 所示。

第3章 绘制复杂的图形

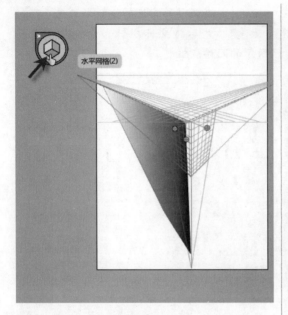

图 3-70

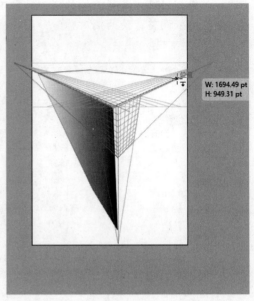

图 3-71

step11 在【渐变】面板中将【角度】下拉列表框设置为 45°，填充后的效果如图 3-72 所示。

step12 单击右侧的网格面，将透视网格的侧面设置为可编辑面，颜色显示为橘红色，如图 3-73 所示。

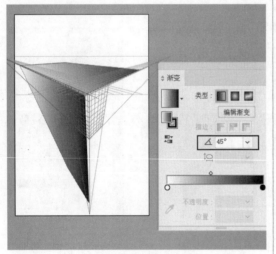

图 3-72

图 3-73

step13 在侧面利用【矩形工具】□绘制透视矩形，如图 3-74 所示。

step14 选择【透视网格工具】，在【透视面切换构件】中单击左上角的【关闭】按钮，隐藏透视网格，如图 3-75 所示。

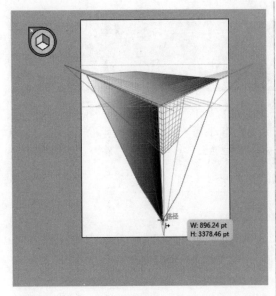

图 3-74

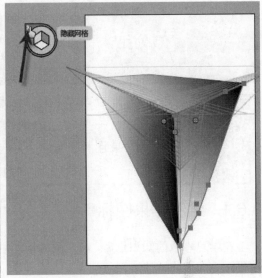

图 3-75

 隐藏透视网格后，可以看到绘制的透视图形效果，如图 3-76 所示。

 用户还可以利用【直接选择工具】▷框选锚点，然后进行拖曳，将图形进行调整，最终效果如图 3-77 所示。

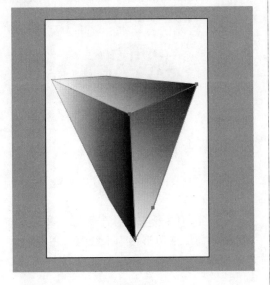

图 3-76

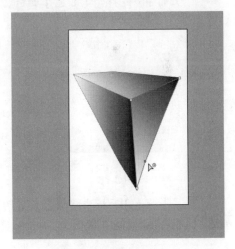

图 3-77

 默认情况下，系统会开启对齐网格功能，要关闭对齐网格功能，可以在菜单栏中取消选择【视图】→【透视网格】→【对齐网格】菜单项。

通过本章的学习，读者基本可以掌握绘制复杂图形的基本知识以及一些常见的操作方法，本小节将通过一些范例应用，如绘制苹果图标、绘制闪闪红星效果等，练习上机操作，以达到巩固学习、拓展提高的目的。

3.6.1 绘制苹果图标

在学习本章的知识点后，应了解如何利用各种工具绘制复杂的图形，本例详细介绍绘制苹果图标的操作方法。

素材文件	无
效果文件	第3章\效果文件\苹果图标.ai

step 1　选择【椭圆工具】 ◯ ，按下键盘上的 F6 键打开【颜色】面板，设置颜色参数，如图 3-78 所示。

图 3-78

step 3　在【颜色】面板中将填色设置为黑色，如图 3-80 所示。

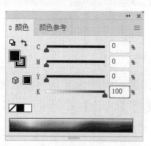

图 3-80

step 2　按住 Shift 键，绘制出一个红色的圆形，如图 3-79 所示。

图 3-79

step 4　在工具箱中选择【钢笔工具】按钮 ✎ ，在圆形图形上绘制如图 3-81 所示的图形。

图 3-81

step 5　在工具箱中选择【锚点工具】，然后在图形中的锚点上按下鼠标左键拖动，出现两条控制柄，如图 3-82 所示。

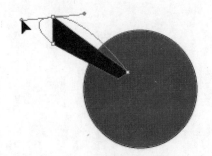

图 3-82

step 7　在【颜色】面板中给图形设置如图 3-84 所示的深褐色。

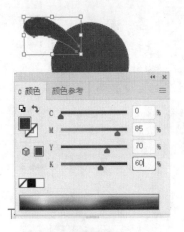

图 3-84

step 9　利用【锚点工具】，把图形调整成如图 3-86 所示的形状。

图 3-86

step 6　通过调整每个锚点上控制柄长短和方向，把图形调整成如图 3-83 所示的形状。

图 3-83

step 8　选择【钢笔工具】按钮，再绘制出如图 3-85 所示的图形。

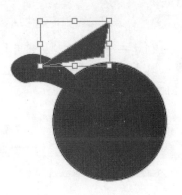

图 3-85

step 10　在【颜色】面板中给图形设置如图 3-87 所示的绿色。

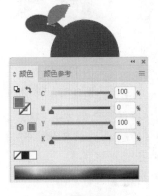

图 3-87

第 3 章　绘制复杂的图形

step 11 在圆形图形上再绘制出如图 3-88 所示的白色图形。

step 12 通过以上步骤即可完成绘制一个漂亮的苹果图标的操作。按下键盘上的 Ctrl+S 组合键保存，设置名称为"苹果图标.ai"。

图 3-88

3.6.2 绘制闪闪红星效果

在学习本章的知识点后，应了解如何利用各种工具绘制复杂的图形，本例详细介绍绘制闪闪红星效果的操作方法。

素材文件	无
效果文件	第 3 章\效果文件\闪闪的红星.ai

step 1 创建一个新的文档，利用【星形工具】☆，绘制一个红色的五角星图形，如图 3-89 所示。

step 2 选择【直线段工具】／，将鼠标指针移动至五角星图形的中心位置按住鼠标左键并向上拖动，如图 3-90 所示。

图 3-89

图 3-90

step 3 按键盘上的"~"键，沿着五角星的边缘拖动鼠标，可以绘制出如图 3-91 所示的线形。

step 4 继续沿着图形的边缘拖动鼠标，至起点位置后释放鼠标，即可绘制出如图 3-92 所示的线形。

图 3-91

图 3-92

step 5 按下键盘上的 Ctrl+G 组合键，将绘制的线形编组，然后将其颜色修改为白色，如图 3-93 所示。

step 6 选择星形图形，为其填充由黄色到红色的径向渐变色，即可生成闪闪的红星效果，如图 3-94 所示。

图 3-93

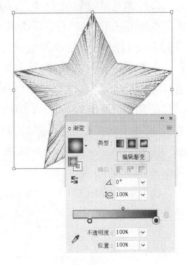

图 3-94

Section 3.7 本章小结与课后练习

本节内容无视频课程，习题参考答案在本书附录

通过本章的学习，读者基本可以掌握绘制复杂图形的基本知识以及一些常见的操作方法，让用户进一步掌握 Illustrator CC 绘图的高级功能，充分灵活地掌握钢笔工具、画笔工具、铅笔工具、橡皮擦工具、透视图工具。下面通过练习几道习题，达到巩固与提高的目的。

一、填空题

1. 在 Illustrator CC 中，_____是使用绘图工具创建的直线、曲线等对象，是组成所有线条和图形的基本元素。

2. 为满足用户的绘图需要，路径又分为开放路径、_____和复合路径。

3. 路径是由_____和_____组成的，用户可以通过调整路径上的锚点或线段改变路径的形状。

4. 在 Illustrator CC 中，_____是路径中每条线段的开始点到终点之间的若干点，是构成直线或曲线的基本元素。

5. _____是两条直线以一个很明显的角度形成的交点，这种锚点上没有控制线和控制块。

二、判断题

1. 路径本身没有宽度和颜色，当路径添加描边后，即可显示出描边的相应属性。（　）

2. 在 Illustrator CC 中，闭合路径没有起点和终点，是一条起点和终点重合的连续的路径，可对其进行颜色填充或描边，闭合路径是可以由单点组成的。（　）

3. 在 Illustrator CC 中，开放路径的两个端点没有连接在一起，在对开放路径进行颜色填充时，系统会假定路径两端已经连接形成闭合路径而将其填充。（　）

4. 在 Illustrator CC 中，复合路径是将几个开放或者闭合的路径进行组合而形成的路径，其具有开放路径和闭合路径的填充效果。（　）

5. 在 Illustrator CC 中，通过锚点不可以调整路径的形状，但可以通过锚点的转换进行直线与曲线之间的转换。（　）

6. 在 Illustrator CC 中，曲线角点是由一条直线段和一条曲线段相交的点，这种锚点只有一条控制线和一个独立的控制块。（　）

三、思考题

1. 如何使用钢笔工具绘制波浪曲线？
2. 如何在路径上增加、删除和转换锚点？

四、上机操作

1. 通过本章的学习，读者基本可以掌握绘制复杂图形方面的知识，下面通过练习绘制可爱猪图标，达到巩固与提高的目的。

2. 通过本章的学习，读者基本可以掌握绘制复杂图形方面的知识，下面通过练习绘制复合路径，达到巩固与提高的目的。

第4章

图形填色与描边

　　本章主要介绍了填色与描边、设置颜色、渐变与图案填充、编辑描边属性、吸管与网格工具方面的知识与技巧，同时还讲解了如何实时上色，通过本章的学习，读者可以掌握图形填色与描边基础操作方面的知识，为深入学习 Illustrator CC 中文版平面设计与制作知识奠定基础。

本 章 要 点

1. 填色与描边

2. 设置颜色

3. 渐变与图案填充

4. 编辑描边属性

5. 吸管与网格工具

6. 实时上色

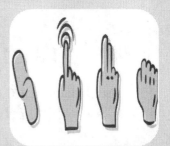

Section
4.1　填色与描边

手机扫描下方二维码，观看本节视频课程

在 Illustrator CC 中，用户可以使用填充与描边工具对图像进行颜色填充和描边，也可以使用控制面板对图像进行填色和描边。图形对象的着色是美化图形的基础，图形颜色的好坏在整个图形中占重要作用。本节将详细介绍填色与描边的相关知识及操作方法。

4.1.1　填色和描边按钮

应用工具箱中的【填色】和【描边】按钮 ，可以指定所选对象的填充颜色和描边颜色。当单击该按钮(快捷键为 X)时，可以切换填色显示框和描边显示框的位置。按下键盘上的 Shift+X 组合键时，可以使选定对象的颜色在填充和描边之间切换。

在【填色】和【描边】按钮 下面有 3 个按钮，如图 4-1 所示。它们分别为【填充按钮颜色】、【按钮渐变填充】和【按钮无填充】。当选择渐变填充时，它不能用于图形的描边上。

图 4-1

4.1.2　用控制面板填色和描边

在 Illustrator CC 中，用户可以使用控制面板轻松地对绘制的对象进行填色和描边。下面详细介绍使用控制面板进行填色和描边的操作方法。

step 1 完成绘制图形对象的操作后，① 单击控制面板中的颜色下拉按钮，② 在弹出的下拉列表中选择准备进行填色的颜色，即可完成填色操作，如图 4-2 所示。

step 2 在控制面板中，① 单击描边下拉按钮，② 在弹出的下拉列表中选择准备描边的颜色，即可完成描边的操作，如图 4-3 所示。

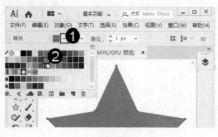

图 4-2

图 4-3

4.1.3　【描边】面板

在 Illustrator CC 中，用户可以使用【描边】面板编辑需要的图像，从而更好地绘制图形。选择菜单栏中的【窗口】→【描边】菜单项，在弹出的【描边】面板中，可以根据实际需要设置对象描边的属性，如图 4-4 所示。

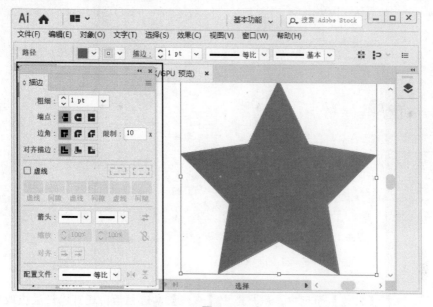

图 4-4

【描边】面板中主要参数的含义如下。

- 粗细：用于设置描边的宽度。
- 端点：用于指定描边各线段的首端和尾端的形状样式，包括【平头端点】、【圆头短点】、【方头端点】3 种端点样式。
- 边角：用于指定一段描边的拐角形状，包括【斜接连接】、【圆角连接】、【斜角连接】3 种拐角接合形式。
- 限制：用于设置斜角的长度，其决定描边沿路径改变方向时伸展的长度。
- 对齐描边：用于设置描边与路径的对齐方式，包括【使描边居中对齐】、【使描边内侧对齐】、【使描边外侧对齐】3 种对齐方式。
- 虚线：选中该复选框后，可以创建描边的虚线效果。

　　在 Illustrator CC 中，用户可以使用【描边】面板编辑需要的图像，不仅可以选择【窗口】→【描边】菜单项打开【描边】面板，还可以使用键盘上的 Ctrl+F10 组合键打开【描边】面板。

4.1.4　虚线描边

　　在 Illustrator CC 中，用户可以使用【描边】面板轻松地进行虚线描边处理。下面详细介绍虚线描边的操作方法。

 选择准备进行虚线描边的图形后，① 在【描边】面板中选中【虚线】复选框，② 选择准备应用的虚线样式，③ 设置虚线大小，如图 4-5 所示。

通过以上步骤即可完成虚线描边的操作，效果如图 4-6 所示。

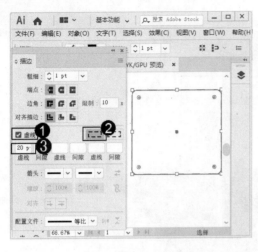

图 4-5

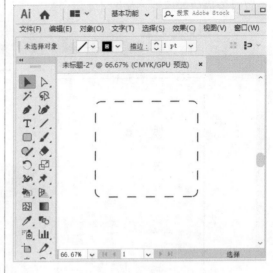

图 4-6

在【描边】面板中，用户选中【虚线】复选框后，还可以设置虚线的间隙大小以及添加箭头到虚线描边中。

知识精讲

Section 4.2 设置颜色

手机扫描下方二维码，观看本节视频课程

要在 Illustrator 中使用颜色，可以通过多种方法设置颜色，如用户可以使用拾色器设置颜色，也可以使用【颜色】面板设置颜色，还可以使用【色板】面板设置颜色。本节将详细介绍设置颜色的几种方法，掌握设置颜色的基本技能。

4.2.1 用拾色器设置颜色

要指定颜色，可以使用拾色器在色域、色谱条中直接输入颜色值或单击色板。下面详细介绍使用拾色器设置颜色的操作方法。

step 1 ① 选择准备进行设置颜色的图形，② 双击工具箱中的填色框，如图 4-7 所示。

step 2 弹出【拾色器】对话框，左侧大的色域显示了饱和度(水平方向)和亮度(垂直方向)。而右侧条状的色谱条则显示了色相。上下拖动色谱条的滑块可以改变颜色范围，如图 4-8 所示。

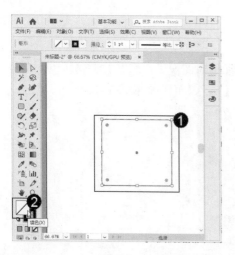

图 4-7

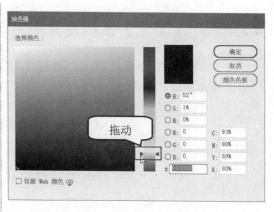

图 4-8

step 3 在色域内单击或拖动鼠标。左右拖动时，颜色的饱和度在变化，上下拖动时，颜色的亮度在变化，选中的颜色则会显示在色谱条右侧的矩形的上半部分，如图 4-9 所示。

step 4 ① 在 CMYK 文本框中可以输入数值，精确地使用颜色，② 单击【确定】按钮，如图 4-10 所示。

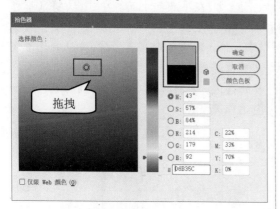

图 4-9

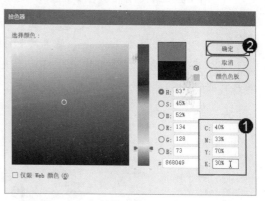

图 4-10

step 5 通过上述操作即可完成使用拾色器设置颜色的操作，如图 4-11 所示。

图 4-11

 智慧锦囊

在【拾色器】对话框中，用户还可以通过输入 HSB、RGB 值来修改颜色谱。

 考考您

请您根据上述方法使用拾色器设置颜色，测试一下您的学习效果。

第4章 图形填色与描边

4.2.2 用【颜色】面板设置颜色

在 Illustrator CC 中，用户可以使用【颜色】面板对图像进行填充并编辑颜色，在菜单栏中选择【窗口】→【颜色】菜单项，即可打开【颜色】面板，如图 4-12 所示。

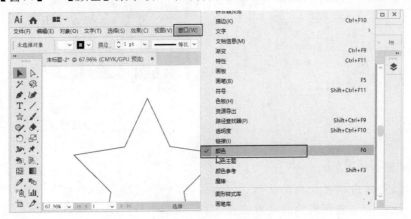

图 4-12

下面详细介绍使用【颜色】面板设置颜色的操作方法。

step 1 打开【颜色】面板，① 单击【颜色】面板右上方的【菜单按钮】，② 在弹出的下拉菜单中选择当前填充颜色需要使用的颜色模式，如图 4-13 所示。

图 4-13

step 2 在【颜色】面板中，① 将鼠标移至取色区域，光标变为吸管形状，单击即可选取颜色，② 拖动颜色滑块也可选择颜色，③ 在各个数值框中输入有效的数值，也可以调制出更精确的颜色，如图 4-14 所示。

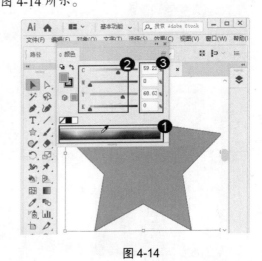

图 4-14

4.2.3 使用【色板】面板设置颜色

在 Illustrator CC 中，用户可以使用【色板】面板为图像填充颜色，在菜单栏中选择【窗口】→【色板】菜单项，即可打开【色板】面板。在【色板】面板中单击需要的颜色或图案，即可将其选中。【色板】面板中提供了多种颜色和图案，也可以添加存储自定义的颜色和图案，如图4-15所示。

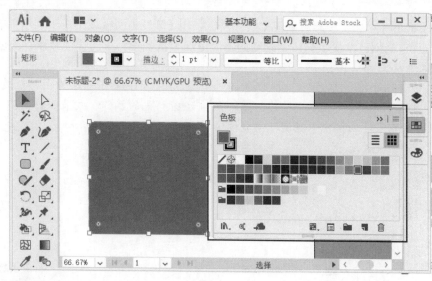

图 4-15

【色板】面板中的主要参数含义如下。

■ 【色板库】菜单按钮 ：其中包含多种色板可供使用。
■ 【色板类型菜单】按钮 ：单击即可显示所有颜色样本。
■ 【色板选项】按钮 ：单击即可打开【色板选项】对话框，可设置其他颜色属性。
■ 【新建颜色组】按钮 ：单击即可新建颜色组。
■ 【新建色板】按钮 ：单击即可定义和新建一个新的色板。
■ 【删除色板】按钮 ：单击即可将选定的样本从【色板】面板中删除。
■ 【菜单按钮】 ：单击即可弹出下拉菜单，其中包含更多的【色板】菜单项。

Section
4.3

渐变与图案填充

手机扫描下方二维码，观看本节视频课程

在 Illustrator CC 中，渐变填充是指两种或多种不同颜色在同一条直线上逐渐过渡进行填充。图案填充是绘制图形的重要手段，使用合适的图案填充图形，可以使图形更加生动形象。本节将详细介绍渐变与图案填充的相关知识及方法。

4.3.1 使用渐变填充的基本方法

渐变填充是实际绘图中使用率相当高的一种填充方法，它与实色填充最大的不同就是实色由一种颜色组成，而渐变则是由两种或两种以上的颜色组成。下面详细介绍一些使用渐变

填充的基本方法。

1. 创建渐变填充

在 Illustrator CC 中，用户可以根据实际需求使用【渐变】面板或单击工具箱中的【渐变工具】按钮来创建渐变填充，使绘制的图像更加丰富多彩。下面详细介绍有关创建渐变填充的操作方法。

step 1 绘制一个图形并选中，① 双击工具箱下方的【渐变工具】按钮，② 在弹出的【渐变】面板中根据实际需要设置参数值，如图 4-16 所示。

step 2 这样即可完成为图形创建渐变填充的操作，效果如图 4-17 所示。

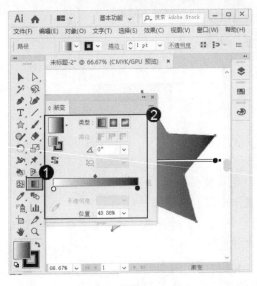

图 4-16

图 4-17

知识精讲 在应用渐变填充时，如果默认的渐变填充不能满足需要，则可以在菜单栏中选择【窗口】→【色板库】→【渐变】菜单项，然后选择子菜单中的渐变选项，可以打开更多的预设渐变供选择。

2. 使用【渐变】面板

在 Illustrator CC 中，用户可以根据实际需求在【渐变】面板中设置渐变参数，可选择【线性渐变】、【径向渐变】、【任意形状渐变】，进行设置渐变的起点、中间和终点颜色，还可以设置渐变的位置和角度。下面详细介绍有关【渐变】面板的操作方法。

step 1 打开【渐变】面板，在【类型】选项组中，用户可以选择【径向渐变】、【线性渐变】、【任意形状渐变】方式，这里选择【径向渐变】类型，如图 4-18 所示。

step 2 在【角度】下拉列表框中可以重新输入需要的渐变角度，如图 4-19 所示。

图 4-18

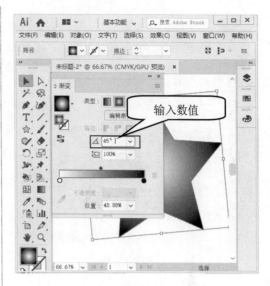

图 4-19

 这样即可完成使用【渐变】面板进行填充的操作，效果如图 4-20 所示。

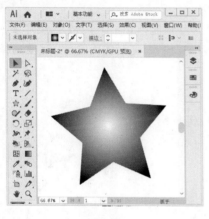

图 4-20

请您根据上述方法使用【渐变】面板，来控制渐变填充颜色，测试一下您的学习效果。

3. 改变渐变颜色

在 Illustrator CC 中，用户可以根据实际需求在【渐变】面板中拖动滑块改变填充的颜色，还可以添加和删除颜色，使图形更加丰富多彩。下面详细介绍有关改变渐变颜色的操作方法。

 选中要填充的图形，❶ 在【渐变】面板中，在【位置】下拉列表框中会显示出滑块在渐变颜色位置的百分比，❷ 拖动该滑块即可改变填充的渐变颜色，如图 4-21 所示。

这样即可完成改变渐变颜色的操作，效果如图 4-22 所示。

第4章 图形填色与描边

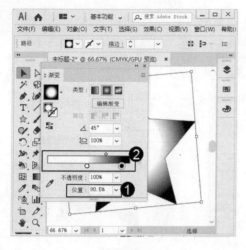

图 4-21

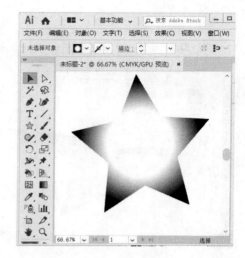

图 4-22

4.3.2 使用图案填充

在 Illustrator CC 中，用户可以根据实际需求使用预设图案对图形进行填充，使图形更加丰富多彩。下面详细介绍使用图案填充的操作方法。

step 1 选择准备进行图案填充的图形，然后在菜单栏中选择【窗口】→【色板库】→【图案】菜单项，即可在弹出的子菜单中选择准备进行填充的图案类型，这里选择【自然】→【自然_叶子】菜单项，如图 4-23 所示。

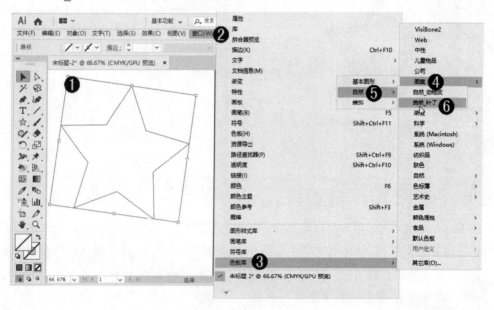

图 4-23

step 2 系统即可打开用户选择的图案库面板，在其中选择准备应用的图案填充，如选择"花蕾"选项，如图 4-24 所示。

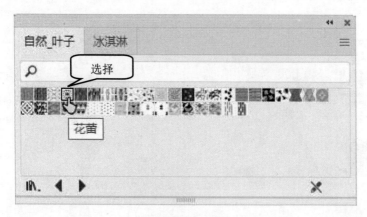

图 4-24

 返回到 Illustrator CC 软件的工作区中，可以看到选择的图形已被填充了所选择的
图案，这样即可完成使用图案填充图形的操作，效果如图 4-25 所示。

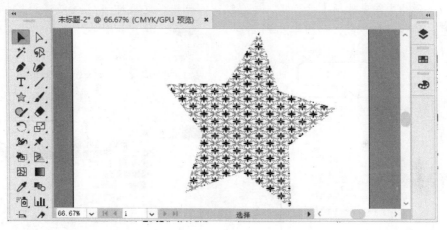

图 4-25

 　　使用图案填充时，不仅可以在选择图形对象后单击图案图标填充图案，还
可以使用鼠标直接拖动图案图标到要填充的图形对象上，然后释放鼠标即可应
用图案填充。

4.3.3　创建图案填充

　　在 Illustrator CC 中，用户可以根据实际需求自行创建图案填充，使图形更加丰富多彩。
下面将详细介绍创建图案填充的操作方法。

 绘制一个图案并进行填充和编辑
后，单击【选择工具】按钮 ，
将绘制好的图案用鼠标拖动至【色板】面板
中，如图 4-26 所示。

在【色板】面板中，双击新创建的
图案，如图 4-27 所示。

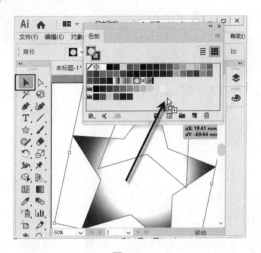

图 4-26

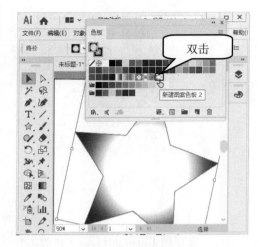

图 4-27

 step 3 弹出【图案选项】对话框，设置名称等详细参数，如图 4-28 所示。

 step 4 这样即可完成创建图案填充的操作，如图 4-29 所示。

图 4-28

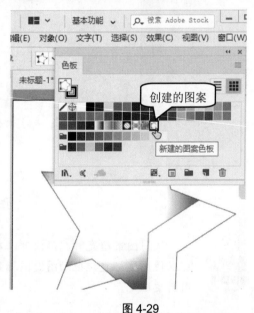

图 4-29

Section 4.4 编辑描边属性

手机扫描下方二维码，观看本节视频课程

　　描边其实就是对象的描边线，对描边进行填充时，还可以对其进行一定的设置，如设置描边的粗细、设置描边的填充、设置描边的样式等。本节将详细介绍编辑描边属性的相关知识及操作方法。

4.4.1 设置描边的粗细

当用户在设置图像描边的宽度时，就需要用到【粗细】选项，从而更好地绘制图形。下面将详细介绍设置描边粗细的操作。

step 1 ① 选择准备进行设置描边粗细的图形，② 打开【描边】面板，单击【粗细】下拉按钮∨，③ 在弹出的下拉列表中选择需要的描边粗细值，或者直接输入需要的数值，如图 4-30 所示。

step 2 可以看到选择的图形描边粗细已被改变，通过以上步骤即可完成设置描边粗细的操作，效果如图 4-31 所示。

图 4-30

图 4-31

知识精讲

在文档中选择要进行描边颜色的图形对象，然后在工具箱中单击【描边颜色】按钮，将其设置为当前状态，然后双击该按钮打开【拾色器】对话框，在该对话框中设置要描边的颜色，然后单击【确定】按钮确认需要的描边颜色，即可将图形以新设置的颜色进行描边处理。

4.4.2 设置描边的端点形状

在 Illustrator CC 中，端点是指一段描边的首端和末端，可以为描边的首端和末端选择不同的端点样式以改变描边的端点形状。下面将详细介绍设置端点形状的操作。

step 1 ① 选择【钢笔工具】✐绘制一段描边对象，② 根据需要选择【描边】面板中的端点样式，这里选择【圆头端点】，如图 4-32 所示。

step 2 可以看到图形对象的描边已被更改为"圆头端点"，这样即可完成设置描边端点的操作，效果如图 4-33 所示。

图 4-32

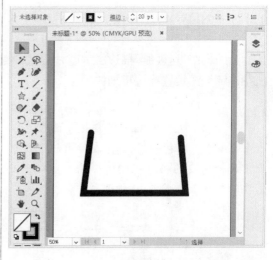

图 4-33

4.4.3 设置描边边角样式

在 Illustrator CC 中，边角是指一段描边的拐点，边角样式就是指描边拐角处的形状。下面详细介绍设置边角样式的操作。

step 1 在绘图区中，① 绘制一个描边图形，② 根据需要选择【描边】面板中的边角样式，这里选择【圆角连接】，如图 4-34 所示。

step 2 可以看到图形对象的描边边角已被更改为"圆角连接"样式，这样即可完成设置描边边角样式的操作，效果如图 4-35 所示。

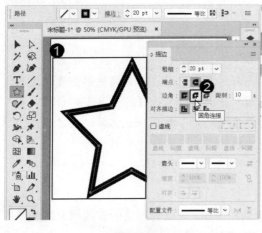

图 4-34

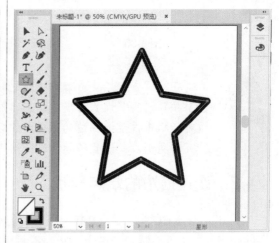

图 4-35

知识精讲

在 Illustrator CC 中，用户可以使用【描边】面板中的【配置文件】下拉列表框设置图形描边的形状。在【配置文件】下拉列表框右侧有两个按钮，包括【纵向翻转】按钮和【横向翻转】按钮。选中【纵向翻转】按钮，可以改变图形描边的左右位置，选择【横向翻转】按钮，可以改变图形描边的上下位置。

4.4.4 设置描边的对齐方式

在 Illustrator CC 中，用户可以使用对齐选项设置填色与路径之间的相应位置，包括 3 个方式。下面详细介绍设置对齐方式的操作。

step 1 在绘图区中，① 绘制一个描边图形，② 根据需要选择【描边】面板中的对齐方式，这里选择【使描边内侧对齐】，如图 4-36 所示。

step 2 可以看到该图形的描边对齐方式已被更改，这样即可完成设置描边对齐方式的操作，效果如图 4-37 所示。

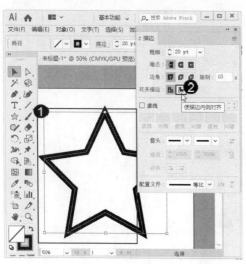

图 4-36

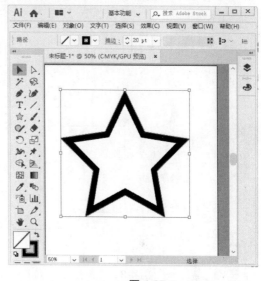

图 4-37

第4章 图形填色与描边

Section 4.5 吸管工具与网格工具

手机扫描下方二维码，观看本节视频课程

在 Illustrator CC 中，利用吸管工具可以将画面中矢量图形或位图图像的颜色吸取为工具箱中的填色，这样可以有效节省在【颜色】面板中设置颜色的时间。应用网格工具功能可以制作出图形颜色细微之处的变化，并且易于控制图形颜色。本节将详细介绍吸管工具与网格工具的相关知识及操作方法。

4.5.1 使用吸管工具为对象赋予相同的属性

利用【吸管工具】不但可以快速地吸取颜色，还可以实现复制功能。利用该工具可以方便地将一个对象的属性按照另外一个对象的属性进行更新。本例详细介绍使用吸管工具为对象赋予相同属性的操作方法。

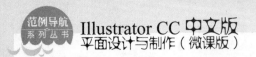
素材文件❀　第 4 章\素材文件\吸管工具素材.ai

效果文件❀　第 4 章\效果文件\吸管工具效果.ai

step 1 打开素材文件"吸管工具素材.ai"，① 在工具箱中选择【选择工具】▶，② 选择素材中没有任何属性的图形对象，如图 4-38 所示。

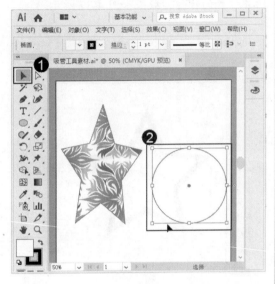

图 4-38

step 3 可以看到没有任何属性的图形对象已被应用同样属性的样式，这样即可完成使用吸管工具为对象赋予相同属性的操作，效果如图 4-40 所示。

图 4-40

step 2 ① 在工具箱中选择【吸管工具】🖊，② 将鼠标指针移动至有填充属性的图形对象上，然后单击进行吸取，如图 4-39 所示。

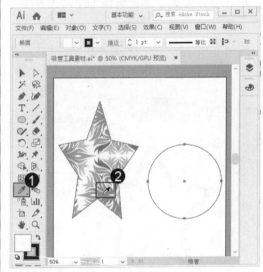

图 4-39

　智慧锦囊

　　利用【吸管工具】🖊除了可以更新图形对象的属性外，还可以将选择的文本对象按照其他文本对象的属性进行更新，其操作方法与更新图形属性的方法相同。

考考您

　　请您根据上述方法使用吸管工具为对象赋予相同的属性，测试一下您的学习效果。

4.5.2　设置吸管工具属性

在 Illustrator CC 中，双击工具箱中的【吸管工具】 ，系统即可弹出如图 4-41 所示的【吸管选项】对话框。在该对话框中可以对吸管工具的应用属性进行设置。如果不想使吸管工具具备某项控制功能，只需在该对话框中取消其选择状态即可；再次单击该选项将其选择，即可重新对操作对象的该属性进行控制。

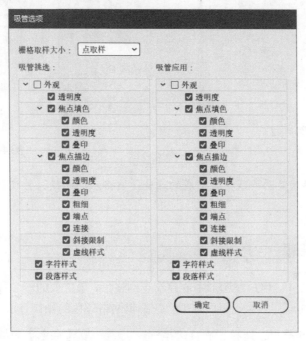

图 4-41

4.5.3　使用网格工具改变对象颜色

使用【网格工具】 可以在一个操作对象内创建多个渐变点，从而对图形进行多个方向和多种颜色的渐变填充。下面将分别详细介绍使用【网格工具】 创建渐变网格以及编辑网格颜色的一些操作方法。

1.　使用【网格工具】 创建渐变网格

在 Illustrator CC 中，用户可以根据实际需求使用【网格工具】 创建渐变网格，从而更好地绘制图形。下面详细介绍使用【网格工具】 创建渐变网格的操作。

 绘制一个图形并填充颜色，① 在工具箱中选择【网格工具】按钮 ，② 在图形中单击，将图形建立为渐变网格对象，可见图形中增加了交叉形成的网格，如图 4-42 所示。

继续在图形中单击，可以增加新的网格，这样即可完成使用【网格工具】 创建渐变网格的操作，效果如图 4-43 所示。

第 4 章　图形填色与描边

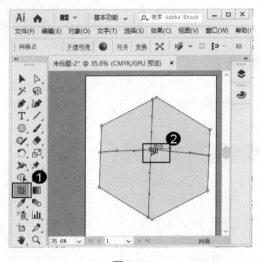

图 4-42

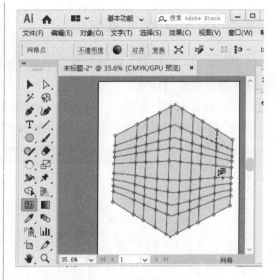

图 4-43

知识精讲

网格横竖两条线交叉形成的点就是网格点，而横、竖线就是网格线。

2. 编辑网格颜色

在 Illustrator CC 中，用户在图形中创建渐变网格后，最重要的一个环节就是为其填充颜色，从而获得最终的渐变效果。下面详细介绍编辑网格颜色的操作方法。

step 1 ① 在工具箱中，选择【直接选择工具】按钮，② 在创建渐变网格的图形中单击选中网格点，如图4-44所示。

step 2 在【颜色】面板中，使用【吸管工具】选择需要的颜色，即可为网格点填充颜色，如图4-45所示。

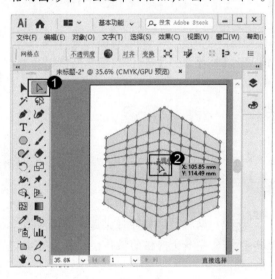

图 4-44

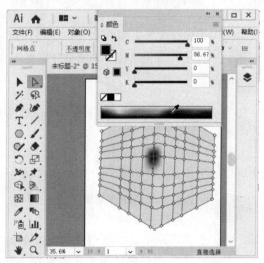

图 4-45

step 3　重复以上操作即可得到更多的渐变网格颜色，效果如图 4-46 所示。

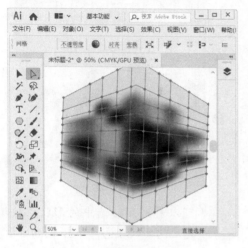

图 4-46

智慧锦囊

使用【网格工具】 在网格点上单击并按住鼠标左键拖动网格点，可以移动网格点。并且拖动网格点的控制手柄可以调节网格线。

考考您

请您根据上述方法使用【网格工具】 创建渐变网格，并编辑网格颜色，测试一下您的学习效果。

Section 4.6　实时上色

手机扫描下方二维码，观看本节视频课程

在 Illustrator 中，实时上色能够自动检测、校正原本将影响填色和描边色应用的间隙，并直观地给矢量图形上色。路径将绘图表面分割成不同的区域，其中每个区域都可以上色，而不管该区域的边界是由一条路径还是多条路径构成。本节将详细介绍实时上色的相关知识及操作方法。

4.6.1　使用实时上色工具

给对象实时上色，就像使用水彩给铅笔素描上色一样，本例详细介绍使用【实时上色工具】 给对象上色的操作方法。

素材文件 第 4 章\素材文件\创意指针.ai
效果文件 第 4 章\效果文件\实时上色.ai

step 1　打开素材文件"创意指针.ai"，① 在工具箱中选择【选择工具】按钮 ，② 将画板上的所有对象都选中，如图 4-47 所示。

step 2　① 在工具箱中，按住【形状生成器工具】 ，② 在弹出的菜单中选择【实时上色工具】 ，如图 4-48 所示。

第 4 章　图形填色与描边

131

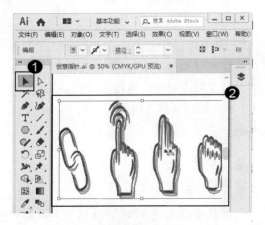

图 4-47

图 4-48

step 3 打开【颜色】面板，在其中选择一种准备应用的颜色，然后单击任意形状以将其转换为实时上色组，如图 4-49 所示。

step 4 可以看到此时选中的形状已被填充上选择的颜色，如图 4-50 所示。

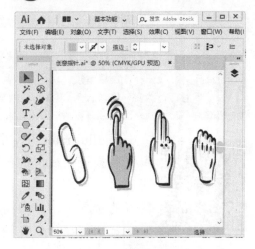

图 4-50

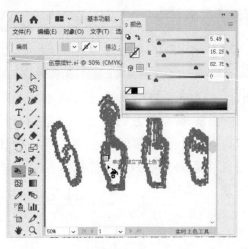

图 4-49

step 5 使用相同的方法对其他图形对象进行实时上色，即可完成使用【实时上色工具】给对象上色的操作，效果如图 4-51 所示。

图 4-51

4.6.2　设置实时上色工具选项

在工具箱中双击【实时上色工具】 ![icon]，或者在该工具被选中的状态下，按下键盘上的 Enter 键，即可弹出如图 4-52 所示的【实时上色工具选项】对话框。

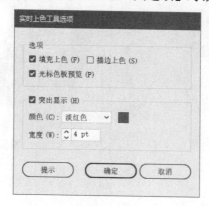

图 4-52

【实时上色工具选项】对话框中的主要参数含义如下。

- ■ 【填充上色】：选中此复选框，可以给图形进行上色。
- ■ 【描边上色】：选中此复选框，可以给图形的轮廓进行上色。
- ■ 【光标色板预览】：选中此复选框，在进行实时上色时可以随时预览当前图形选定的填充色或描边颜色。
- ■ 【突出显示】：选中此复选框，可以激活下面的【颜色】下拉列表框和【宽度】微调框。
- ■ 【颜色】：设置突出显示线的颜色。用户可以从该下拉列表框中选择颜色，也可以单击上色色板，以指定自定义颜色。
- ■ 【宽度】：指定突出显示轮廓线的粗细。

4.6.3　使用实时上色选择工具

对于执行了实时上色后的复合路径图形，它们是组合在一起的，无法直接利用【选择工具】 ![icon]将某部分选取图形进行编辑，如图 4-53 所示。

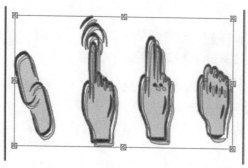

图 4-53

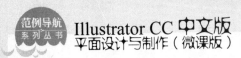
这时利用【实时上色选择工具】 就可以解决这个问题，如图 4-54 所示。被选取的部分可以进行颜色再填充，如图 4-55 所示。

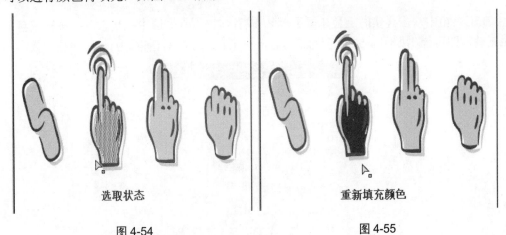

选取状态　　　　　　　　　　　　重新填充颜色

图 4-54　　　　　　　　　　　　　　图 4-55

知识精讲

在工具箱中，按住【形状生成器工具】 ，然后在弹出的菜单中选择【实时上色选择工具】 即可激活该工具。

Section 4.7　范例应用与上机操作

手机扫描下方二维码，观看本节视频课程

通过本章的学习，读者基本可以掌握图形填色与描边的基本知识以及一些常见的操作方法，本小节将通过一些范例应用，如为向日葵填充颜色、改变渐变网格的填充效果，练习上机操作，以达到巩固学习、拓展提高的目的。

4.7.1　为向日葵填充颜色

本章学习了颜色填充与描边操作相关的知识，本例详细介绍为向日葵填充颜色，来巩固和提高本章学习的内容。

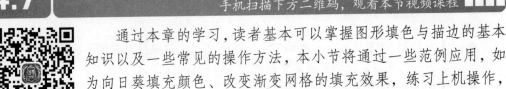

素材文件✿　　第 4 章\素材文件\向日葵.ai
效果文件✿　　第 4 章\效果文件\为向日葵填充颜色.ai

step 1　打开配套的素材文件"向日葵.ai"，选中向日葵的花瓣路径准备为其填充颜色，如图 4-56 所示。

step 2　打开【渐变】面板，① 根据个人喜好选择渐变类型，这里选择【径向渐变】类型，② 设置渐变颜色和不透明度等参数，双击渐变滑块即可弹出更多色彩，如图 4-57 所示。

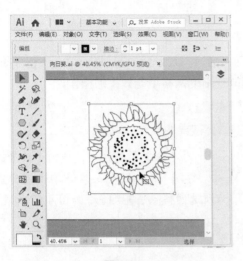

图 4-56

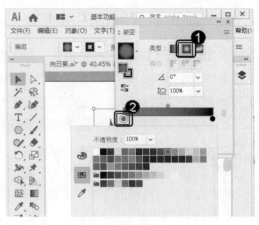

图 4-57

step 3 选中向日葵的花瓣路径，打开【描边】面板，根据个人需要设置【粗细】等参数，这里设置【粗细】为 5pt，如图 4-58 所示。

step 4 选择花心的路径对其进行描边和填色的操作，如图 4-59 所示。

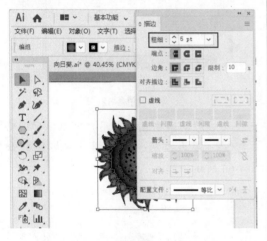

图 4-58

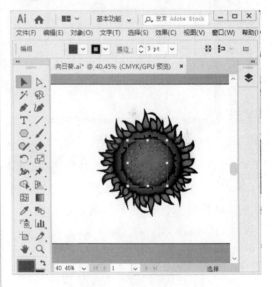

图 4-59

step 5 可以看到向日葵的花瓣和花心都已进行了描边和填色处理，这样即可完成为向日葵填充颜色的操作，最终效果如图 4-60 所示。

图 4-60

4.7.2 改变渐变网格的填充效果

在 Illustrator CC 中，用户在图形中创建渐变网格后，可以改变渐变网格的填充颜色效果，从而绘制出更加绚丽多彩的图像。本例详细介绍改变渐变网格填充效果的操作。

素材文件 第 4 章\素材文件\网格.ai

效果文件 第 4 章\效果文件\改变渐变网格的填充效果.ai

step 1 打开配套的素材文件"网格.ai"，① 选择【直接选择工具】，② 在创建渐变网格的图形中单击选中网格点，如图 4-61 所示。

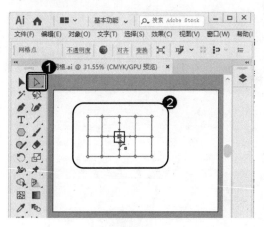

图 4-61

step 2 在【颜色】面板中，使用【吸管工具】根据个人喜好单击选择颜色，为所选网格点填充颜色，如图 4-62 所示。

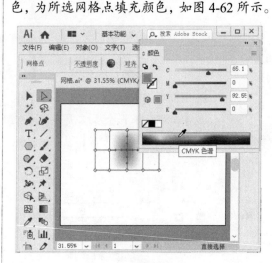

图 4-62

step 3 在工具箱中，① 单击【网格工具】按钮，② 按住鼠标左键并拖动填充后的网格点，如图 4-63 所示。

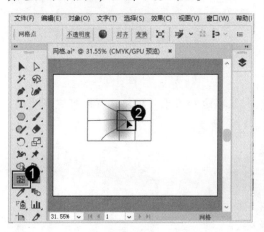

图 4-63

step 4 移动网格点后，用户可以拖动网格点的控制手柄以调节网格线，如图 4-64 所示。

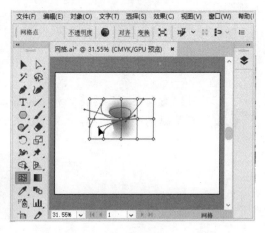

图 4-64

可以看到已经改变了渐变网格中的填充效果，这样即可完成改变渐变网格填充效果的操作，效果如图 4-65 所示。

图 4-65

Section 4.8 本章小结与课后练习

本节内容无视频课程，习题参考答案在本书附录

图形的填色与描边是美化图形的基础，对图形进行填色是制作艺术效果必不可少的工作内容，在 Illustrator CC 中，系统为用户提供了多种填色方法，熟练掌握这些方法，可以提高用户的工作效率。通过本章的学习，读者基本可以掌握图形填色与描边的基本知识以及一些常见的操作方法，下面通过练习几道习题，达到巩固与提高的目的。

一、填空题

1. 应用工具箱中的_____和_____按钮，可以指定所选对象的填充颜色和描边颜色。

2. 按下键盘上的 Shift+X 组合键时，可以使选定对象的颜色在_____和描边之间切换。

3. 在 Illustrator CC 中，用户可以使用【颜色】面板对图像进行填充并编辑颜色，在菜单栏中选择_____→_____菜单项，即可打开【颜色】面板。

4. 在 Illustrator CC 中，用户可以使用【色板】面板为图像填充颜色，在菜单栏中选择_____→_____菜单项，即可打开【色板】面板。

5. 在 Illustrator CC 中，_____是指一段描边的首端和末端，可以为描边的首端和末端选择不同的端点样式以改变描边的端点形状。

二、判断题

1. 要指定颜色，可以使用拾色器在色域、色谱条中直接输入颜色值或单击色板。（　　）

2. 渐变填充是实际绘图中使用率相当高的一种填充方法，它与实色填充最大的不同就

是实色由 3 种颜色组成，而渐变则是由两种或两种以上的颜色组成。 （ ）

  3. 在 Illustrator CC 中，边角是指一段描边的拐点，边角样式就是指描边拐角处的形状。

                                                （ ）

  4. 在 Illustrator CC 中，用户可以使用【对齐】选项设置填色与路径之间的相应位置，包括 3 个方式。 （ ）

  5. 利用【吸管工具】不但可以快速地吸取颜色，还可以实现复制功能。利用该工具可以方便地将一个对象的属性按照另外几个对象的属性进行更新。 （ ）

  6. 使用【网格工具】可以在一个操作对象内创建多个渐变点，从而对图形进行多个方向和多种颜色的渐变填充。 （ ）

  7. 对于执行了实时上色后的复合路径图形，它们是组合在一起的，无法直接利用【选择工具】将某部分图形选取进行编辑。 （ ）

三、思考题

  1. 如何进行虚线描边？

  2. 如何使用图案填充？

  3. 如何使用吸管工具为对象赋予相同的属性？

四、上机操作

  1. 通过本章的学习，读者基本可以掌握图形填色与描边方面的知识，下面通过练习使用渐变库填充图形颜色，达到巩固与提高的目的。

  2. 通过本章的学习，读者基本可以掌握图形填色与描边方面的知识，下面通过练习使用【创建渐变网格】菜单项创建渐变网格，达到巩固与提高的目的。

第 **5** 章

文 字 工 具

本章主要介绍创建文本、编辑文本和串接文本方面的知识与技巧，同时还讲解了如何创建文本绕排，通过本章的学习，读者可以掌握文字工具基础操作方面的知识，为深入学习 Illustrator CC 中文版平面设计与制作知识奠定基础。

本 章 要 点

1. 创建文本
2. 编辑文字
3. 串接文本
4. 创建文本绕排

　　Illustrator CC 提供了强大的文本编辑和图文混排功能。文本对象和一般图形对象一样可以进行各种变换和编辑，同时还可以通过应用各种外观和样式属性，制作出绚丽多彩的文本效果。本节将详细介绍创建文本的相关知识及操作方法。

5.1.1　文字工具概述

　　用户准备创建文本时，可以使用鼠标左键按住工具箱中的【文字工具】按钮 T，即可弹出文字工具菜单，单击右侧的三角按钮，文字工具组将独立分离出来。其中包括 7 种文字工具，可以输入各种类型的文字以及修饰文字，以满足不同的处理需要，如图 5-1 所示。

图 5-1

5.1.2　在指定的范围内输入文字

　　输入文字之前，可以先确定文字的范围，然后再进行输入，用户可以使用文本工具中的【文字工具】T 和【直排文字工具】IT，在指定的范围内输入文字，还可以输入文本块，编辑需要的文字效果。下面将分别详细介绍输入点文本和输入文本块的操作方法。

1．输入点文本

　　在 Illustrator CC 中，用户可以使用【文字工具】T 或【直排文字工具】IT，输入需要的文字。下面详细介绍在指定范围内输入点文本的操作方法。

step 1 ① 在工具箱中，选择【文字工具】 T ，② 在绘图区中单击，显示出插入文本光标，输入需要的文本信息，如图 5-2 所示。

step 2 完成文字输入后，选择工具箱中的任何一种工具，就可以把刚才输入的文本作为一个单元选中，这样即可完成输入点文本的操作，如图 5-3 所示。

图 5-2

图 5-3

2. 输入文本块

在 Illustrator CC 中，用户可以使用【文字工具】 T 或【直排文字工具】 IT 定制一个文本框，即可在其中输入需要的文字。下面详细介绍输入文本块的操作方法。

step 1 ① 在工具箱中，选择【直排文字工具】 IT ，② 在绘图区中任意位置单击并拖动鼠标，当文本框大小合适时，释放鼠标即可显示出矩形文本框，如图 5-4 所示。

step 2 在矩形文本框中输入文字，输入的文字将在指定的区域内排列，这样即可完成输入文本块的操作，如图 5-5 所示。

图 5-5

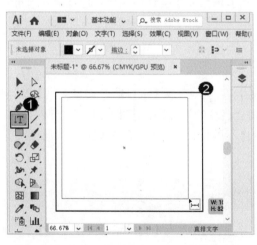

图 5-4

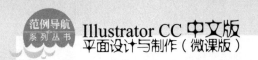
5.1.3　使用区域文字工具创建文本

在 Illustrator CC 中，【区域文字工具】可以让用户使用文本来填充一个现有的形状。下面详细介绍使用区域文字工具的操作方法。

step 1 绘制一个图形，① 在工具箱中选择【区域文字工具】，② 将鼠标移动至图形边框时，指针将变为形状，如图 5-6 所示。

step 2 在图形上单击，图形将转换为文本路径，输入文字即可完成使用【区域文字工具】创建文本的操作，效果如图 5-7 所示。

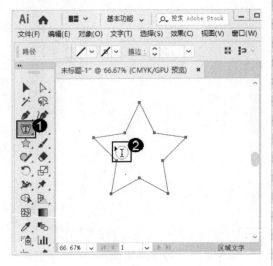

图 5-6

图 5-7

在 Illustrator CC 中，用户使用【区域文字工具】在图形中输入文字时，输入的文字将按水平方向在该图形内排列。如果输入的文字超出了文本路径所能容纳的范围，将出现文本溢出的现象，这时可以使用【选择工具】，选中文本路径，拖动文本路径周围的控制点来调整文本路径的大小，即可显示所有文字。

5.1.4　使用路径文字工具创建文本

在 Illustrator CC 中，用户可以使用【路径文字工具】或【直排路径文字工具】创建文本，在创建文本时，让文本沿着一个开放或闭合路径的边缘进行水平或垂直方向的排列，路径可以是不规则的。使用工具后，原来的路径将不再具有填充和描边的属性。下面详细介绍使用路径文字工具的操作方法。

1.　创建路径文本

在 Illustrator CC 中，用户可以使用【路径文字工具】或【直排路径文字工具】创建路径文本，其中包括沿路径创建水平方向文本和垂直方向文本。下面介绍其操作方法。

Step 1 绘制一段任意形状的开放路径，①在工具箱中单击【路径文字工具】按钮，②在绘制的路径上单击将其转换为文本路径，插入点将位于路径起点，如图5-8所示。

Step 2 在光标处输入需要的文字，文字将沿着路径排列，这样即可完成创建路径文本的操作，如图5-9所示。

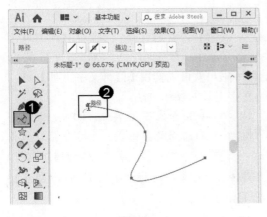

图 5-8

图 5-9

2. 编辑路径文本

在 Illustrator CC 中，用户使用【路径文字工具】创建路径文本后，如果对创建的文本效果不满意，可以修改和编辑路径文本。下面详细介绍其操作方法。

Step 1 ①在工具箱中，单击【直接选择工具】按钮，②选择需要编辑的路径文本，如图5-10所示。

Step 2 拖动文字中部的"I"形符号，可以沿路径移动文本，也可以翻转方向，这样即可完成编辑路径文本的操作，如图5-11所示。

图 5-10

图 5-11

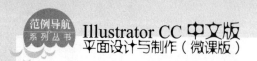

在 Illustrator CC 中，沿路径创建垂直方向的文本时，可以使用【直排路径文字工具】，在绘制的路径上单击，即可转换为文本路径。

5.1.5　使用修饰文字工具

当输入文字时，不管是输入一行或者多行文字，还是输入一段文字，它们实际上都是一个整体，用户可以对它们进行整体旋转、缩放、倾斜等操作。有时候，需要做出这样的效果：一行文字，每一个字的倾斜角度都是不同的。这时，用户就可以使用【修饰文字工具】对每个字进行单独的修饰。下面详细介绍使用修饰文字工具的操作方法。

step 1 输入一段文字后，在工具箱中选择【修饰文字工具】，此时，屏幕会提示"在字符上单击可进行选择"提示信息，如图 5-12 所示。

step 2 在某个文字上单击，此时，这个字的四周就会出现一个方框，在方框的四角有 4 个锚点，用户可以把鼠标放到 4 个锚点上，对文字进行大小的调整，如图 5-13 所示。

图 5-12

图 5-13

step 3 左上角的锚点可以调整文字的垂直比例，并显示当前的垂直比例，如图 5-14 所示。

step 4 右下角的锚点可以调整文字的水平比例，并显示当前的水平比例，如图 5-15 所示。

图 5-14

图 5-15

5 右上角的锚点可以等比缩放文字，并显示当前的水平和垂直比例，如图 5-16 所示。

 6 此外，在方框上方的中间有一个小圆圈，可以用来调整文字的旋转角度，如图 5-17 所示。

图 5-16

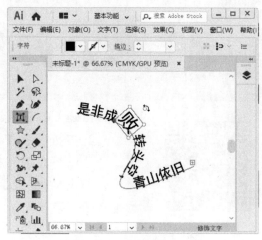

图 5-17

 7 此外，用户还可以移动每一个文字的位置，如图 5-18 所示。

图 5-18

 8 使用【修饰文字工具】 选中准备进行修饰的文字后，用户还可以单独修改每个文字的字体、颜色等属性，如图 5-19 所示。

图 5-19

知识精讲

如果字体使用的是默认的 Adobe 宋体，当用户单击某个字的时候，如果这个字有繁体字，就会在右下角显示它的繁体字，单击它就会替换成繁体字。

Section
5.2

编 辑 文 字

手机扫描下方二维码，观看本节视频课程

Illustrator CC 具有强大的文字编排功能，可以让用户自由、方便地对文本进行各种处理，用户可以根据实际需求置入需要的文本，也可以将文字转换为图形、更改文本方向、创建与使用复合字体、查找字体，还可以显示或隐藏字符，以达到最满意的文本效果。本节将详细介绍编辑文字的相关方法。

5.2.1 将文字转换为图形

Illustrator 软件虽然为用户提供了强大的文字处理功能，但在处理过程中仍然有一定的局限性，这在绘图中给用户带来了不便，而且【滤镜】菜单中的各种菜单项也只有对图形才起作用，所以很多情况下需要先将文字进行图形化，然后再对其进行处理。下面详细介绍将文字转换为图形的操作方法。

 输入文字后，使用【选择工具】 选择文字，然后在菜单栏中选择【文字】→【创建轮廓】菜单项，如图 5-20 所示。

step 2 可以看到选择的文字已被转换为图形，这样即可完成将文字转换为图形的操作，如图 5-21 所示。

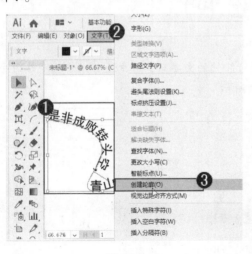

图 5-20

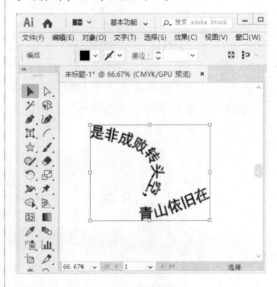

图 5-21

在 Illustrator 中，一旦将文字转换为图形后，就不能再对其进行文字属性的设置，并且也没有相应的命令再将其转换为文字，所以在将文字转换为图形前，需要想清楚是否必须将其转换为图形。

5.2.2　更改文本方向

使用 Illustrator 做文字排版时，经常会涉及要更改文字方向的情况，比如横排文字改为竖排文字；竖排文字更改为横排文字。下面以将文字方向从横排更改为竖排为例，来详细介绍更改文字方向的操作方法。

step 1　输入文字后，使用【选择工具】选择文字，然后在菜单栏中选择【文字】→【文字方向】→【垂直】菜单项，如图 5-22 所示。

step 2　可以看到选择的文字已按照垂直方向排版，这样即可完成更改文字方向的操作，如图 5-23 所示。

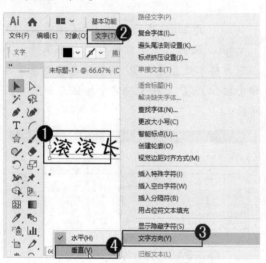

图 5-22

图 5-23

5.2.3　创建与使用复合字体

在 Illustrator CC 中，用户可以将多种字体合并为一种复合字体来使用。比如，一般情况下，汉字会使用中文字体，而英文或者数字会使用英文字体，这时，就可以将中文和英文字体混合起来，作为一种复合字体使用。下面详细介绍创建与使用复合字体的操作方法。

step 1　打开要处理的文本，在菜单栏中选择【文字】→【复合字体】菜单项，如图 5-24 所示。

step 2　弹出【复合字体】对话框，单击【新建】按钮，如图 5-25 所示。

图 5-24

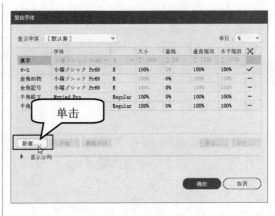

图 5-25

step 3 弹出【新建复合字体】对话框，① 在【名称】文本框中设置名称，② 单击【确定】按钮，如图 5-26 所示。

step 4 返回到【复合字体】对话框中，① 在编辑区根据需要调整文字属性，并在下方样本处预览，② 调整满意后单击【存储】按钮，③ 单击【确定】按钮，如图 5-27 所示。

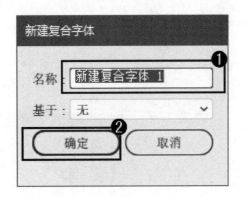

图 5-26

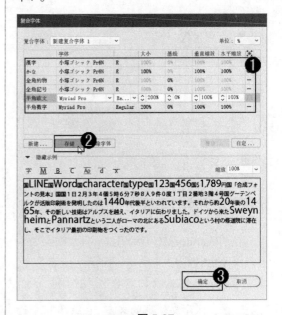

图 5-27

step 5 选中准备应用复合字体的文本，然后在控制面板的【字体系列】下拉列表框中选择刚刚创建的复合字体，如图 5-28 所示。

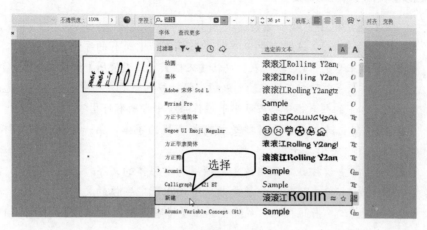

图 5-28

 可以看到选择的文本字体样式已被更改为复合字体样式，这样即可完成创建并使用复合字体的操作，如图 5-29 所示。

滚滚江*Rolling Y2angtze River*

图 5-29

5.2.4　查找字体

在 Illustrator CC 中，利用【查找字体】菜单项可以查找并改变文本的字体。在菜单栏中选择【文字】→【查找字体】菜单项，即可弹出如图 5-30 所示的【查找字体】对话框。

图 5-30

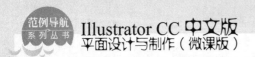
【查找字体】对话框中主要参数的含义如下。

- **【文档中的字体】**：该列表框中罗列了当前文档中所有的字体。
- **【替换字体来自】**：该下拉列表框包括【文档】、【最近使用】和【系统】3个选项。当选择【文档】选项时，在其下的列表框中将只罗列当前文档中的字体；当选择【系统】选项时，其下的列表框中将罗列当前操作系统中的所有可用字体。
- **【查找】**：单击此按钮，系统将查找需要查找的字体，第一个使用该字体的文字会在文档窗口中突出显示。
- **【更改】**：单击该按钮，只更改一个使用选定字体的文字。
- **【全部更改】**：单击此按钮，将更改所有使用选定字体的文字。
- **【存储列表】**：单击此按钮，系统会弹出【将字体列表存储为】对话框，以.txt格式存储字体列表。

5.2.5　显示或隐藏字符

默认情况下，文本中的空格、换行和制表符等非打印字符是隐藏不可见的，如图 5-31 所示。当选择创建的文本，然后在菜单栏中选择【文字】→【显示隐藏字符】菜单项，可将这些非打印的字符显示出来，如图 5-32 所示。

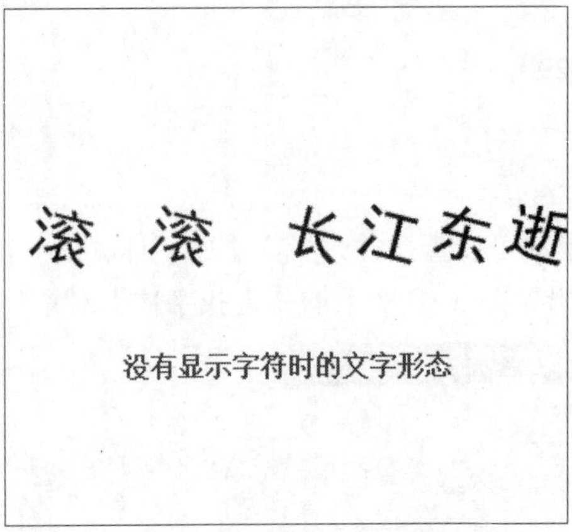

<table>
<tr><td>滚　滚　长江东逝</td><td>滚·滚》长江东逝</td></tr>
<tr><td>没有显示字符时的文字形态</td><td>显示字符时的文字形态</td></tr>
<tr><td>图 5-31</td><td>图 5-32</td></tr>
</table>

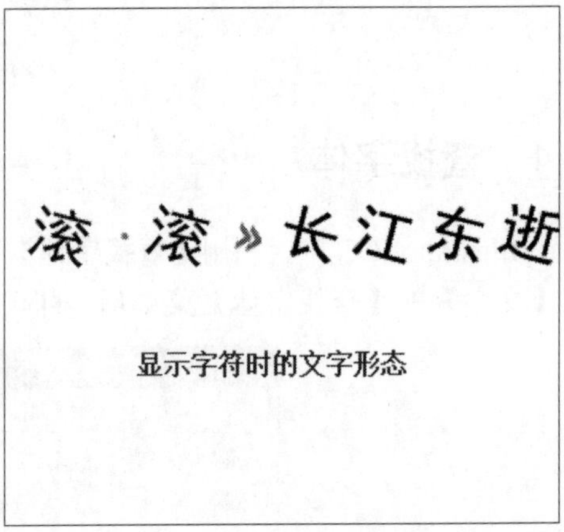

在 Illustrator 中，在非打印字符处于可见的情况下，再次在菜单栏中选择【文字】→【显示隐藏字符】菜单项，即可将这些字符重新隐藏。

5.2.6　置入文本

用户可以使用【置入】菜单快速地将已有的其他格式的文本置入到 Illustrator CC 中，文件可以嵌入或包含到 Illustrator 文件中，或者链接到 Illustrator 文件中。但是文本文件只能被嵌入，不能被链接。下面详细介绍置入文本的操作方法。

step 1 创建一个图形作为置入文本的文本框，① 在工具箱中选择【文字工具】 **T**，② 单击选中的图形，将其变为文本框，如图 5-33 所示。

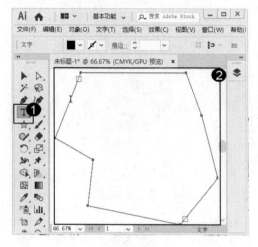

图 5-33

step 2 在菜单栏中选择【文件】→【置入】菜单项，如图 5-34 所示。

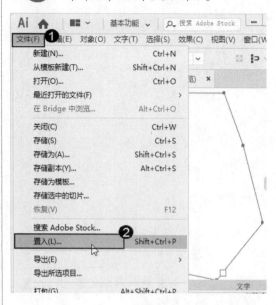

图 5-34

step 3 在弹出的【置入】对话框中，① 查找并选择需要置入的文件，② 单击【置入】按钮，如图 5-35 所示。

图 5-35

step 4 弹出【Microsoft Word 选项】对话框，① 根据实际需求设置选项，② 单击【确定】按钮，如图 5-36 所示。

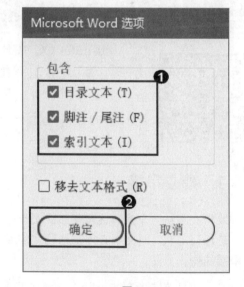

图 5-36

step 5 返回到 Illustrator 工作界面中，此时鼠标指针会更改为 形状，拖动指针至创建的图形中，然后单击鼠标左键进行放置，如图 5-37 所示。

step 6 可以看到选择的置入文件已置入到图形中，这样即可完成置入文本的操作，如图 5-38 所示。

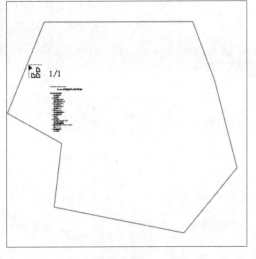

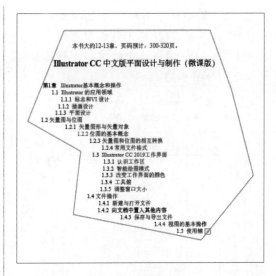

图 5-37　　　　　　　　　　　　　　　　　图 5-38

知识精讲

与复制和粘贴文本相比，置入文本的优点是，置入的文本可以保留其字符和段落格式。

Section
5.3

串 接 文 本

手机扫描下方二维码，观看本节视频课程

Illustrator CC 具有串接文本的功能，串接文本可以把文本快速分割为几片区域并统一修改，也可实现自动链接页码的操作，当删除某个页面并删除页码后，页码将自动更改。该功能对文字比较多的设计是十分方便的，本节将详细介绍串接文本的相关知识及操作方法。

5.3.1　建立串接

要将文本从一个文本区域串接到另一个文本区域，必须链接这些对象，链接的文本对象可以是任何形状，但文本必须是路径文字或区域文字，而不能是点状文字。下面详细介绍建立串接的操作方法。

 ① 在工具箱中选择【选择工具】，② 选中之前置入的文本，如图 5-39 所示。

 在菜单栏中选择【视图】→【智能参考线】菜单项，以禁用智能参考线，如图 5-40 所示。

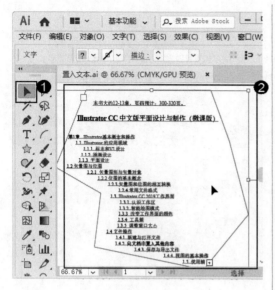

图 5-39

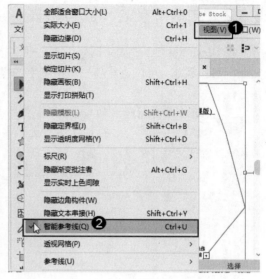

图 5-40

step 3 单击选定文字区域右下角的输出连接点，鼠标指针会变为加载文本图标 ，如图 5-41 所示。

step 4 将鼠标指针指向该文本区域的输入连接点，当指针右下角出现链接图标时，单击以串接该文本区域，于是会出现一条串接线，这样即可完成建立串接的操作，如图 5-42 所示。

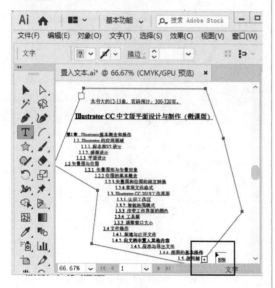

图 5-41

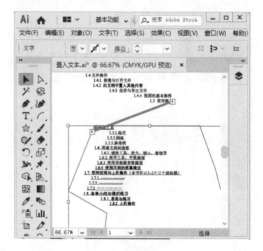

图 5-42

在对象之间串接文本的另一种方法是，先选择一个文本区域，再选择一个或多个要连接的对象，然后在菜单栏中选择【文字】→【串接文本】→【创建】菜单项即可。

5.3.2 文本串接的释放与移去

在 Illustrator CC 中如果需要恢复之前的排列，就可以在串接文本中释放所选文字，如果要取消串接状态，可以进行移去串接文字的操作。下面详细介绍文本串接的释放与移去的操作方法。

step 1 选中要进行释放的文本，然后在菜单栏中选择【文字】→【串接文本】→【释放所选文字】菜单项，如图 5-43 所示。

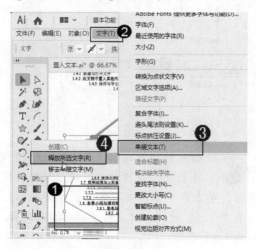

图 5-43

step 2 可以看到选中的文本已被释放，这样即可完成文本串接的释放，如图 5-44 所示。

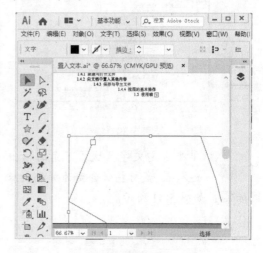

图 5-44

step 3 选中准备进行移去的文本，然后在菜单栏中选择【文字】→【串接文本】→【移去串接文字】菜单项，如图 5-45 所示。

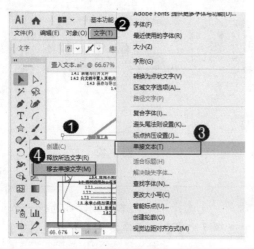

图 5-45

step 4 可以看到选中的文本链接已被移去，这样即可完成文本串接的移去操作，如图 5-46 所示。

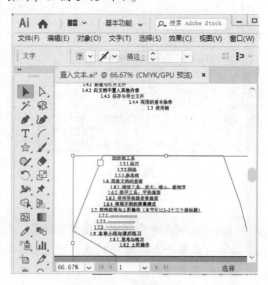

图 5-46

Section 5.4

创建文本绕排

手机扫描下方二维码，观看本节视频课程

在 Illustrator CC 中，可以很简单地将文本变形以绕开对象，比如绕开其他文字对象、导入的图像或矢量图形，从而避免文本与对象重叠，或者达到出人意料的设计效果。本节将详细介绍创建文本绕排的相关知识及操作方法。

5.4.1 绕排文本

在 Illustrator CC 中，图文混排效果在版式设计中被经常使用，使用文本绕排命令可以制作出漂亮的图文混排效果。文本绕排对整个文本块起作用，但不支持文本块中的部分文本，以及点文本、路径文本。下面详细介绍绕排文本的操作方法。

素材文件 第5章\素材文件\绕排文本素材.ai
效果文件 第5章\效果文件\绕排文本效果.ai

step 1 打开素材文件"绕排文本素材.ai"，将图形放置在文本块上并选中，如图 5-47 所示。

step 2 在菜单栏中，选择【对象】→【文本绕排】→【建立】菜单项，如图 5-48 所示。

图 5-47

图 5-48

step 3 可以看到已经使文本和图形结合，文本会绕开图片显示，这样即可完成绕排文本的操作，效果如图 5-49 所示。

智慧锦囊

要将文本绕开一个对象，该对象需要与文本在同一个图层上。

请您根据上述方法进行绕排文本的操作，测试一下您的学习效果。

图 5-49

5.4.2　设置绕排选项

在菜单栏中选择【对象】→【文本绕排】→【文本绕排选项】菜单项，系统即可弹出【文本绕排选项】对话框，如图 5-50 所示。在该对话框中用户可以设置文本绕排的位移参数、设置是否反向绕排等。

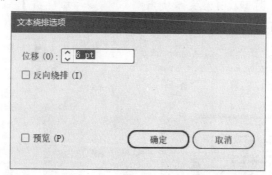

图 5-50

5.4.3　取消文字绕排

如果对产生的绕排效果不满意，用户可以进行取消文字绕排的操作。下面详细介绍其操作方法。

 选中文本绕图对象，然后在菜单栏中选择【对象】→【文本绕排】→【释放】菜单项，如图 5-51 所示。

 可以看到选中的对象已取消文字绕排效果，这样即可完成取消文字绕排的操作，如图 5-52 所示。

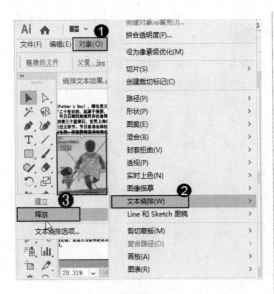

图 5-51

图 5-52

Section 5.5　范例应用与上机操作

手机扫描下方二维码，观看本节视频课程

　　通过本章的学习，读者基本可以掌握文字工具的基本知识以及一些常见的操作方法，本小节将通过一些范例应用，如制作渐变效果文字、制作七夕节海报，练习上机操作，以达到巩固学习、拓展提高的目的。

5.5.1　制作渐变效果文字

　　本章学习了文字工具的相关知识及使用方法，本例将详细介绍制作渐变效果文字的操作方法，来巩固和提高本章学习的内容。

素材文件✿　第 5 章\素材文件\汽车.png

效果文件✿　第 5 章\效果文件\制作渐变效果文字.ai

step 1　选择【椭圆工具】○，绘制一个圆形，设置填充颜色为灰色(其中 C、M、Y、K 的值分别为 0、0、0、30)，填充图形，设置描边颜色为无，如图 5-53 所示。

step 2　在菜单栏中选择【效果】→【风格化】→【羽化】菜单项，弹出【羽化】对话框，设置参数，如图 5-54 所示。

图 5-53

图 5-54

step 3 选择【文件】→【置入】菜单项，弹出【置入】对话框，选择素材文件"汽车.png"，单击【置入】按钮，在页面中单击置入的图片，拖曳到适当的位置并调整其大小，在控制栏中单击【嵌入】按钮，效果如图 5-55 所示。

图 5-55

step 5 拖曳符号到页面中适当的位置，调整大小并旋转其角度，效果如图 5-57 所示。

图 5-57

step 7 选中选择工具，选取右侧的符号，按 Ctrl+Shift+[组合键，将其置于底层，效果如图 5-59 所示。

图 5-59

step 4 选择【窗口】→【符号库】→【自然】菜单项，弹出【自然】面板，选择需要的符号，如图 5-56 所示。

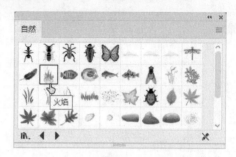

图 5-56

step 6 选择【选择工具】，选取符号，按住 Alt 键的同时，拖曳鼠标到适当的位置，复制两个符号，并分别调整其大小并旋转其角度，效果如图 5-58 所示。

图 5-58

step 8 选择【文字工具】，在页面中输入需要的文字，选择【选择工具】，在属性栏中选择合适的字体并设置文字大小，效果如图 5-60 所示。

克福特

图 5-60

step 9 选择【选择工具】，选取文字，按 Ctrl+Shift+O 组合键，将文字转换为轮廓。选择【效果】→【变形】→【鱼眼】菜单项，弹出【变形选项】对话框，设置参数，如图 5-61 所示。

图 5-61

step 11 选择【选择工具】，选取文字，按住 Alt 键的同时，拖曳鼠标到适当的位置，复制文字。双击【渐变工具】，弹出【渐变】面板，在色带上设置 3 个渐变滑块，分别将渐变滑块的位置设置为 0、37、100，并设置 CMYK 的值分别为：0(0、0、23、0)、37(0、0、100、0)、100(0、59、88、0)，选中渐变色带上方的渐变滑块，将【位置】选项分别设置为 75、41，其他选项的设置如图 5-63 所示。

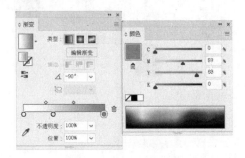

图 5-63

step 13 双击【混合工具】，弹出【混合选项】对话框，设置参数，单击【确定】按钮，分别在两个文字上单击，混合效果如图 5-65 所示。

step 10 单击【确定】按钮后，该文本的效果如图 5-62 所示。

图 5-62

step 12 文字被填充渐变色，设置描边颜色为无，效果如图 5-64 所示。

图 5-64

step 14 选择【选择工具】，拖曳混合文字到适当的位置，即可完成制作渐变效果文字的操作，效果如图 5-66 所示。

图 5-65

图 5-66

5.5.2　制作七夕节海报

本章学习了文字工具的相关知识及使用方法，本例将详细介绍制作七夕节海报，来巩固和提高本章学习的内容。

素材文件❀　　第5章\素材文件\七夕.jpg

效果文件❀　　第5章\效果文件\七夕海报.ai

step 1　　新建一个文档后，在菜单栏中选择【文件】→【置入】菜单项，如图 5-67 所示。

step 2　　弹出【置入】对话框，① 选择准备置入的素材"七夕.jpg"，② 单击【置入】按钮，如图 5-68 所示。

图 5-67

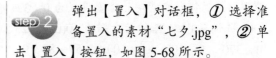

图 5-68

step 3　　鼠标指针变为置入样式，拖动鼠标到适当的位置，单击置入图像，如图 5-69 所示。

step 4　　使用【选择工具】▶调整置入后的图像大小和位置，如图 5-70 所示。

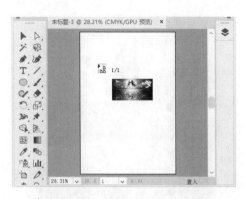

图 5-69

图 5-70

step 5　选择【文字工具】 T ，在画面中输入如图 5-71 所示的文字。

step 6　在工具箱中选择【椭圆工具】 ○ ，在画面中绘制一个椭圆图形，如图 5-72 所示。

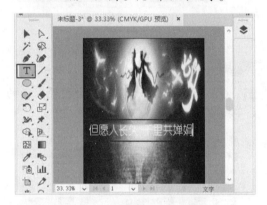

图 5-71

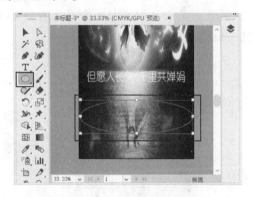

图 5-72

step 7　在工具箱中选择【区域文字工具】 T ，在椭圆图形的左上方位置单击，出现闪动的文字插入光标，如图 5-73 所示。

step 8　此时，便可以输入文字。输入的文字会按照路径的形状填充至椭圆图形路径中，如图 5-74 所示。

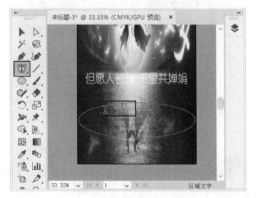

图 5-73

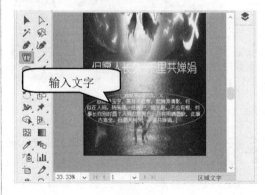

输入文字

图 5-74

step 9　在菜单栏中选择【窗口】→【文字】→【字符】菜单项，打开【字符】

step 10　此时可以看到设置文字后的效果，如图 5-76 所示。

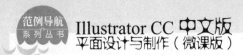

面板，设置字体大小和行距大小参数，如图 5-75 所示。

图 5-75

step11　在工具箱中选择【钢笔工具】 ，在画面中绘制一条开放的钢笔路径，如图 5-77 所示。

图 5-77

step13　此时便可以输入文字了，且输入的文字将沿着路径排列，用户还可以设置文字的字体和大小等，如图 5-79 所示。

图 5-76

step12　保持刚才绘制的路径处于选择状态，① 选择【直排路径文字工具】 ，② 在路径的上端单击，会出现闪动的文字插入光标，如图 5-78 所示。

图 5-78

step14　选中路径文字，然后在菜单栏中选择【文字】→【路径文字】→【阶梯效果】菜单项，如图 5-80 所示。

图 5-79

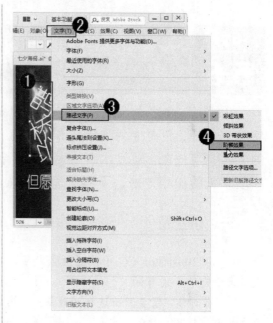

图 5-80

step15 可以看到所选择的路径文字会应用阶梯效果形态，通过以上步骤即可完成制作七夕节海报的操作，最终效果如图 5-81 所示。

图 5-81

智慧锦囊

在菜单栏中选择【文字】→【路径文字】→【路径文字选项】菜单项，系统即可弹出【路径文字选项】对话框，利用该对话框，用户可以设置路径文字的效果、对齐路径的位置以及间距等。

考考您

请您根据上述方法制作七夕节海报，测试一下您的学习效果。

Section 5.6 本章小结与课后练习

本节内容无视频课程，习题参考答案在本书附录

Illustrator CC 最强大的功能之一就是文字处理，虽然某些方面不及专业的文字处理软件，但是它的文字能与图形自由地结合，十分灵活方便，以创建出精美的艺术文字效果。通过本章的学习，读者基本可以掌握文字工具的基本知识以及一些常见的操作方法，下面通过练习几道习题，达到巩固与提高的目的。

一、填空题

1. 在 Illustrator CC 中，【区域文字工具】也称为体文字工具，它可以让用户使用文本来填充一个现有的_____。

2. 有时候，需要做出这样的效果：一行文字，每一个字的倾斜角度都是不同的。这时，用户就可以使用_____对每个字进行单独的修饰。

二、判断题

1. 在 Illustrator CC 中，用户可以使用【路径文字工具】或【直排路径文字工具】创建文本，在创建文本时，让文本沿着一个开放或闭合路径的边缘进行水平或垂直方向的排列，路径可以是不规则的。使用工具后，原来的路径将不再具有填充和描边的属性。（   ）

2. 当输入文字时，不管是输入一行或者多行文字，还是输入一段文字，它们实际上都是一个整体，用户可以对它们进行整体旋转、缩放、倾斜等操作。（   ）

3. 默认情况下，创建文本中的空格、换行和制表符等非打印字符是可见的。（   ）

三、思考题

1. 如何使用区域文字工具创建文本？
2. 如何将文字转换为图形？

四、上机操作

1. 通过本章的学习，读者基本可以掌握文字工具方面的知识，下面通过练习绘制建筑标志，达到巩固与提高的目的。

2. 通过本章的学习，读者基本可以掌握文字工具方面的知识，下面通过练习制作快乐标志，达到巩固与提高的目的。

第6章

描摹图稿与符号工具

　　本章主要介绍了描摹图稿、符号艺术方面的知识与技巧，同时还讲解了如何使用各种符号工具，通过本章的学习，读者可以掌握描摹图稿与符号工具方面的知识，为深入学习 Illustrator CC 中文版平面设计与制作知识奠定基础。

本 章 要 点

1. 描摹图稿
2. 符号艺术
3. 符号工具

描 摹 图 稿

手机扫描下方二维码，观看本节视频课程

在 Illustrator CC 中，还有一种绘制图形的方法，那就是描摹图稿，该方法是基于现有图形(或者图稿)进行描摹。描摹时需要将图形导入 Illustrator 中，也可以是扫描的图形或者在其他程序中制作的栅格图形。这对于将一幅图画转换为描摹对象、矢量画稿，会有很大帮助。本节将详细介绍描摹图稿的相关知识及操作方法。

6.1.1 使用图像描摹

在 Illustrator CC 中，用户可以使用自动描摹来描摹图稿，自动描摹是使 Illustrator 自动进行描摹的操作过程。下面详细介绍图像描摹的操作方法。

素材文件	第6章\素材文件\彩绘一品红和圣诞帽.jpg
效果文件	第6章\效果文件\自动描摹.ai

step 1　在菜单栏中选择【文件】→【打开】菜单项或者【置入】菜单项导入图像，如图6-1所示。

step 2　弹出【打开】对话框，① 选择需要描摹的图像素材文件"彩绘一品红和圣诞帽.jpg"，② 单击【打开】按钮，如图6-2所示。

图 6-1

图 6-2

step 3　导入需要描摹的图像并选中，在菜单栏中选择【对象】→【图像描摹】→【建立】菜单项，如图6-3所示。

step 4　可以看到已经将图稿进行描摹了，这样即可完成图像描摹的操作，效果如图6-4所示。

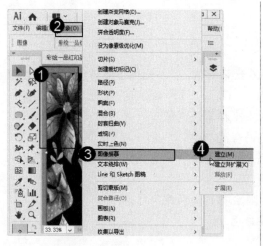

图 6-3

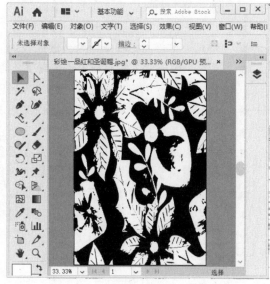

图 6-4

6.1.2　设置描摹的选项

在 Illustrator CC 中，描摹时可以通过设置描摹的选项进行描摹，从而更加方便用户绘制图像。在菜单栏中选择【窗口】→【图像描摹】菜单项，系统即可打开【图像描摹】面板，如图 6-5 所示。

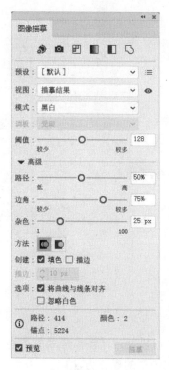

图 6-5

【图像描摹】面板中主要参数的含义如下。

- 预设：用于指定描摹预设。
- 模式：用于指定描摹结果的颜色模式。
- 阈值：用于指定从原始图像生成黑色描摹结果的值，所有比阈值亮的像素转换为白色，而所有比阈值暗的像素转换为黑色。
- 调板：用于指定从原始图像生成颜色或灰度描摹的调板。
- 杂色：用于指定在描摹结果中创建杂色的程度。
- 填色：用于指定在描摹结果中是否填色。
- 描边：用于在描摹结果中创建描边路径。
- 将曲线与线条对齐：选中该复选框后，将会把曲线和线条对齐。
- 忽略白色：选中该复选框后，将会忽略白色。

6.1.3　转换描摹对象

在 Illustrator CC 中，当用户完成图像描摹后，可将描摹对象转换为路径或实时上色对象，转换描摹对象后，可以不再调整描摹选项。下面详细介绍转换描摹对象的操作方法。

step 1 选中准备进行转换的描摹图像，然后在菜单栏中选择【对象】→【图像描摹】→【扩展】菜单项，如图 6-6 所示。

step 2 这样即可在保留显示选项的同时将描摹转换为路径，效果如图 6-7 所示。

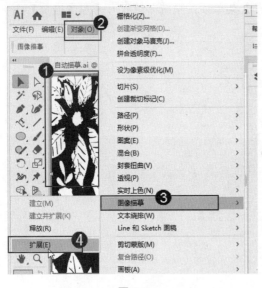

图 6-6

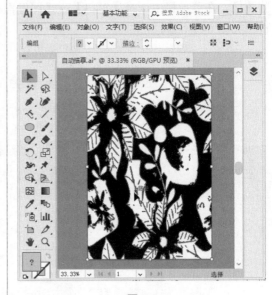

图 6-7

6.1.4　释放图像描摹

如果想还原图像描摹，那么可以使用【图像描摹】子菜单中的【释放】菜单项轻松地将其还原。下面详细介绍释放图像描摹的操作方法。

step 1 选中准备进行释放的描摹图像，然后在菜单栏中选择【对象】→【图像描摹】→【释放】菜单项，如图 6-8 所示。

图 6-8

step 2 可以看到已经将所选择的描摹图像进行还原，这样即可完成释放图像描摹的操作，效果如图 6-9 所示。

图 6-9

Section 6.2　符 号 艺 术

手机扫描下方二维码，观看本节视频课程

在 Illustrator CC 中，符号是一种能存储在【符号】面板中，而且在一个插图中可以重复使用的对象，每个符号实例都与【符号】面板或符号库中的符号链接，使用符号可以节省绘图时间，使图形更加生动形象。本节将详细介绍有关符号的基础知识及相关操作。

6.2.1　【符号】面板和符号库

在 Illustrator CC 中，用户可以使用【符号】面板和符号库中的符号，更好地绘制和编辑图像。下面将分别详细介绍【符号】面板和符号库的相关知识。

1.　【符号】面板

在 Illustrator CC 中，选择菜单栏中的【窗口】→【符号】菜单项，即可打开【符号】面板，如图 6-10 所示。【符号】面板具有创建、编辑和存储的功能，用户可以使用【符号】面板重新排列、复制、重命名和管理符号。在【符号】面板下有 6 个按钮。

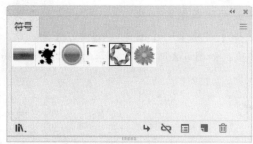

图 6-10

- ■ 【符号库菜单】按钮：包含多种符号库，用户可根据需要选择使用。
- ■ 【置入符号实例】按钮：可以将当前选中的一个符号范例放置在页面中心。
- ■ 【断开符号链接】按钮：可以将添加到插图中的符号范例与【符号】面板断开链接。
- ■ 【符号选项】按钮：单击即可打开【符号选项】对话框，可根据需要进行设置。
- ■ 【新建符号】按钮：单击即可将选中的符号添加至【符号】面板中作为符号。
- ■ 【删除符号】按钮：单击即可删除【符号】面板中被选中的符号。

2. 符号库

在菜单栏中选择【窗口】→【符号库】菜单项，即可打开【符号库】子菜单，比如选择【自然】菜单项，就会打开【自然】面板，如图 6-11 所示。

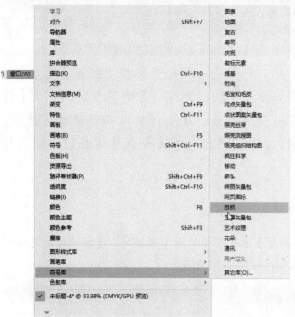

(a)

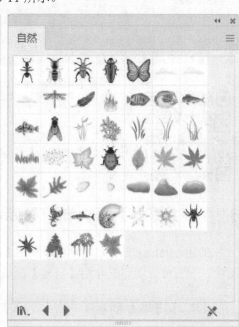

(b)

图 6-11

6.2.2 使用【符号】面板创建图形

在 Illustrator CC 中，使用【符号】面板，可以在画板中放置对象的多个实例，通过结合使用符号和符号工具，可以轻松而有趣地创建重复的形状。下面详细介绍使用【符号】面板创建图形的操作方法。

step 1 在菜单栏中选择【窗口】→【符号】菜单项，如图 6-12 所示。

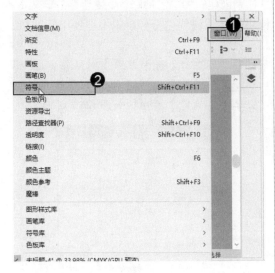

图 6-12

step 2 打开【符号】面板，① 选择需要应用的符号，② 按住鼠标左键将其拖动至绘图区中，如图 6-13 所示。

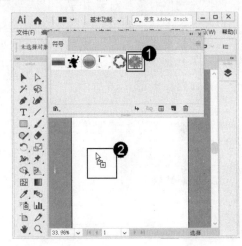

图 6-13

step 3 将选择的符号拖曳到画板中后，用户可以调整其大小和位置，如图 6-14 所示。

图 6-14

step 4 使用 Ctrl+C、Ctrl+V 组合键，复制粘贴符号，并调整它们的位置，这样即可完成使用【符号】面板创建图形的操作，如图 6-15 所示。

图 6-15

第6章　描摹图稿与符号工具

171

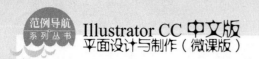
6.2.3　新建与删除符号

在 Illustrator CC 中，用户可以创建符号绘制图像，也可以将创建的多余符号删除，以保持画面整洁。下面将分别详细介绍新建符号和删除符号的操作方法。

1.　新建符号

在 Illustrator CC 中，用户可以使用大部分的对象创建符号，包括路径、复合路径、文本、栅格图像、网格对象和对象组等。但是，不能使用链接图稿创建符号，也不能使用某些组，如图形组。下面详细介绍创建符号的操作方法。

step 1　选择要用作符号的图稿，然后打开【符号】面板，在其中单击【新建符号】按钮，如图 6-16 所示。

 step 2　弹出【符号选项】对话框，① 根据需要设置名称、类型等参数，② 单击【确定】按钮，如图 6-17 所示。

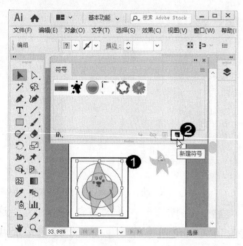

图 6-16

图 6-17

step 3　返回到【符号】面板中，可以看到选择的图稿已经被用作符号，出现在【符号】面板中，如图 6-18 所示。

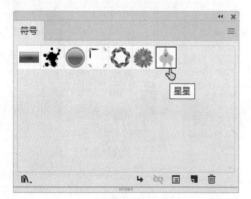

图 6-18

 智慧锦囊

用户在创建好一部分符号实例后，再创建其他的符号实例，可以选择现有的符号或者符号集，按住键盘上的 Alt 键并拖动一个符号实例即可复制相同的符号实例。也可以选择【符号】面板中的符号喷枪工具和一个符号，在绘图区任意位置单击或拖动鼠标即可添加新的符号实例。

考考您

请您根据上述方法新建一个符号到【符号】面板中，测试一下您的学习效果。

2. 删除符号

在 Illustrator CC 中，用户可以删除已经不需要的符号，使【符号】面板更加简洁明了。下面详细介绍删除符号的操作方法。

step 1 打开【符号】面板，①选中需要删除的符号，②单击【删除符号】按钮🗑，如图 6-19 所示。

图 6-19

step 3 返回到【符号】面板中，可以看到选择的符号已被删除，这样即可完成删除符号的操作，如图 6-21 所示。

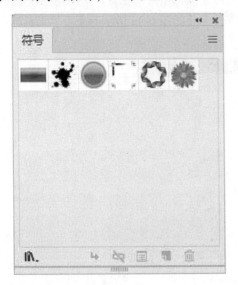

图 6-21

step 2 如果用户准备删除的符号正在应用中，系统会弹出 Adobe Illustrator 对话框，提示"一个或多个符号正在使用，在扩展或删除其实例前，无法将其删除"信息，单击【删除实例】按钮，如图 6-20 所示。

图 6-20

> 📒 **智慧锦囊**
>
> 在 Illustrator CC 中，如果文档中有多个符号，而其中的某些符号不想随着符号的修改而变化，可以选择这些符号，然后选择【符号】菜单中的【断开符号链接】菜单项，或单击【符号】面板底部的【断开符号链接】按钮，将其与原符号断开链接关系即可。

> **考考您**
>
> 请您根据上述方法删除一个符号，测试一下您的学习效果。

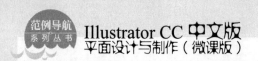
Section

6.3

符号工具

手机扫描下方二维码，观看本节视频课程

在 Illustrator CC 中，符号工具总共有 8 种，用户可以使用符号工具对符号进行编辑与修改，也可以通过设置【符号工具选项】对话框，从而使符号达到预期的效果。本节将详细介绍符号工具的相关知识及使用方法。

6.3.1 符号工具的相同选项

在 Illustrator CC 的工具箱中用鼠标左键单击并按住【符号喷枪工具】，将弹出 8 个符号工具，如图 6-22 所示。

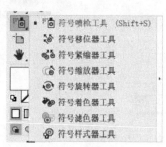

图 6-22

在这 8 种符号工具中，有几个工具选项是相同的，为了后面不重复介绍这些工具选项，在此先将相同的工具选项介绍一下。在工具箱中双击任意一个符号工具，系统会打开【符号工具选项】对话框。例如双击【符号喷枪工具】，打开如图 6-23 所示的【符号工具选项】对话框。

图 6-23

【符号工具选项】对话框中主要参数含义如下。

- 直径：用于设置选取符号后，笔刷直径的数值。
- 方法：选择符号的编辑方法。有 3 个选项供选择：【平均】、【用户定义】和【随机】，一般常用【用户定义】选项。
- 强度：用于设定拖动鼠标时，符号范例随鼠标变化的强度，数值越大，被操作的符号范例变化越强。
- 符号组密度：用于设定符号集合中包含符号范例的密度，数值越大，符号集所包含的符号范例数目越多。
- 工具区：显示当前使用的工具，当前工具区处于按下状态。可以单击其他工具来切换不同工具并显示该工具的属性设置选项。
- 显示画笔大小和强度：选中此复选框后，在使用符号工具时可以看到笔刷，取消选中此复选框，则隐藏笔刷。

6.3.2 符号喷枪工具

符号喷枪工具就像生活中的喷枪一样，只是该喷枪工具用于创建符号集合，可以将【符号】面板中的符号应用至图像中。

1. 符号喷枪工具选项

在工具箱中双击【符号喷枪工具】 ，打开如图 6-24 所示的【符号工具选项】对话框，利用该对话框，可以对符号喷枪工具进行详细的属性设置。

图 6-24

【符号喷枪工具】选项组中的选项含义说明如下。

- 紧缩：设置产生符号组的初始收缩方法。
- 大小：设置产生符号组的初始大小。
- 旋转：设置产生符号组的初始旋转方向。
- 滤色：设置产生符号组使用 100%的不透明度。

- 染色：设置产生符号组时使用当前的填充颜色。
- 样式：设置产生符号组时使用当前选定的样式。

2. 使用符号喷枪工具

在使用符号喷枪工具前，首先要选择准备使用的符号。例如在菜单栏中选择【窗口】→【符号库】→【花朵】菜单项，打开【花朵】面板，选择准备使用的符号，如图 6-25 所示。然后在工具箱中选择【符号喷枪工具】，在文档中按住鼠标随意拖动，拖动时可以看到符号的轮廓效果，如图 6-26 所示。

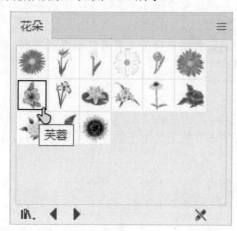

图 6-25

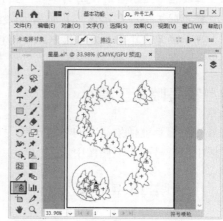

图 6-26

拖动完成后释放鼠标即可产生很多的符号效果，如图 6-27 所示，这时即可完成使用【符号喷枪工具】的操作。

图 6-27

在使用【符号喷枪工具】拖动绘制符号时，符号产生的数量、符号组的密度是根据拖动时的快慢和按住鼠标不动的时间长短而定的。一般来说，拖动得越慢产生的符号数量就越多；按住鼠标不动的时间越久，产生的符号组的密度就越大。其他的符号工具在应用时也有跟鼠标拖动时的快慢和按住鼠标不动的时间长短有关，在操作中要特别注意。

6.3.3　符号移位器工具

符号移位器工具用于移动符号实例，它还可以改变符号组中符号的前后顺序。因为符号移位器工具没有相应的参数修改，这里不再讲解符号工具选项。

1.　移动符号位置

要移动符号位置，首先要选择该符号组，然后使用【符号移位器工具】🔧，将光标移动到要移动的符号上面，如图 6-28 所示。然后按住鼠标拖动，在拖动时可以看到符号移动的轮廓效果，如图 6-29 所示。

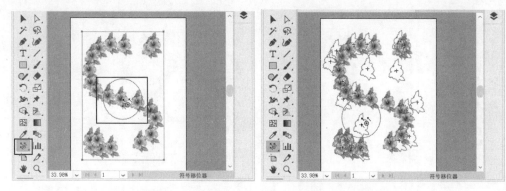

图 6-28　　　　　　　　　　　　　　　　图 6-29

达到满意的效果时，释放鼠标即可移动符号的位置。移动符号位置操作效果如图 6-30 所示。

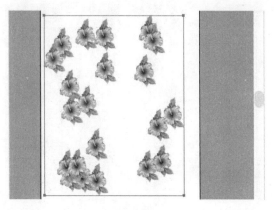

图 6-30

2.　修改符号的顺序

要修改符号的顺序，首先也要选择一个符号实例或符号组，然后使用【符号移位器工具】🔧在要修改位置的符号实例上，按住 Shift+Alt 组合键将该符号实例后移一层，按住 Shift 键可以将该符号实例前移一层。

第 6 章　描摹图稿与符号工具

6.3.4 符号紧缩器工具

符号紧缩器工具用于将符号实例从鼠标处向内收缩或向外扩展，以制作紧缩与分散的符号组效果。

1. 收缩符号

要制作符号实例的收缩效果，首先选择要修改的符号组，然后选择【符号紧缩器工具】在需要收缩的符号上按住鼠标不放或拖动鼠标，如图 6-31 所示，可以看到符号实例快速向鼠标处收缩的轮廓图效果，如图 6-32 所示。

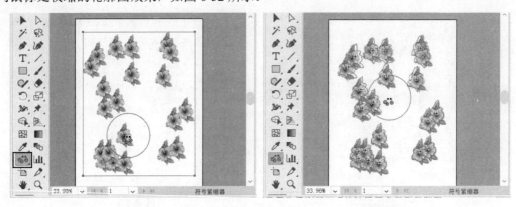

图 6-31   图 6-32

达到满意效果后释放鼠标，即可完成符号的收缩，紧缩符号后的效果如图 6-33 所示。

图 6-33

2. 扩展符号

要制作符号实例的扩展效果，首先选择要修改的符号组，然后选择【符号紧缩器工具】，如图 6-34 所示，在按住 Alt 键的同时，将光标移动到需要扩展的符号上按住鼠标不放或拖动鼠标，可以看到符号实例快速从鼠标处向外扩散，如图 6-35 所示。

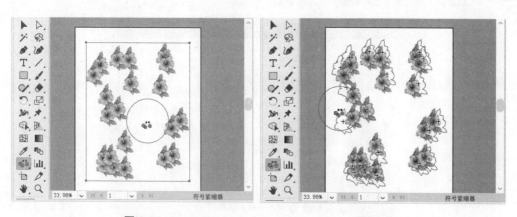

图 6-34   图 6-35

达到满意效果后释放鼠标，即可完成符号的扩展，如图 6-36 所示。

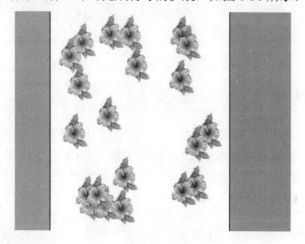

图 6-36

6.3.5　符号缩放器工具

符号缩放器工具可以将符号实例放大或缩小，以制作出大小不同的符号实例效果，产生丰富的层次感觉。

1.　符号缩放器工具选项

在工具箱中双击【符号缩放器工具】 ，可以打开如图 6-37 所示的【符号工具选项】对话框，利用该对话框可以对符号缩放器工具进行详细的属性设置。

【符号缩放器工具】选项组中的选项含义说明如下。

- 等比缩放：选中该复选框，将等比缩放符号实例。
- 调整大小影响密度：选中该复选框，在调整符号实例大小的同时调整符号实例的密度。

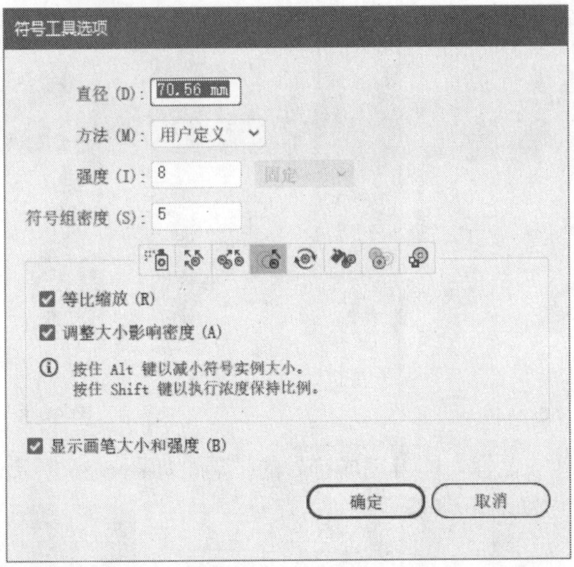

符号工具选项

直径 (D)：70.56 mm

方法 (M)：用户定义

强度 (I)：8　　固定

符号组密度 (S)：5

☑ 等比缩放 (R)

☑ 调整大小影响密度 (A)

ⓘ 按住 Alt 键以减小符号实例大小。
　 按住 Shift 键以执行浓度保持比例。

☑ 显示画笔大小和强度 (B)

确定　　取消

图 6-37

2. 放大符号

要放大符号实例，首先要选择该符号组，然后在工具箱中选择【符号缩放器工具】，将光标移动到要缩放的符号实例上方，单击鼠标或按住鼠标不放或按住鼠标拖动，都可以将鼠标点下方的符号实例放大。放大符号实例，效果如图 6-38 所示。

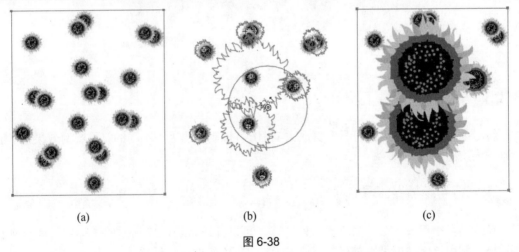

(a)　　　　　　　　　　(b)　　　　　　　　　　(c)

图 6-38

3. 缩小符号

要缩小符号实例，首先选择该符号组，然后在工具箱中选择【符号缩放器工具】，将光标移动到要缩放的符号实例上方，按住 Alt 键的同时单击鼠标或按住鼠标不动或按住鼠标拖动，都可以将鼠标点下方的符号实例缩小。缩小符号实例效果如图 6-39 所示。

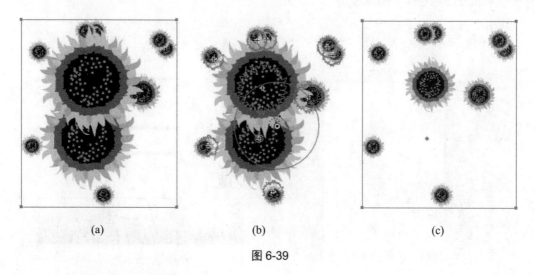

(a)   (b)   (c)

图 6-39

6.3.6　符号旋转器工具

符号旋转器工具可以旋转符号实例的角度，制作出不同方向的符号效果。

首先选择要旋转的符号组，然后在工具箱中选择【符号旋转器工具】，在要旋转的符号上按住鼠标拖动，拖动的同时在符号实例上将出现一个蓝色的箭头图标，显示符号实例旋转的方向效果，达到满意的效果后释放鼠标，即可将符号实例旋转一定的角度。旋转符号实例的效果如图 6-40 所示。

(a)   (b)   (c)

图 6-40

6.3.7　符号着色器工具

使用符号着色器工具可以在选择的符号对象上单击或拖动，对符号进行重新着色，以制作出不同颜色的符号效果，而且单击的次数和拖动的快慢将影响符号的着色效果。单击的次数越多，拖动的时间越长，着色的颜色越深。

要进行符号着色，首先选择要进行着色的符号组，然后在工具箱中选择【符号着色器工具】，如图 6-41 所示，在【颜色】面板中，设置进行着色所使用的颜色，如图 6-42 所示。

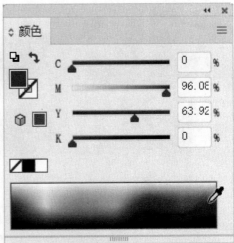

图 6-41   图 6-42

　　然后将光标移动到要着色的符号上单击或拖动鼠标，如果想产生较深的颜色，可以多次单击或重复拖动，释放鼠标后就可以看到着色后的效果，如图 6-43 所示。

图 6-43

　　　　　如果释放鼠标后，感觉颜色过深的话，可以在按住 Alt 键的同时，在符号上单击或拖动鼠标，可以将符号的着色变浅。

6.3.8　符号滤色器工具

　　符号滤色器工具可以改变文档中所选符号实例的不透明度，以制作出深浅不同的透明效果。

　　要制作不透明度，首先选择符号组，然后在工具箱中选择【符号滤色器工具】 ，将光标移动到要设置不透明度符号的上方，如图 6-44 所示。单击鼠标或按住鼠标拖动，同时可以看到受影响的符号将显示出蓝色的边框效果，如图 6-45 所示。鼠标单击的次数和拖动鼠标的重复次数将直接影响符号的不透明度效果，单击的次数越多，重复拖动的次数越多，符号变得越透明。

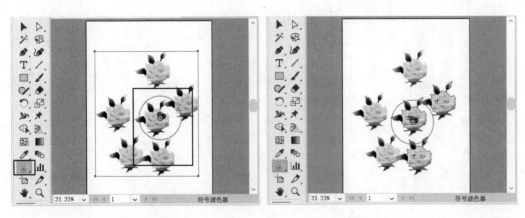

图 6-44   图 6-45

拖动修改符号不透明度效果如图 6-46 所示。

图 6-46

　　如果释放鼠标后，感觉符号消失了，说明重复拖动的次数过多，使得符号完全透明了，如果想要将其修改回来，可以在按住 Alt 键的同时，在符号上单击或拖动，可以减小符号的透明度。

6.3.9　符号样式器工具

　　符号样式器工具需要配合【样式】面板使用，为符号实例添加各种特殊的样式效果，比如投影、羽化和发光等效果。

　　要使用符号样式器工具，首先要选择使用的符号组，然后在工具箱中选择【符号样式器工具】 ，如图 6-47 所示。在菜单栏中选择【窗口】→【图形样式】菜单项，打开【图形样式】面板，选择一个图形样式，如选择"柔化斜面"样式，如图 6-48 所示。

　　然后在符号组中单击或按住鼠标拖动，释放鼠标后即可为符号实例添加图形样式，如图 6-49 所示。

图 6-47   图 6-48

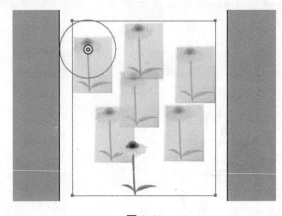

图 6-49

Section
6.4

范例应用与上机操作

手机扫描下方二维码，观看本节视频课程

通过本章的学习，读者基本可以掌握描摹图稿与符号工具的基本知识以及一些常见的操作方法，本小节将通过一些范例应用，如绘制大自然美景、创建"蝴蝶结"符号实例并添加缩放效果，练习上机操作，以达到巩固学习、拓展提高的目的。

6.4.1 绘制大自然美景

在 Illustrator CC 中，用户可以使用各式各样的符号绘制图像，从而使图像更加绚丽多彩。本例详细介绍用符号绘制大自然美景的操作方法。

素材文件※	无
效果文件※	第6章\效果文件\大自然美景.ai

step 1 在【符号】面板中，① 单击【符号库菜单】按钮，② 在弹出的菜单中选择【自然】和【花朵】菜单项，如图 6-50 所示。

图 6-50

step 2 打开【自然】面板，根据个人喜好选择准备应用的符号并将其拖动至绘图区中，并调整其大小和位置，如图 6-51 所示。

图 6-51

step 3 打开【花朵】面板，根据个人喜好选择准备应用的符号并将其拖动至绘图区中，并调整其大小和位置，如图 6-52 所示。

图 6-52

step 4 添加多种【自然】和【花朵】面板中的符号，并调整它们的大小和位置，即可完成用符号绘制大自然美景的操作，效果如图 6-53 所示。

图 6-53

6.4.2 创建"蝴蝶结"符号实例并添加缩放效果

本章学习了使用符号工具进行效果处理的相关知识，本例详细介绍创建"蝴蝶结"符号实例并添加缩放效果，来巩固和提高本章学习的内容。

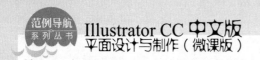
素材文件❀　第6章\素材文件\符号实例.ai
效果文件❀　第6章\效果文件\缩放创建的符号实例.ai

step 1 打开配套素材文件"符号实例.ai"，① 选中编辑好的图形，② 打开【画笔】面板，单击需要应用的画笔类型，制作好蝴蝶结的描边，如图 6-54 所示。

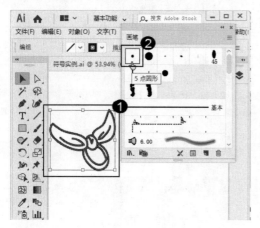

图 6-54

step 2 打开【符号】面板，单击【新建符号】按钮，如图 6-55 所示。

图 6-55

step 3 弹出【符号选项】对话框，① 根据实际需要设置名称、类型等参数，② 单击【确定】按钮，如图 6-56 所示。

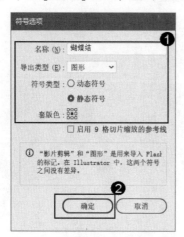

图 6-56

step 4 在【符号】面板中，① 选中刚创建的符号，② 用鼠标拖动符号至绘图区中，如图 6-57 所示。

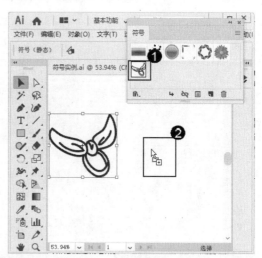

图 6-57

step 5 在工具箱中，① 按住【符号喷枪工具】按钮，② 在弹出的工具组中选择【符号缩放器工具】菜单项，如图 6-58 所示。

step 6 单击需要缩放的符号即可完成缩放创建的符号实例的操作，效果如图 6-59 所示。

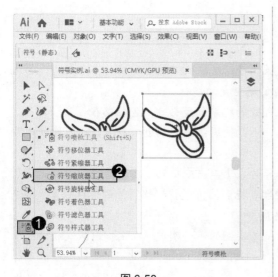

图 6-58

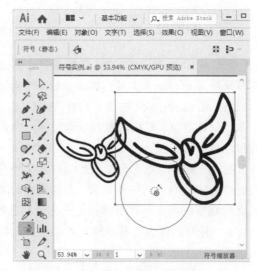

图 6-59

Section 6.5　本章小结与课后练习

本节内容无视频课程，习题参考答案在本书附录

在 Illustrator CC 中，图像描摹可以轻松地将照片(光栅图像)转换为矢量图画稿。符号具有很大的方便性和灵活性，它不但可以快速创建很多相同的图形对象，还可以利用相关的符号工具对这些对象进行相应的编辑。通过本章的学习，读者基本可以掌握描摹图稿与符号工具的基本知识以及一些常见的操作方法，下面通过练习几道习题，达到巩固与提高的目的。

一、填空题

1. 在 Illustrator CC 中，当用户完成描摹图像后，可将描摹转换为_____或实时上色对象，转换描摹对象后，可以不再调整描摹选项。

2. _____就像生活中的喷枪一样，只是该喷枪工具用于创建符号集合，可以将【符号】面板中的符号应用至图像中。

3. 符号移位器工具用于移动符号实例，它还可以改变符号组中符号的_____顺序。

4. _____用于将符号实例从鼠标处向内收缩或向外扩展，以制作紧缩与分散的符号组效果。

5. _____可以旋转符号实例的角度，制作出不同方向的符号效果。

6. 符号样式器工具需要配合_____面板使用，为符号实例添加各种特殊的样式效果，比如投影、羽化和发光等效果。

二、判断题

1. 在 Illustrator CC 中，使用【符号】面板，可以在画板中放置对象的多个实例，通过结合使用符号和符号工具，可以轻松而有趣地创建重复的形状。　　　　　　　　（　　）

2. 在 Illustrator CC 中，用户可以使用大部分的对象创建符号，包括路径、复合路径、文本、栅格图像、网格对象和对象组等。但是，不能使用链接图稿创建符号，也不能使用某些组，例如图形组。　　　　　　　　　　　　　　　　　　　　　　　　（　　）

3. 使用符号着色器工具可以在选择的符号对象上单击或拖动，对符号进行重新着色，以制作出不同颜色的符号效果，而且单击的次数和拖动的快慢将影响符号的着色效果。单击的次数越多，拖动的时间越长，着色的颜色越浅。　　　　　　　　　　　　　　（　　）

4. 符号滤色器工具可以改变文档中选择符号实例的不透明度，以制作出深浅相同的透明效果。　　　　　　　　　　　　　　　　　　　　　　　　　　　　　　　（　　）

三、思考题

1. 如何描摹图像？
2. 如何使用【符号】面板创建图形？

四、上机操作

1. 通过本章的学习，读者基本可以掌握描摹图稿与符号工具方面的知识，下面通过练习绘制播放图标，达到巩固与提高的目的。

2. 通过本章的学习，读者基本可以掌握描摹图稿与符号工具方面的知识，下面通过练习绘制音乐节插画，达到巩固与提高的目的。

第7章

修剪、混合与封套扭曲

　　本章主要介绍修剪图形对象和混合艺术方面的知识与技巧，同时还讲解了如何进行封套扭曲，通过本章的学习，读者可以掌握修剪、混合与封套扭曲方面的知识，为深入学习 Illustrator CC 中文版平面设计与制作知识奠定基础。

1. 修剪图形对象

2. 混合艺术

3. 封套扭曲

在 Illustrator CC 中编辑图形时，【路径查找器】面板是最常用的工具之一。它包含了一组功能强大的路径编辑命令。使用【路径查找器】面板可以将许多简单的路径经过特定的运算之后形成各种复杂的路径。本节将详细介绍修剪图形对象的相关知识及操作方法。

7.1.1 【路径查找器】面板

在菜单栏中选择【窗口】→【路径查找器】菜单项，即可弹出【路径查找器】面板，如图 7-1 所示。

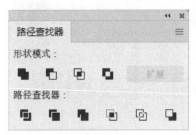

图 7-1

在【路径查找器】面板的【形状模式】选项组中有 5 个按钮，从左至右分别是【联集】按钮■、【减去顶层】按钮■、【交集】按钮■、【差集】按钮■和【扩展】按钮。前 4 个按钮可以通过不同的组合方式在多个图形间制作出对应的复合图形，而【扩展】按钮则可以把复合图形转变为复合路径。

在【路径查找器】选项组中有 6 个按钮，从左至右分别是【分割】按钮■、【修边】按钮■、【合并】按钮■、【剪裁】按钮■、【轮廓】按钮■和【减去后方对象】按钮■。这组按钮主要是把对象分解成各个独立的部分，或者删除对象中不需要的部分。

7.1.2 联集、减去顶层、交集和差集

在 Illustrator CC 中，【路径查找器】面板的第一排按钮就是【形状模式】按钮，分别有联集、减去顶层、交集和差集，其共性是能够将选定的多个对象合并生成另一个新的对象。

1. 联集

联集是使用频率最高的一个命令，能够将选定的多个对象合并成一个对象，在合并的过程中，将互相重叠的部分删除，只留下大轮廓。

在绘图页中绘制两个图形对象，如图 7-2 所示。选中两个对象，单击【联集】按钮，从而生成新的对象，效果如图 7-3 所示。新对象的填充和描边属性与位于顶部的对象的填充和描边属性相同，取消选择状态后的效果如图 7-4 所示。

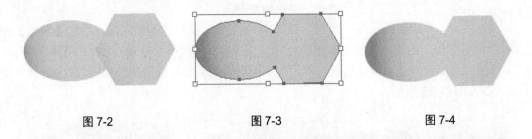

图 7-2　　　　　　　　　　图 7-3　　　　　　　　　　图 7-4

2. 减去顶层

使用路径查找器中的【减去顶层】按钮，可以在最上面的一个对象的基础上，把与下面对象所有重叠的部分删除，最后显示最下面对象的剩余部分。

在绘图页中绘制两个图形对象，如图 7-5 所示。选中这两个对象，单击【减去顶层】按钮，从而生成新的对象，效果如图 7-6 所示。【减去顶层】命令可以在最下层对象的基础上，将被上层的对象挡住的部分和上层的所有对象同时删除，只剩下最下层对象的剩余部分。取消选择状态后的效果如图 7-7 所示。

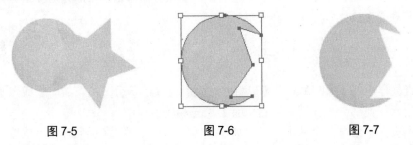

图 7-5　　　　　　　　　　图 7-6　　　　　　　　　　图 7-7

3. 交集

在绘图页面中绘制两个图形对象，如图 7-8 所示。选中这两个对象，单击【交集】按钮，从而生成新的对象，效果如图 7-9 所示。【交集】命令可以将图形没有重叠的部分删除，而仅仅保留重叠部分。所生成的新对象的填充和描边属性与位于顶部的对象的填充和描边属性相同。取消选择状态后的效果如图 7-10 所示。

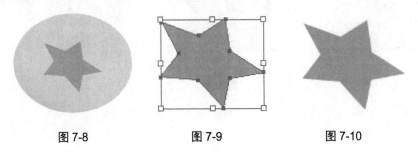

图 7-8　　　　　　　　　　图 7-9　　　　　　　　　　图 7-10

第 7 章　修剪、混合与封套扭曲

4. 差集

路径查找器中的【差集】命令与【交集】命令是相反的命令，使用【差集】命令可以删除选定的两个或多个对象的重合部分，排除相交部分。

在绘图页面中绘制两个图形对象，如图 7-11 所示。选中这两个对象，单击【差集】按钮，从而生成新的对象，效果如图 7-12 所示。【差集】命令可以删除对象间重叠的部分。所生成的新对象的填充和描边属性与位于顶部的对象的填充和描边属性相同。取消选择状态后的效果如图 7-13 所示。

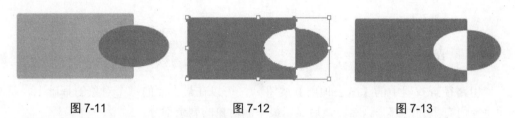

图 7-11   图 7-12   图 7-13

7.1.3 分割、修边、合并和剪裁

在 Illustrator CC 中，【路径查找器】面板的第二排按钮就是【路径查找器】按钮，分别有【分割】、【修边】、【合并】、【剪裁】、【轮廓】、【减去后方对象】等，其作用各不相同，但都能生成比较复杂的新图形。

1. 分割

路径查找器中的【分割】命令可以将互相重叠交叉的部分分离，从而生成多个独立的部分，但不删除任何部分，使用后可将所有的填充和颜色保留。

在绘图页面中绘制两个图形对象，如图 7-14 所示。选中这两个对象，单击【分割】按钮，从而生成新的对象，效果如图 7-15 所示。【分割】命令可以分离相互重叠的图形，而得到多个独立的对象。所生成的新对象的填充和描边属性与位于顶部的对象的填充和描边属性相同。取消选择状态后的效果如图 7-16 所示。

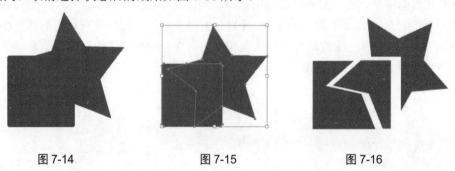

图 7-14   图 7-15   图 7-16

2. 修边

路径查找器中的【修边】命令主要用于删除被其他路径覆盖的路径，仅留下在使用命令

前的工作区中能够显示出的路径，所有轮廓线的宽度将被去除。

在绘图页面中绘制两个图形对象，如图 7-17 所示。选中这两个对象，单击【修边】按钮 ，从而生成新的对象，效果如图 7-18 所示。【修边】命令对于每个单独的对象而言，均被裁剪分成包含有重叠区域的部分和重叠区域之外的部分，新生成的对象保持原来的填充属性，取消选择状态后的效果如图 7-19 所示。

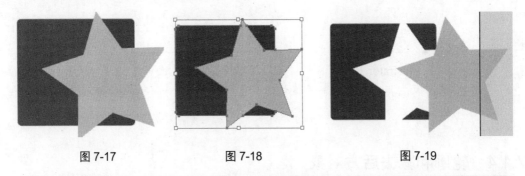

图 7-17 　　　　　　图 7-18 　　　　　　图 7-19

3. 合并

路径查找器中的【合并】命令是根据选中对象的填充和轮廓属性的不同而有所不同，如果对象的属性都相同，将会把所有对象组成一个整体。

在绘图页面中绘制两个图形对象，如图 7-20 所示。选中这两个对象，单击【合并】按钮，从而生成新的对象，效果如图 7-21 所示。如果对象的填充和描边属性都相同，【合并】命令将把所有的对象组成一个整体后合为一个对象，但对象的描边色将变为没有；如果对象的填充和描边属性都不相同，则【合并】命令就相当于【剪裁】按钮。取消选择状态后的效果如图 7-22 所示。

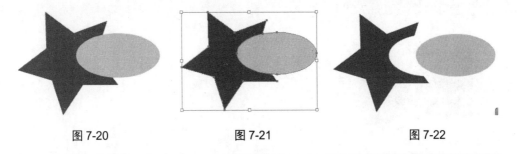

图 7-20 　　　　　　图 7-21 　　　　　　图 7-22

4. 剪裁

路径查找器中的【剪裁】命令对于一些互相重合并被选中的图像，可以把所有落在最前面对象之外的部分裁剪掉。

在绘图页面中绘制两个图形对象，如图 7-23 所示。选中这两个对象，单击【剪裁】按钮，从而生成新的对象，效果如图 7-24 所示。【剪裁】命令的工作原理和蒙版相似，对重叠的图形来说，【剪裁】命令可以把所有放在最前面对象之外的图形部分修剪掉，同时最前面的对象本身将消失。取消选择状态后的效果如图 7-25 所示。

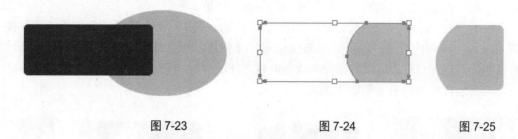

图 7-23　　　　　　　　　图 7-24　　　　　　　　　图 7-25

知识精讲

　　在 Illustrator CC 中，可以使用【路径查找器】面板中的【剪裁】命令进行绘制图像，其工作原理与蒙版相似，【剪裁】命令可使重叠图形最前面的对象消失。

7.1.4　轮廓和减去后方对象

　　在【路径查找器】面板的【路径查找器】按钮中，最后两个按钮是【轮廓】⬚和【减去后方对象】⬚。下面将分别详细介绍。

1．轮廓

　　路径查找器中的【轮廓】命令可以把所有对象都转换成轮廓，同时将相交路径的相交处断开，使各个对象的轮廓线宽度都自动变为 0。
　　在绘图页面中绘制两个图形对象，如图 7-26 所示。选中这两个对象，单击【轮廓】按钮⬚，从而生成新的对象。效果如图 7-27 所示。【轮廓】命令勾勒出所有对象的轮廓。取消选择状态后的效果如图 7-28 所示。

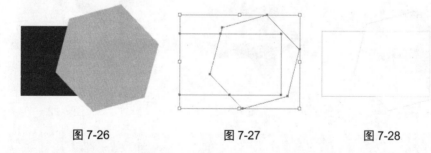

图 7-26　　　　　　　　　图 7-27　　　　　　　　　图 7-28

2．减去后方对象

　　路径查找器中的【减去后方对象】命令可以在最上面的一个对象的基础上，把与后面所有对象重叠的部分删除，只显示最上面的剩余部分，而且将其组合成一个闭合路径。
　　在绘图页面中绘制两个图形对象，如图 7-29 所示。选中这两个对象，单击【减去后方对象】按钮⬚，从而生成新的对象，效果如图 7-30 所示。【减去后方对象】命令可以裁剪去位于最底层对象之上的所有对象。取消选择状态后的效果如图 7-31 所示。

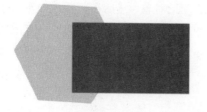

图 7-29

图 7-30

图 7-31

在 Illustrator CC 中，用户使用【路径查找器】面板中的命令修饰图像时，其作用各不相同，都能生成比较复杂的图形。其中【合并】命令，如果选择对象的属性都相同，就相当于【相加】命令；如果所选对象属性不相同，则相当于【剪裁】命令；如果某些对象属性相同，则相当于【联集】命令。

Section 7.2　混合艺术

手机扫描下方二维码，观看本节视频课程

混合工具和【混合】命令，可以创建一系列处于两个自由形状之间的路径，也就是一系列样式递变的过渡图形，该命令可以在两个或两个以上的图形对象之间使用。本节将详细介绍混合效果的相关知识及操作方法。

7.2.1　使用混合工具创建混合

在工具箱中选择【混合工具】 ，然后将光标移动到第一个图形对象上，当光标变成 形状时单击鼠标左键，如图 7-32 所示。然后移动光标到另一个图形对象上，再次单击鼠标左键，即可在这两个图形对象之间建立混合过渡效果，如图 7-33 所示。

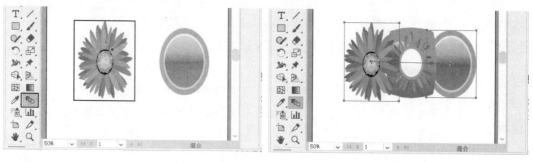

图 7-32　　　　　　　　　　　　　　　　　　图 7-33

7.2.2　使用【混合】命令创建混合

使用【混合】命令创建混合，图形会按默认的混合方式进行混合过渡，而不能控制混合

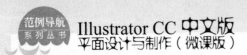
的方向。在文档中，使用选择工具选择要进行混合的图形对象，然后在菜单栏中选择【对象】→【混合】→【建立】菜单项，如图 7-34 所示。即可将选择的两个或两个以上的图形对象建立混合过渡效果，如图 7-35 所示。

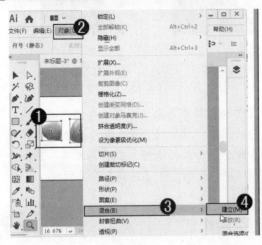

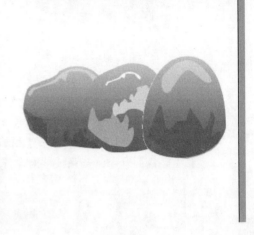

图 7-34   图 7-35

选择要建立混合的图形对象后，按下键盘上的 Alt+Ctrl+B 组合键，可以快速建立混合过渡效果。

7.2.3 修改混合图形

混合后的图形对象是一个整体，可以像图形一样进行整体的编辑和修改。可以利用【直接选择工具】▷修改混合开始和结束的图形大小、位置、缩放和旋转等，还可以修改图形的路径、锚点和填充颜色等。当对混合对象进行修改时，混合也会跟着变化，这样就大大提高了混合的编辑能力。下面以修改混合图形的形状为例，来详细介绍修改混合图形的操作方法。

素材文件❋　第 7 章\素材文件\修改混合形状.ai

效果文件❋　第 7 章\效果文件\修改混合形状效果.ai

混合对象在没有释放鼠标之前，只能修改开始和结束的原始混合图形，即用来混合的两个原图形，中间混合出来的图形是不能直接使用工具修改的，但在修改开始和结束图形时，中间的混合过渡图形将自动跟随变化。

打开素材文件"修改混合形状.ai"，① 在工具箱中选择【直接选择工具】▷，② 选择混合图形的一个锚点，如图 7-36 所示。

将其拖动到合适的位置，释放鼠标即可完成图形的修改，如图 7-37 所示。

196

图 7-36

图 7-37

7.2.4　混合选项

混合后的图形，还可以通过【混合选项】对话框设置混合的间距和混合的取向。选择一个混合对象，然后在菜单栏中选择【对象】→【混合】→【混合选项】菜单项，即可弹出如图 7-38 所示的【混合选项】对话框，利用该对话框可以对混合图形进行修改。

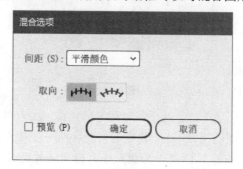

图 7-38

【混合选项】对话框中的主要选项含义说明如下。

1.　间距

间距用来设置混合过渡的方式。在【间距】下拉列表中可以选择不同的混合方式，包括【平滑颜色】、【指定的步数】和【指定的距离】3 个选项，如图 7-39 所示。

图 7-39

- 【平滑颜色】选项：可以对不同颜色填充的图形对象，自动计算一个合适的混合步数，达到最佳的颜色过渡。如果对象包含相同的颜色，或者包含渐层或图案，混合的步数根据两个对象的定界框的边之间的最长距离来设定。平滑颜色效果如图 7-40 所示。

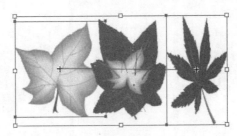

图 7-40

- 【指定的步数】选项：指定混合的步数。在右侧的文本框中输入一个数值指定从混合的开始到结束的步数，即混合过渡中产生几个过渡图形。如图 7-41 所示为指定步数为 3 时的过渡效果。

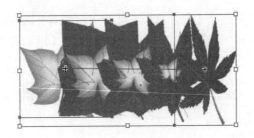

图 7-41

- 【指定的距离】选项：指定混合图形之间的距离。在右侧的文本框中输入一个数值指定混合图形之间的间距，这个指定的间距按照一个对象的某个点到另一个对象的相应点来计算。如图 7-42 所示为指定距离为 20mm 的混合过渡效果。

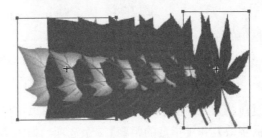

图 7-42

2. 取向

取向用来控制混合图形的走向，一般应用在非直线混合效果中，包括【对齐页面】
和【对齐路径】两个选项。

■ 【对齐页面】：指定混合过渡图形方向沿页面的 X 轴方向混合。对齐页面混合过渡效果如图 7-43 所示。

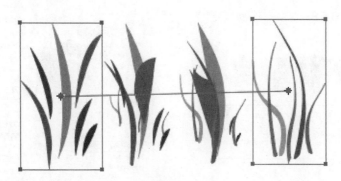

图 7-43

■ 【对齐路径】：指定混合过渡图形方向沿路径方向混合。对齐路径混合过渡效果如图 7-44 所示。

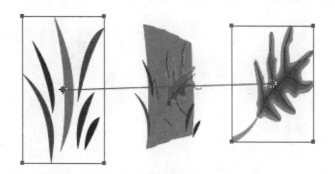

图 7-44

7.2.5　替换混合轴

默认的混合图形，在两个混合图形之间会创建一个直线路径。当使用【释放】菜单项将混合释放时，会留下一条混合路径。但不管怎样创建，默认的混合路径都是直线，如果制作出不同的混合路径，可以使用【替换混合轴】菜单项来完成。本例详细介绍替换混合轴的操作方法。

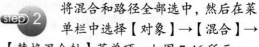

素材文件 ❀ 第 7 章\素材文件\向日葵混合.ai
效果文件 ❀ 第 7 章\效果文件\替换混合轴效果.ai

step 1 打开素材文件"向日葵混合.ai"，可以看到已经创建了一个混合对象，在工具箱中使用【钢笔工具】 ✒ 绘制一个开放的路径，如图 7-45 所示。

step 2 将混合和路径全部选中，然后在菜单栏中选择【对象】→【混合】→【替换混合轴】菜单项，如图 7-46 所示。

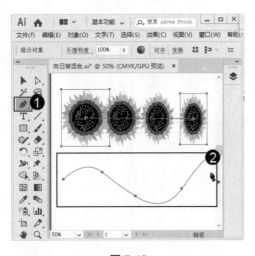

图 7-45

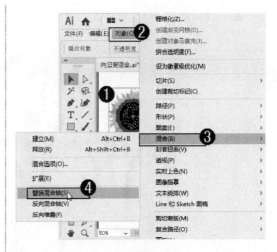

图 7-46

 可以看到选中的混合对象，已经按照刚刚绘制的开放路径进行排列，这样即可完成替换混合轴的操作，效果如图 7-47 所示。

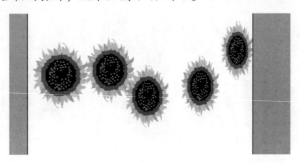

图 7-47

7.2.6　反向混合轴和反向堆叠

利用【反向混合轴】和【反向堆叠】菜单项，可以修改混合路径的混合顺序和混合层次，下面将详细介绍其含义和使用方法。

1.　反向混合轴

【反向混合轴】菜单项可以将混合的图形首尾对调，混合的过渡图形也跟着对调。下面详细介绍反向混合轴的操作方法。

| 素材文件 | 第 7 章\素材文件\反向混合轴.ai |
| 效果文件 | 第 7 章\效果文件\反向混合轴效果.ai |

 打开素材文件"反向混合轴.ai"，可以看到已经创建了一个混合对象，在工具箱中，使用【选择工具】 ▶ 选择该混合对象，如图 7-48 所示。

step 2 在菜单栏中选择【对象】→【混合】→【反向混合轴】菜单项，如图 7-49 所示。

图 7-48

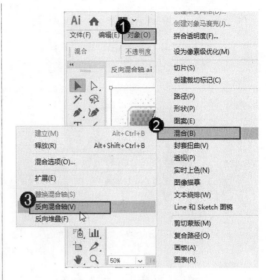

图 7-49

step 3 可以看到选中的混合对象，已经将图形的首尾对调，这样即可完成反向混合轴的操作，效果如图 7-50 所示。

图 7-50

2. 反向堆叠

【反向堆叠】菜单项可以修改混合对象的排列顺序，将从前到后调整为从后到前的效果。下面详细介绍反向堆叠的操作方法。

| 素材文件 | 第 7 章\素材文件\反向堆叠素材.ai |
| 效果文件 | 第 7 章\效果文件\反向堆叠效果.ai |

step 1 打开素材文件"反向堆叠素材.ai"，可以看到已经创建了一个混合对象，在工具箱中，使用【选择工具】选择该混合对象，如图 7-51 所示。

step 2 在菜单栏中选择【对象】→【混合】→【反向堆叠】菜单项，如图 7-52 所示。

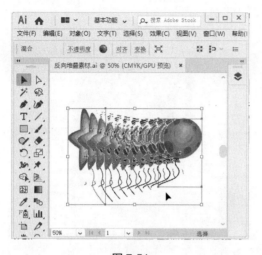

图 7-51   图 7-52

 可以看到选中的混合对象重叠顺序已被改变，这样即可完成反向堆叠的操作，效果如图 7-53 所示。

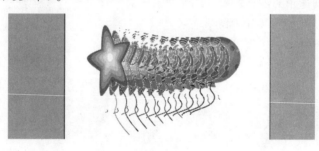

图 7-53

7.2.7 释放和扩展混合对象

混合的图形还可以进行释放和扩展，从而恢复混合图形或将混合图形分解出来，进行更细致的编辑和修改。下面将分别详细介绍释放和扩展混合对象的相关知识及操作。

1. 释放

【释放】菜单项可以将混合的图形恢复到原来的状态，只是多出一条混合路径，而且混合路径是无色的。下面详细介绍释放混合对象的操作方法。

素材文件 ❈   第 7 章\素材文件\释放素材.ai
效果文件 ❈   第 7 章\效果文件\释放效果.ai

step 1 打开素材文件"释放素材.ai"，可以看到已经创建了一个混合对象，在工具箱中，使用【选择工具】选择该混合对象，然后在菜单栏中选择【对象】→【混合】→【释放】菜单项，如图 7-54 所示。

step 2 可以看到混合的中间过渡效果消失，只保留初始混合图形的一条混合路径，这样即可完成释放混合对象的操作，如图 7-55 所示。

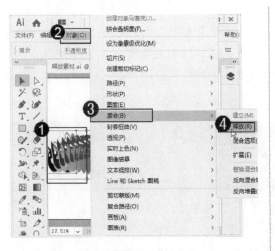

图 7-54

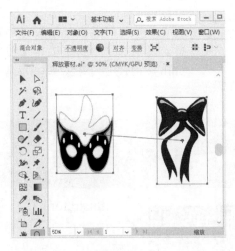

图 7-55

2．扩展

　　【扩展】菜单与【释放】菜单不同，它不会将混合过渡中间的效果删除，而是将混合后的过渡图形分解出来，使它们变成单独的图形，可以使用相关的工具对中间的图形进行修改。下面详细介绍扩展混合对象的操作方法。

| 素材文件❋ | 第 7 章\素材文件\扩展素材.ai |
| 效果文件❋ | 第 7 章\效果文件\扩展效果.ai |

step 1　　打开素材文件"扩展素材.ai"，可以看到已经创建了一个混合对象，在工具箱中，使用【选择工具】▶选择该混合对象，然后在菜单栏中选择【对象】→【混合】→【扩展】菜单项，如图 7-56 所示。

step 2　　可以看到已经将所选的混合图形对象中的过渡图形分解出来，这样即可完成扩展混合对象的操作，效果如图 7-57 所示。

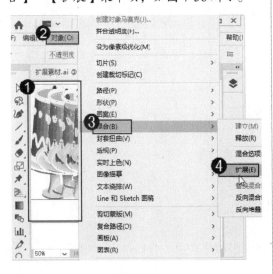

图 7-56

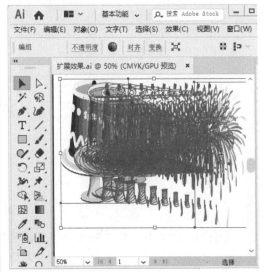

图 7-57

扩展后的混合图形是一个组，所以使用【选择工具】▶选择时会一起选择，可以在菜单栏中选择【对象】→【取消编组】菜单项，或按下键盘上的 Shift+Ctrl+G 组合键，将其取消编组后进行单独的调整。

Section 7.3 封套扭曲

手机扫描下方二维码，观看本节视频课程

　　Illustrator CC 中提供了多种形状的封套效果，用户可以利用不同的封套效果改变选定对象的形状，封套不仅可以应用到选定的图形中，还可以应用于路径、复合路径、文本对象、网格、混合或导入的位图当中。本节将详细介绍封套扭曲的相关知识及操作方法。

7.3.1　用变形建立封套扭曲

　　【用变形建立】菜单项是 Illustrator CC 为用户提供的一项预设的变形功能，可以利用这些现有的预设功能并通过相关的参数设置达到变形的目的。

　　选中一个图形对象后，在菜单栏中选择【对象】→【封套扭曲】→【用变形建立】菜单项，即可弹出如图 7-58 所示的【变形选项】对话框。

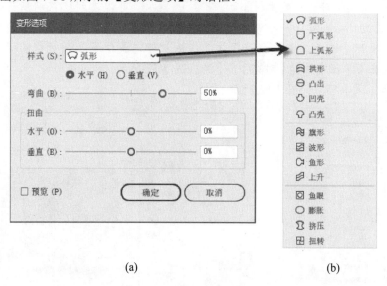

(a)　　　　　　　　　　　　　　　　(b)

图 7-58

　　【变形选项】对话框中的选项含义说明如下。

- 　样式：可以在该下拉列表框中选择一种变形的样式，总共包括 15 种变形样式，不同的变形效果如图 7-59 所示。

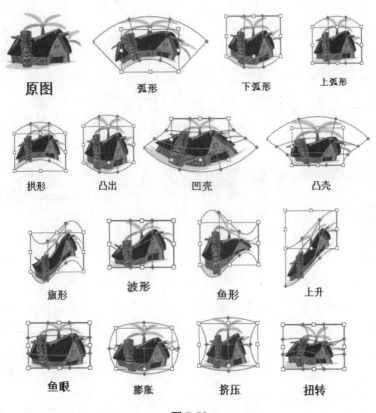

原图　　弧形　　下弧形　　上弧形

拱形　　凸出　　凹壳　　凸壳

旗形　　波形　　鱼形　　上升

鱼眼　　膨胀　　挤压　　扭转

图 7-59

- 水平、垂直和弯曲：指定在水平还是垂直方向上弯曲图形，并通过修改【弯曲】的值来设置变形的强度大小，值越大图形的弯曲程度也就越大。
- 扭曲：设置图形的扭曲程度，可以指定水平或垂直扭曲程度。

　　选中一个图形对象后，按下键盘上的 Alt+Shift+Ctrl+W 组合键，可以快速打开【变形选项】对话框。

7.3.2　用网格建立封套扭曲

　　封套扭曲除了使用预设的变形功能，也可以自定义网格来修改图形。下面详细介绍使用网格建立封套扭曲的操作方法。

| 素材文件 | 第 7 章\素材文件\网格建立封套扭曲素材 |
| 效果文件 | 第 7 章\效果文件\网格建立封套扭曲效果 |

step 1　打开素材文件"网格建立封套扭曲素材.ai"，选中需要创建封套的图形对象，然后在菜单栏中选择【对象】→【封套扭曲】→【用网格建立】菜单项，如图 7-60 所示。

step 2　弹出【封套网格】对话框，① 设置【行数】和【列数】，② 单击【确定】按钮，如图 7-61 所示。

图 7-60

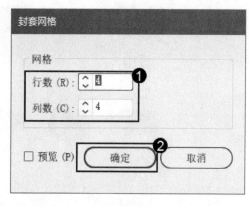

图 7-61

 3 返回到画板中，可以看到图形添加的封套网格，效果如图 7-62 所示。

step 4 选择【直接选择工具】，在封套网格控制点上按住鼠标进行拖拽，会出现控制柄，拖动控制柄可以把图形调整成用户想要的形状，如图 7-63 所示。

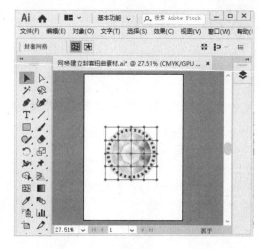

图 7-62

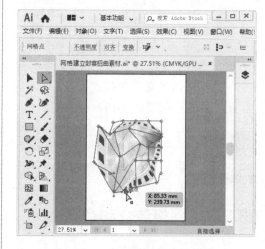

图 7-63

7.3.3　用顶层对象建立封套扭曲

使用【用顶层对象建立】菜单项，可以将选择的图形对象以该对象上方的路径形状为基础进行变形。下面详细介绍用顶层对象建立封套扭曲的操作方法。

| 素材文件 | 第 7 章\素材文件\用顶层对象建立素材.ai |
| 效果文件 | 第 7 章\效果文件\用顶层对象建立效果.ai |

Step 1 打开素材文件"用顶层对象建立素材.ai"，① 在工具箱中选择【钢笔工具】，② 在要扭曲变形的图形对象上方，绘制一个任意形状的路径作为封套变形的参照物，如图 7-64 所示。

Step 2 选中图形对象和作为封套的路径参照物，然后在菜单栏中选择【对象】→【封套扭曲】→【用顶层对象建立】菜单项，如图 7-65 所示。

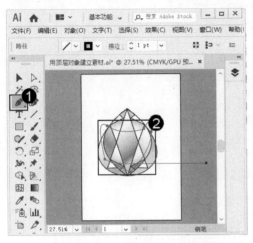

图 7-64

图 7-65

Step 3 可以看到将选择的图形对象以其上方的形状为基础已进行变形，这样即可完成用顶层对象建立封套扭曲的操作，效果如图 7-66 所示。

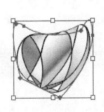

图 7-66

7.3.4 编辑封套选项

对于封套变形的对象，可以修改封套的变形效果，比如扭曲外观、扭曲线性渐变和扭曲图案填充等，选中一个封套对象，然后在菜单栏中选择【对象】→【封套扭曲】→【封套选项】菜单项，即可弹出【封套选项】对话框，如图 7-67 所示。

在该对话框中，可以对封套进行详细设置，在使用封套变形前修改选项参数，也可以在变形后选择图形来修改变形参数。下面详细介绍【封套选项】对话框中各选项的含义。

- ■ 【消除锯齿】：选中此复选框后，可以在使用封套变形的时候防止产生锯齿，保持图形的清晰度。
- ■ 【剪切蒙版】：在编辑非直角封套时，可以选中此单选按钮保护图形。
- ■ 【透明度】：在编辑非直角封套时，可以选中此单选按钮保护图形。
- ■ 【保真度】：设置对象适合封套的保真度。

右侧竖排：第 7 章 修剪、混合与封套扭曲

- ■ 【扭曲外观】：选中此复选框后，下方的两个复选框将被激活，可以使对象具有外观属性，对象在应用特殊效果后，也将随着发生扭曲变形。
- ■ 【扭曲线性渐变填充】：选中此复选框后，将用于扭曲对象的直线渐变填充。
- ■ 【扭曲图案填充】：选中此复选框后，将用于扭曲对象的图案填充。

图 7-67

在 Illustrator CC 中，当对一个对象使用封套时，对象将类似于被放置在一个特定形状的容器中，封套使对象的本身发生相应的变化。同时，对于应用封套后的对象，可以根据需要对其进行一定的编辑修改等。

范例应用与上机操作

手机扫描下方二维码，观看本节视频课程

通过本章的学习，读者基本可以掌握修剪、混合与封套扭曲的基本知识以及一些常见的操作方法，本小节将通过一些范例应用，如设计名片、制作篮球运动轨迹效果，练习上机操作，以达到巩固学习、拓展提高的目的。

7.4.1 设计名片

本章学习了修剪、混合与封套扭曲操作的相关知识，本例详细介绍设计名片的操作方法，来巩固和提高本章学习的内容。

素材文件	第 7 章\素材文件\logo.psd
效果文件	第 7 章\效果文件\设计名片.ai

step 1 利用【矩形工具】▢绘制两个矩形，大矩形填充白色，小矩形填充绿色，如图7-68所示。

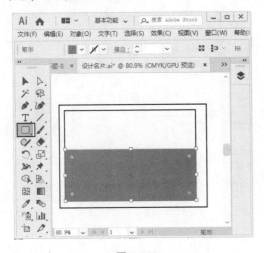

图 7-68

step 3 弹出【封套网格】对话框，设置【行数】和【列数】参数，单击【确定】按钮，如图7-70所示。

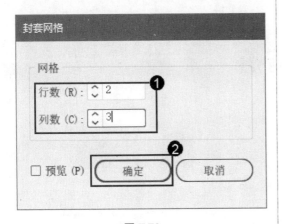

图 7-70

step 5 选择【直接选择工具】▷，在封套网格控制点上按住鼠标拖动，会出现控制柄，拖动控制柄把图形调整成如图7-72所示的形状。

step 2 选中这两个矩形，在菜单栏中选择【对象】→【封套扭曲】→【用网格建立】菜单项，如图7-69所示。

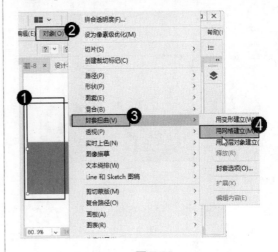

图 7-69

step 4 可以看到图形添加了封套网格，效果如图7-71所示。

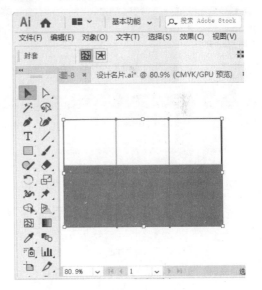

图 7-71

step 6 在菜单栏中选择【文件】→【置入】菜单项，如图7-73所示。

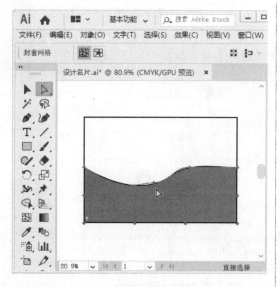

图 7-72

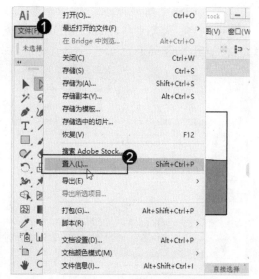

图 7-73

step 7 弹出【置入】对话框，① 选择本例的素材文件 logo.psd，② 单击【置入】按钮，如图 7-74 所示。

step 8 返回到软件的主界面中，可以看到鼠标指针变为图形缩略图形状，将其移动到合适的位置后，单击鼠标左键进行放置，如图 7-75 所示。

图 7-74

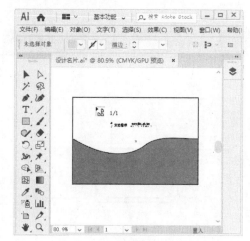

图 7-75

step 9 置入素材文件后，用户需要调整大小和位置，并将其放置到合适的位置，如图 7-76 所示。

step 10 利用【文字工具】T 输入文字，并适当地调整其大小、字体样式等，这样即可完成设计名片的操作，效果如图 7-77 所示。

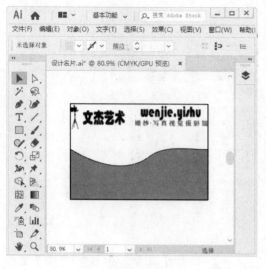

图 7-76

图 7-77

7.4.2　制作篮球运动轨迹效果

　　本章学习了修剪、混合与封套扭曲操作的相关知识，本例详细介绍制作篮球运动轨迹效果，来巩固和提高本章学习的内容。

素材文件	第 7 章\素材文件\篮球架.ai
效果文件	第 7 章\效果文件\篮球运动轨迹效果.ai

 打开本例的配套素材文件"篮球架.ai"，如图 7-78 所示。

 选择素材中的篮球，按住 Alt 键拖动复制一个篮球，然后调整其大小后放置到如图 7-79 所示的位置。

图 7-78

图 7-79

 按下 F7 键打开【图层】面板，选择如图 7-80 所示的图层。

 将篮球网图层调整到篮球图层的上面，如图 7-81 所示。

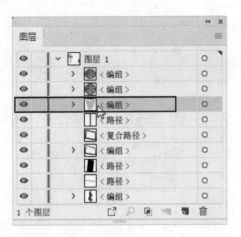

图 7-80

图 7-81

 在绘图区中可以看到篮球被调整到了篮球网的后面，效果如图 7-82 所示。

 选择【混合工具】将两个篮球进行混合，效果如图 7-83 所示。

图 7-82

图 7-83

 选择【直接选择工具】，选择混合图形之间的路径，如图 7-84 所示。

选择【锚点工具】调整路径右边的锚点，拖曳出两条控制柄，如图 7-85 所示。

图 7-84

图 7-85

再使用相同的方法调整路径左边的锚点，如图 7-86 所示。

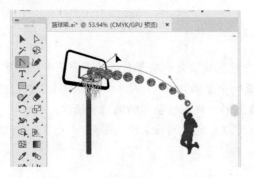

图 7-86

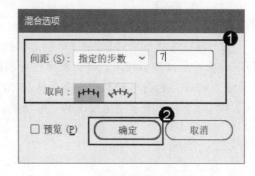 双击【混合工具】，弹出【混合选项】对话框，① 设置参数，② 单击【确定】按钮，如图 7-87 所示。

图 7-87

 至此，制作篮球运动轨迹的操作全部完成，可以看到投篮出现的篮球运动轨迹，效果如图 7-88 所示。

图 7-88

Section 7.5 本章小结与课后练习

本节内容无视频课程，习题参考答案在本书附录

Illustrator CC 具有封套扭曲、混合图形等特色功能以及【路径查找器】面板，使用它们，用户可以灵活地编辑图形，通过本章的学习，读者基本可以掌握修剪、混合与封套扭曲的基本知识以及一些常见的操作方法，下面通过练习几道习题，达到巩固与提高的目的。

一、填空题

1. 在 Illustrator CC 中，【路径查找器】面板的第一排按钮就是【形状模式】按钮，分别有联集、减去顶层、交集和差集，其共性是能够将选定的多个对象_____生成另一个新的对象。

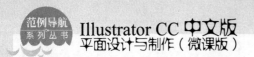

2. ＿＿＿＿是使用频率最高的一个命令，能够将选定的多个对象合并成一个对象，在合并的过程中，将互相重叠的部分删除，只留下大轮廓。

二、判断题

1. 路径查找器中的【合并】命令是根据选中对象的填充和轮廓属性的不同而有所不同，如果对象的属性都不相同，将会把所有对象组成一个整体。　　　　　（　　）
2. 混合后的图形对象是一个整体，可以像图形一样进行整体的编辑和修改。　（　　）
3. 封套扭曲除了使用预设的变形功能，也可以自定义网格来修改图形。　　（　　）

三、思考题

1. 如何替换混合轴？
2. 如何用网格建立封套扭曲？

四、上机操作

1. 通过本章的学习，读者基本可以掌握修剪、混合与封套扭曲方面的知识，下面通过练习制作立体效果文字，达到巩固与提高的目的。
2. 通过本章的学习，读者基本可以掌握修剪、混合与封套扭曲方面的知识，下面通过练习绘制太阳插画，达到巩固与提高的目的。

第8章

图层与蒙版

本章主要介绍了图层概述、编辑和管理图层、剪切蒙版方面的知识与技巧，同时还讲解了透明度效果和混合模式的相关知识，通过本章的学习，读者可以掌握图层与蒙版基础操作方面的知识，为深入学习 Illustrator CC 中文版平面设计与制作知识奠定基础。

本 章 要 点

1. 图层概述
2. 编辑和管理图层
3. 剪切蒙版
4. 透明度效果和混合模式

图层概述

手机扫描下方二维码，观看本节视频课程

在平面设计中，特别是包含复杂图形的设计中，需要在页面上创建多个对象，由于每个对象的大小不一致，小的对象可能隐藏在大的对象下面。这样，选择和查看对象就很不方便。使用图层来管理对象，就可以很好地解决这个问题。本节将详细介绍一些图层的相关知识。

8.1.1 认识【图层】面板

在 Illustrator CC 中的图层是透明层，每个文件至少包含一个图层，在每一层中可以放置不同的图像，上面的图层将影响下面的图层，修改其中的某一图层，将不会改动其他图层，所有图层叠加在一起就形成了一幅完整的图像。

在 Illustrator CC 中，【图层】面板是进行图层编辑不可缺少的工具之一，用户可以在打开一个图像后，选择菜单栏中的【窗口】→【图层】菜单项，打开【图层】面板，对图层进行创建与编辑。在【图层】面板中，右上方有两个系统按钮，分别是【折叠为图标】按钮 ⁴⁴ 和【关闭】按钮 ✕，中间显示的是图层名称，单击图层名称前的三角按钮 ，可将其展开或折叠，如图 8-1 所示。

图 8-1

【图层】面板中主要参数的含义如下。

- 【切换可视性】图标 ●：用于显示或隐藏图层。
- 【锁定】图标 🔒：表示当前图层和透明区域被锁定，不能进行编辑。
- 【定位对象】按钮 🔍：单击此按钮后，可以选中所选对象所在的图层。
- 【建立/释放剪切蒙版】按钮 ▣：单击此按钮后，可以在当前图层上建立或释放一个蒙版。

■ 【创建新子图层】按钮 ：单击此按钮后，可以为当前图层新建一个子图层。

■ 【创建新图层】按钮 ：单击此按钮后，可以在当前图层上面新建一个图层。

■ 【删除所选图层】按钮 ：单击此按钮后，可以将不需要的图层删除。

知识精讲

在 Illustrator CC 的【图层】面板中，图层颜色标记是显示图层中默认使用的颜色色样，该色样在创建时没有命名，系统将会自动依照顺序进行命名。

8.1.2 创建图层和子图层

在 Illustrator CC 中，用户可以使用【图层】面板中的功能创建图层和子图层。下面将详细介绍创建图层和子图层的操作方法。

1. 创建图层

在 Illustrator CC 中，图层可分为两种：父层和子层。所谓父层，就是平常所见的普通的图层；所谓子层，就是父层下面包含的图层。图层的最大优点就是可以方便地修改绘制的图形。下面介绍创建图层的操作方法。

step 1 打开【图层】面板，① 单击面板右上方的【菜单按钮】 ，② 在弹出的下拉菜单中选择【新建图层】菜单项，如图 8-2 所示。

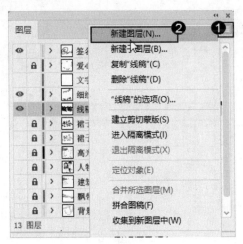

图 8-2

step 3 可以看到在【图层】面板中已经创建了一个刚刚命名的图层，这样即可完成创建图层的操作，效果如图 8-4 所示。

step 2 弹出【图层选项】对话框，① 根据需要设置【名称】和【颜色】等选项，② 单击【确定】按钮，如图 8-3 所示。

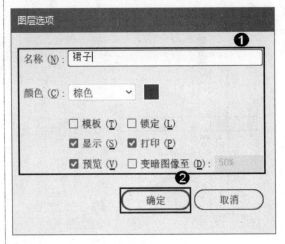

图 8-3

第 8 章 图层与蒙版

图 8-4

智慧锦囊

在 Illustrator CC 中，用户可以使用多种方法进行创建图层的操作，可以单击【图层】面板中的【创建新图层】按钮 ，也可以使用菜单命令。

考考您

请您根据上述方法，创建一个图层，测试一下您的学习效果。

2. 创建子图层

在 Illustrator CC 中，用户可以创建子图层以方便绘制图像的操作，可以单击【图层】面板中的按钮，也可以使用菜单命令。下面详细介绍创建子图层的操作方法。

step 1 打开【图层】面板，① 选中需要创建子图层的图层，② 单击面板下方的【创建新子图层】按钮 ，如图 8-5 所示。

step 2 可以看到在选择的图层下已经创建了一个子图层，这样即可完成创建子图层的操作，效果如图 8-6 所示。

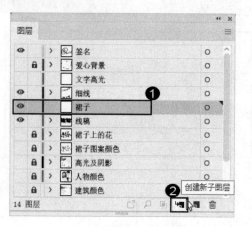

图 8-5

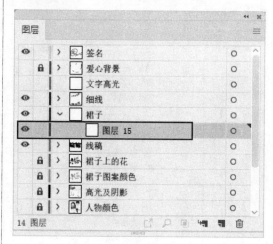

图 8-6

8.1.3 复制图层

在 Illustrator CC 中，复制图层时，将复制图层中所包含的所有对象，包括路径、编组等。下面详细介绍复制图层的操作方法。

step 1 打开【图层】面板，① 选中需要复制的图层，如选择"爱心背景"图层，② 单击面板右上方的【菜单按钮】，在弹出的下拉菜单中选择【复制"爱心背景"】菜单项，如图8-7所示。

step 2 可以看到已经复制了一个和刚刚选中的图层一样的新图层，这样即可完成复制图层的操作，如图8-8所示。

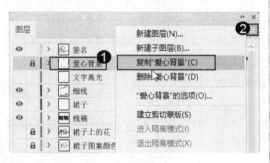

图 8-7

图 8-8

Section 8.2 编辑和管理图层

手机扫描下方二维码，观看本节视频课程

在 Illustrator CC 中，用户可以使用【图层】面板中的功能对图层进行相关编辑和管理操作，方便复杂图形的管理，如设置图层选项、选择图层、调整图层的堆叠顺序、将对象移动到其他图层、合并图层、锁定与解锁图层以及显示与隐藏图层等。

8.2.1 设置图层选项

【图层选项】对话框主要用来设置图层的相关属性，如图层的名称、颜色、显示、锁定等属性。双击某个图层，或者选择某个图层后，在【图层】面板菜单，选择"当前图层名称"的菜单项，即可打开如图8-9所示的【图层选项】对话框。

图层选项

名称 (N): 建筑颜色

颜色 (C): 黄色

☐ 模板 (T)　☑ 锁定 (L)
☐ 显示 (S)　☑ 打印 (P)
☑ 预览 (V)　☐ 变暗图像至 (D): 50%

确定　　取消

图 8-9

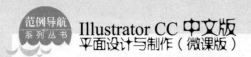

【图层选项】对话框中各选项的含义说明如下。

- 名称：设置当前图层的名称。
- 颜色：设置当前图层的颜色，可以在该下拉列表框中选择一种颜色，也可以双击右侧的颜色块，打开【颜色】面板自定义颜色。当选择图层时，该图层上的图形对象的所有锚点和路径以及定界框都将显示这种颜色。
- 模板：选中该复选框，可以将当前图层转换为图层模板。模板图层不但被锁定，而且在各种视图模式中，模板都以预览的方式清晰显示。如果选中【模板】复选框，除了【变暗图像至】复选框可用，其他的复选框都不能使用。
- 锁定：选中该复选框，当前图层处于锁定状态。
- 显示：选中该复选框，当前图层处于可见状态。
- 打印：选中该复选框，当前图层可以进行打印；若取消选中该复选框，该图层不被打印，图层的名称为斜体。
- 预览：选中该复选框，可预览当前图层的对象，若取消选中该复选框，当前图层的【切换可视性】图标变为椭圆形。当前图层中只显示图形的轮廓。
- 变暗图像至：选中该复选框，设置图像变暗的程度，即可淡化当前图层中位图图像的显示效果。该复选框只对位图有效，对矢量图则无效。

8.2.2　选择图层

如果要使用某个图层，首先要选择该图层，在 Illustrator CC 中选择图层的操作方法非常简单，直接在要选择的图层名称处单击，即可将其选择。选择的图层将显示为蓝色，并在该图层名称的右上角显示一个三角形标记。按下键盘上的 Shift 键击图层的名称可以选择邻近的多个图层。按下键盘上的 Ctrl 键单击图层的名称可以选择或取消选择任意图层。选择图层的效果如图 8-10 所示。

图 8-10

　　按下键盘上的 Ctrl+Alt 组合键的同时单击【图层】面板中的任意位置，可以看到在【图层】面板周围出现一个粗黑的边框，这时可以使用键盘上的数字值，来选择与之对应的图层。比如按下键盘上的 1 键，即可选择图层 1。

8.2.3　调整图层的堆叠顺序

在 Illustrator CC 中，用户可以改变图层的堆叠顺序，从而方便用户编辑所绘制的图形。下面详细介绍调整图层堆叠顺序的操作方法。

step 1　打开【图层】面板，选择需要改变顺序的图层，按住鼠标并将其拖动至适当的图层之上，如图 8-11 所示。

step 2　释放鼠标即可看到图层顺序已经改变，这样即可完成调整图层堆叠顺序的操作，如图 8-12 所示。

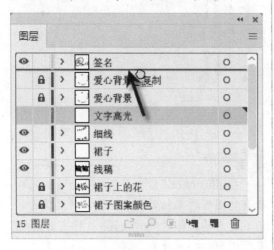

图 8-11

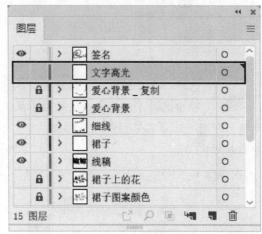

图 8-12

知识精讲

用户在 Illustrator CC 中改变图层堆叠顺序时，随着图层的移动，层上所有物体也将随之移动，同一层物体的前后顺序不会被改变，不同层的物体顺序随着层的顺序的改变而发生改变，同时显示顺序也会改变。

8.2.4　将对象移动到其他图层

利用【图层】面板可以将一个整体对象的不同部分放置在不同的图层上，以方便复杂图形的管理。由于图形位于不同的图层上，有时需要在不同的图层间移动对象。下面将分别详细介绍两种将对象移动到其他图层的操作方法。

1.　命令法

用户可以通过【编辑】→【剪切】菜单项、【编辑】→【粘贴】菜单项，将图形对象移动到目标图层上。下面详细介绍其操作方法。

step 1　在文档中选择要移动的图形对象，也可以按住键盘上的 Alt 键的同时单击【图层】面板中的图层、组或对象，以选择要移动的对象，如图 8-13 所示。

step 2　在菜单栏中选择【编辑】→【剪切】菜单项，如图 8-14 所示。

图 8-13

图 8-14

step 3 选择一个目标图层，然后在菜单栏中选择【编辑】→【粘贴】菜单项，即可将图形对象移动到目标图层中，如图 8-15 所示。

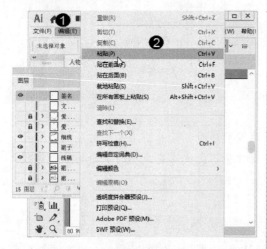

图 8-15

智慧锦囊

在 Illustrator CC 中，使用【粘贴】菜单项会将图形对象粘贴到目标图层的最前面，而且是当前文档的中心位置。这样有时会打乱原图形的整体效果，这时可以应用【贴在前面】和【贴在后面】菜单项。

考考您

请您根据上述方法，创建一个图层，测试一下您的学习效果。

2. 拖动法

使用拖动法移动图形对象时，目标图层不能为锁定的图层。下面详细介绍使用拖动法将对象移动到其他图层的操作方法。

step 1 首先选择需要移动的图形对象(如果要选择某层上的所有对象，可以按住 Alt 键的同时单击该图层)，可以在【图层】面板中当前图形所有层的右侧看到一个彩色的方块，然后按住鼠标拖动彩色方块到目标图层上，如图 8-16 所示。

step 2 当看到一个空心的彩色方块时释放鼠标，即可将选择的图形对象移动到目标图层上，如图 8-17 所示。

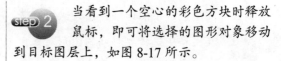

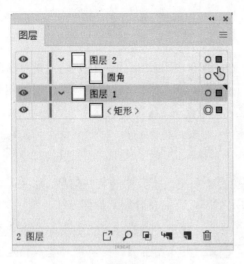

图 8-16

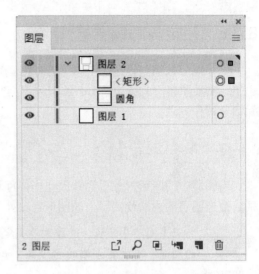

图 8-17

如果按住 Alt 键拖动彩色方块，可以将对象复制到目标图层中。如果想使用拖动法将图形移动到目标图层中，需要在按住 Ctrl 键的同时拖动图形。

8.2.5　合并图层

在 Illustrator CC 中，允许用户将两个或者多个图层合并到一个图层上，可以使用展开菜单中的【合并所选图层】菜单项合并图层。下面详细介绍合并图层的操作方法。

step 1 打开【图层】面板，❶选中需要合并的图层，❷单击面板右上方的【菜单按钮】≡，❸在弹出的下拉菜单中选择【合并所选图层】菜单项，如图 8-18 所示。

step 2 通过以上步骤即可完成合并图层的操作，效果如图 8-19 所示。

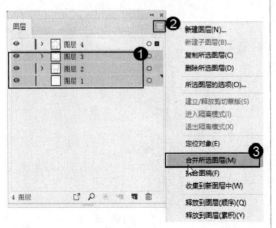

图 8-18

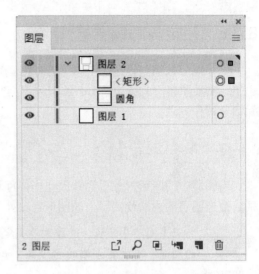

图 8-19

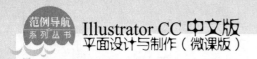

8.2.6 锁定与解锁图层

如果图层被锁定，光标在该页上时将变为打叉的铅笔，同时在编辑列中也将出现打叉的铅笔。如果图层没有锁定，那么编辑列将为空。下面将分别详细介绍锁定与解锁图层的相关知识及操作方法。

1. 锁定图层

当图层中的图形对象已经修改完毕，为了避免不小心更改了其中的某些信息，那么可以采用锁定图层的方法使图层上的图形对象处于锁定状态。下面将介绍其操作方法。

step 1 打开【图层】面板，选择需要锁定的图层，单击其左侧的空方格，如图 8-20 所示。

step 2 可以看到该图层上会出现一个【锁定】图标 🔒，这样即可完成锁定图层的操作，如图 8-21 所示。

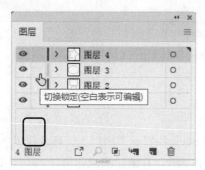

图 8-20

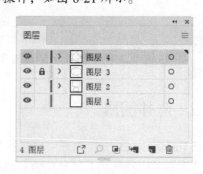

图 8-21

2. 解锁图层

在 Illustrator CC 中，锁定图层后，用户还可以再将图层进行解锁，从而方便用户编辑图像。下面将详细介绍解锁图层的操作方法。

step 1 打开【图层】面板，选择需要解锁的图层，单击其左侧的【锁定】图标 🔒，如图 8-22 所示。

step 2 通过以上步骤即可完成解锁图层的操作，如图 8-23 所示。

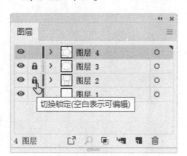

图 8-22

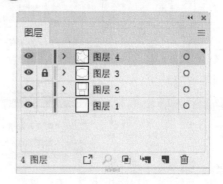

图 8-23

当处理多个图层时，经常可能会无意修改了非当前活动图层中的图形对象。为了限制选择范围，并且只编辑当前活动图层，可以选择【图层】面板菜单中的【锁定其他图层】菜单项将其锁定。

8.2.7 显示与隐藏图层

当在 Illustrator CC 中处理具有多个图层的图像时，常常需要查看某个层或者某些层，而把其他层暂时隐藏起来，下面将分别详细介绍隐藏与显示图层的操作方法。

1. 隐藏图层

隐藏图层后，图层中的对象将不在绘图区中显示，在设计复杂图形时，可将其快速隐藏。下面详细介绍隐藏图层的操作方法。

 打开【图层】面板，选择需要隐藏的图层，单击其左侧的【切换可视性】图标 ◉ ，如图 8-24 所示。

 通过以上步骤即可完成隐藏图层的操作，如图 8-25 所示。

图 8-24

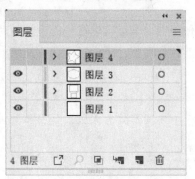

图 8-25

2. 显示图层

在 Illustrator CC 中，隐藏图层后，图层中的对象将不在绘图区中显示，用户可再将其显示出来并进行绘制。下面详细介绍显示图层的操作方法。

 打开【图层】面板，选择需要显示的图层，单击其最左侧的空方格，如图 8-26 所示。

 通过以上步骤即可完成显示图层的操作，如图 8-27 所示。

图 8-26

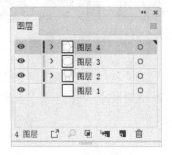

图 8-27

如果想快速隐藏当前图层以外的其他所有图层，可以从【图层】面板菜单中，选择【隐藏其他图层】菜单项，即可将除了当前图层以外的其他图层隐藏。

Section
8.3

剪切蒙版

手机扫描下方二维码，观看本节视频课程

在 Illustrator CC 中，用户可以将一个对象制作为蒙版，使其内部变得完全透明，而将其他部分遮住，这样即可显示出下面的被蒙版对象，从而使图像达到满意的效果。本节将详细介绍剪切蒙版的相关知识及操作方法。

8.3.1 创建剪切蒙版

使用图像蒙版可以在视图中控制对象的显示区域，蒙版的形状可以是在 Illustrator CC 中绘制的任意形状。下面详细介绍创建剪切蒙版的操作方法。

step 1 打开一个图像，① 在工具箱中单击【椭圆工具】 ◯，② 在绘图区绘制一个椭圆形作为蒙版，如图 8-28 所示。

step 2 ① 在工具箱中，选择【直接选择工具】 ▷，② 选中图像和制作的椭圆形，如图 8-29 所示。

图 8-28

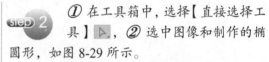

图 8-29

step 3 在菜单栏中选择【对象】→【剪切蒙版】→【建立】菜单项，如图 8-30 所示。

step 4 通过以上步骤即可完成创建剪切蒙版的操作，效果如图 8-31 所示。

图 8-30

图 8-31

8.3.2　添加对象到蒙版

在 Illustrator CC 中，用户创建剪切蒙版后，可添加新的对象到蒙版，从而使绘制的图像更加丰富多彩。下面详细介绍添加对象到蒙版的操作方法。

step 1　选中需要添加的对象，在菜单栏中选择【编辑】→【剪切】菜单项，如图 8-32 所示。

step 2　使用直接选择工具框选住蒙版，在菜单栏中选择【编辑】→【贴在前面】菜单项，如图 8-33 所示。

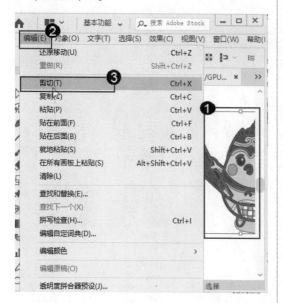

图 8-32

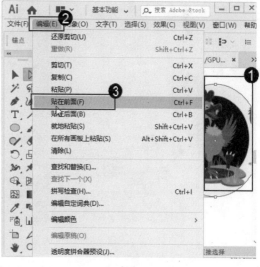

图 8-33

step 3　可以看到已经将准备添加的对象添加到蒙版的上面，这样即可完成添加对象到蒙版的操作，如图 8-34 所示。

图 8-34

8.3.3 释放剪切蒙版

如果要取消当前蒙版，可以进行释放剪切蒙版的操作。下面详细介绍其操作方法。

 选中准备进行释放的剪切蒙版，然后在菜单栏中选择【对象】→【剪切蒙版】→【释放】菜单项，如图 8-35 所示。

step 2 可以看到选择的剪切蒙版已被取消，这样即可完成释放剪切蒙版的操作，如图 8-36 所示。

图 8-35

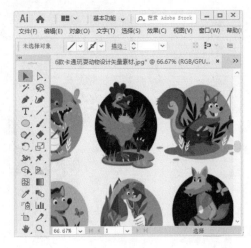

图 8-36

 在 Illustrator CC 中，选中准备释放的剪切蒙版，然后打开【图层】面板，单击【建立/释放剪切蒙版】按钮，也可以释放剪切蒙版。

透明度效果和混合模式

透明度是 Illustrator CC 中对象的一个重要外观属性。通过设置透明度，绘图页面上的对象可以是完全透明、半透明或者不透明 3 种状态。在【透明度】面板中，可以给对象添加不透明度，还可以改变混合模式，从而制作出新的效果。本节将详细介绍有关透明度效果和混合模式方面的知识。

8.4.1 认识【透明度】面板

在 Illustrator CC 中，用户可以在菜单栏中选择【窗口】→【透明度】菜单项，打开【透明度】面板，使用【透明度】面板中的各种选项属性和下拉菜单中的命令进行编辑图像的操作，如图 8-37 所示。

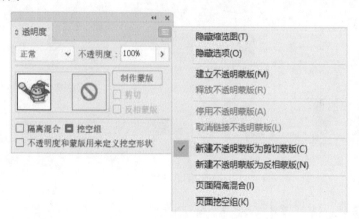

图 8-37

【透明度】面板和下拉菜单中主要选项说明如下。

- 【隔离混合】复选框：可以使不透明度设置只影响当前组合或图层中的其他对象。
- 【挖空组】选项：可以使不透明度设置不影响当前组合或图层中的其他对象，但背景对象仍然受影响。
- 【不透明度和蒙版用来定义挖空形状】复选框：可以使用不透明蒙版来定义对象的不透明度所产生的效果。
- 【建立不透明蒙版】菜单项：可将蒙版的不透明度设置应用至所覆盖的所有对象中。
- 【释放不透明蒙版】菜单项：可将制作的不透明蒙版释放，将其恢复至原来的效果。
- 【停用不透明蒙版】菜单项：可以将不透明蒙版禁用。
- 【取消链接不透明蒙版】菜单项：可将蒙版对象和被蒙版对象之间的链接关系取消。

8.4.2 混合模式

在 Illustrator CC 中，【透明度】面板提供了 16 种混合模式，其中包括【正常】、【变暗】、【正片叠底】、【颜色加深】、【变亮】、【滤色】、【颜色减淡】、【叠加】、【柔光】、【强光】、【差值】、【排除】、【色相】、【饱和度】、【混色】、【明度】模式，用户可以根据实际需求选择混合模式，使图像达到最满意的效果，如图 8-38 所示。

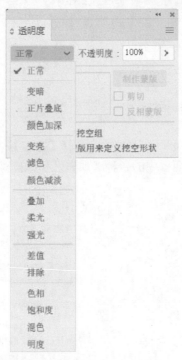

图 8-38

在图像上绘制一个星形并保持选择状态，如图 8-39 所示。

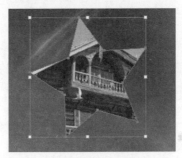

图 8-39

分别选择不同的混合模式，可以观察图像的不同变化，效果如图 8-40 所示。

图 8-40

8.4.3 创建和编辑不透明蒙版

不透明蒙版可以制作出透明过渡效果，通过蒙版图形来创建透明度过渡，用作蒙版的图形颜色决定了透明的程度。下面将分别详细介绍创建和编辑不透明蒙版的相关知识及操作方法。

1. 创建不透明蒙版

如果蒙版为黑色，则蒙版后将完全不透明；如果蒙版为白色，则蒙版后将完全透明。介于白色与黑色之间的颜色，将根据其灰度的级别显示为半透明状态，级别越高则越不透明。下面详细介绍创建不透明蒙版的操作方法。

step 1 首先要在进行蒙版的图形对象上，绘制一个蒙版图形，并将其放置到合适的位置，这里为了更好地说明颜色在蒙版中的应用，特意使用黑白渐变填充蒙版图形，然后将这两个图形全部选中，如图 8-41 所示。

step 2 单击【透明度】面板右上角的【菜单按钮】▤，在弹出的下拉菜单中选择【建立不透明蒙版】菜单项，如图 8-42 所示。

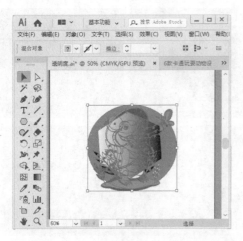

图 8-41

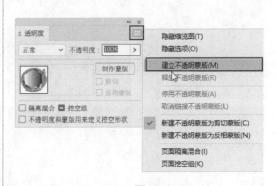

图 8-42

step 3 可以看到已经将选择的图形对象进行了蒙版处理，这样即可完成创建不透明蒙版的操作，如图 8-43 所示。

图 8-43

智慧锦囊

如果想取消建立的不透明蒙版，可以在【透明度】面板的菜单中，选择【释放不透明蒙版】菜单项即可。

考考您

请您根据上述方法，进行创建不透明蒙版的操作，测试一下您的学习效果。

2. 编辑不透明蒙版

制作完不透明蒙版后，如果不满意蒙版效果，还可以在不释放不透明蒙版的情况下，对蒙版图形进行编辑修改。创建不透明蒙版后的【透明度】面板如图 8-44 所示。其中主要选项说明如下。

- 原图：显示要蒙版的图形预览，单击该区域将选择原图形。
- 指示不透明蒙版链接到图稿：该按钮用来链接蒙版与原图形，以便在修改时同时修改。单击该按钮可以取消链接。
- 蒙版图形：显示用来蒙版的蒙版图形，单击该区域可以选择蒙版图形，选择效果如图 8-45 所示。如果按住 Alt 键的同时单击该区域，将选择蒙版图形，并且只显示蒙版图形效果，选择效果如图 8-46 所示。选择蒙版图形后，可以利用相关的工具对蒙版图形进行编辑，比如放大、缩小和旋转等操作，也可以使用【直接选择工具】 修改蒙版图形的路径。

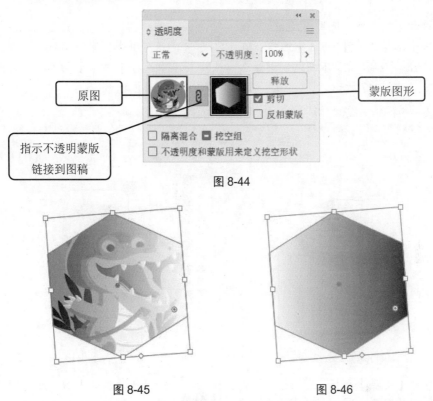

图 8-44

图 8-45　　　　　　　　图 8-46

- 释放：单击该按钮，释放不透明蒙版，原图以及渐变图形则会完整显示。
- 剪切：选中该复选框，可以将蒙版以外的图形全部剪切掉，如果取消选中该复选框，蒙版以外的图形也将显示出来。
- 反向蒙版：选中该复选框，可以将蒙版反向处理，即原来透明的区域变成不透明。

Section 8.5　范例应用与上机操作

手机扫描下方二维码，观看本节视频课程

　　通过本章的学习，读者基本可以掌握图层与蒙版的基本知识以及一些常见的操作方法，本小节将通过一些范例应用，如使用图层制作重叠效果、使用蒙版制作标志，练习上机操作，以达到巩固学习、拓展提高的目的。

8.5.1　使用图层制作重叠效果

　　在 Illustrator CC 中，用户可以使用【复制图层】菜单项，制作出具有重叠效果的图像，使设计的图像更加丰富多彩。本例详细介绍使用图层制作重叠效果的操作方法。

 第 8 章　图层与蒙版

素材文件※	第8章\素材文件\使用图层.ai
效果文件※	第8章\效果文件\制作重叠效果.ai

step 1 打开素材文件"使用图层.ai"，使用【选择工具】▶选中图像，在键盘上按下 Alt+↑组合键，不断复制图像至其厚度适中，如图 8-47 所示。

step 2 在绘图区中，① 将复制的图像全部选中并单击鼠标右键，② 在弹出的快捷菜单中选择【编组】菜单项，将图像进行编组，如图 8-48 所示。

图 8-47

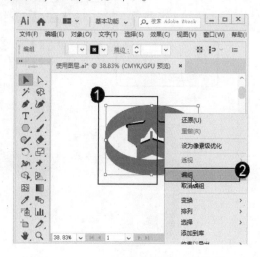

图 8-48

step 3 打开【图层】面板，① 选中需要复制的图层，② 单击【菜单按钮】▤，③ 在弹出的下拉菜单中选择【复制"图层 1"】菜单项，并重复操作至满意的重叠效果为止，如图 8-49 所示。

step 4 选择所复制的图形，然后调整其位置进行排列即可完成最终效果，这样即可完成使用图层制作重叠效果的操作，效果如图 8-50 所示。

图 8-50

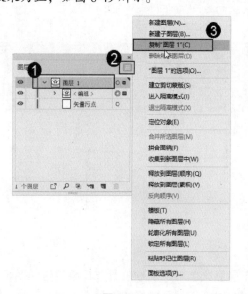

图 8-49

8.5.2　使用蒙版制作标志

本章学习了图层与蒙版的常见应用操作的相关知识，本例将详细介绍使用蒙版制作标志，来巩固和提高本章学习的内容。

素材文件	第8章\素材文件\标志.ai
效果文件	第8章\效果文件\使用蒙版制作标志.ai

step 1 打开素材文件，使用【椭圆工具】绘制一个圆形作为蒙版，然后使用直接选择工具将素材和圆形框选，如图8-51所示。

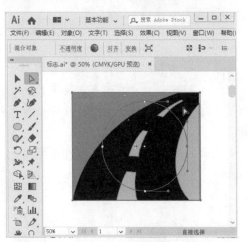

图 8-51

step 2 在菜单栏中选择【对象】→【剪切蒙版】→【建立】菜单项，如图8-52所示。

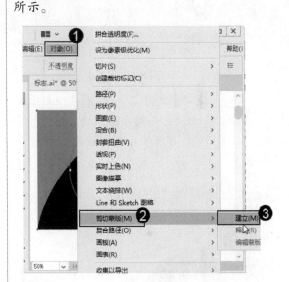

图 8-52

step 3 打开【符号】面板，选择【跑步者】符号，并将其拖动至绘图区中，如图8-53所示。

图 8-53

step 4 使用【选择工具】调整刚刚选择的符号大小和位置并将其选中，如图8-54所示。

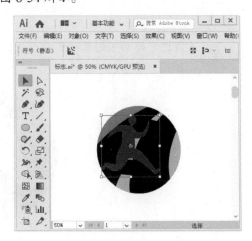

图 8-54

第8章　图层与蒙版

235

step 5 打开【透明度】面板，将【混合模式】设置为【变亮】，如图 8-55 所示。

图 8-55

step 6 绘制一个矩形并选中，然后在【图形样式】面板中选择需要的样式，如图 8-56 所示。

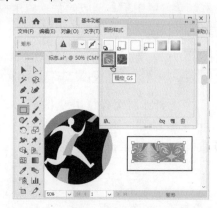

图 8-56

step 7 使用【文字工具】T 在矩形上输入文字，并对所输入的文字设置字体、字体样式、字体大小等，效果如图 8-57 所示。

图 8-57

step 8 使用【选择工具】▶ 将矩形和文字框选，然后在键盘上按下 Ctrl+7 组合键，给文字建立剪切蒙版，效果如图 8-58 所示。

图 8-58

step 9 将文字移动至图像的适当位置，这样即可完成使用蒙版制作标志的操作，最终效果如图 8-59 所示。

图 8-59

在 Illustrator CC 中，使用图层会更加方便复杂图形的操作，可以将复杂的图形操作变得轻松无比，剪切蒙版可以将一些图形或图像需要显示的部分显示出来，而将其他部分遮住。通过本章的学习，读者基本可以掌握图层与蒙版的基本知识以及一些常见的操作方法，下面通过练习几道习题，达到巩固与提高的目的。

一、填空题

1. 在 Illustrator CC 中的图层是_____，每个文件至少包含一个图层，在每一层中可以放置不同的图像，上面的图层将影响下面的图层，修改其中的某一图层，将____改动其他图层，所有图层叠加在一起就形成了一幅完整的图像。

2. 在 Illustrator CC 中，图层可分为两种：父层和子层。所谓父层，就是平常所见的普通的图层；所谓子层，就是父层下面____的图层。

3. 使用拖动法移动图形对象时，目标图层不能为_____的图层。

4. 使用图像蒙版可以在视图中控制对象的显示区域，蒙版的形状可以是在 Illustrator CC 中绘制的_____。

5. 如果蒙版为_____，则蒙版后将完全不透明；如果蒙版为_____，则蒙版后将完全透明。介于白色与黑色之间的颜色，将根据其灰度的级别显示为_____状态，级别越高则越不透明。

二、判断题

1. 在 Illustrator CC 中，【图层】面板是进行图层编辑不可缺少的工具之一，用户可以在打开一个图像后，选择菜单栏中的【窗口】→【图层】菜单项，打开【图层】面板，对图层进行创建与编辑。　　　　　　　　　　　　　　　　　　（　）

2. 在 Illustrator CC 中，复制图层时，将复制图层中所包含的部分对象，包括路径、编组等。　　　　　　　　　　　　　　　　　　　　　　　　　　　（　）

3. 利用【图层】面板可以将一个整体对象的不同部分放置在不同的图层上，以方便复杂图形的管理。由于图形位于不同的图层上，有时需要在不同的图层间移动对象。（　）

4. 当图层中的图形对象已经修改完毕，为了避免不小心再更改了其中的某些信息，那么可以采用锁定图层的方法使图层上的图形对象处于锁定状态。　　　　　　　（　）

5. 在 Illustrator CC 中，【透明度】面板提供了 16 种混合模式，其中包括【正常】、【变暗】、【正片叠底】、【颜色加深】、【变亮】、【滤色】、【颜色减淡】、【叠加】、【柔光】、【强光】、【差值】、【排除】、【色相】、【饱和度】、【混色】、【明度】模式，用户可以根据实际需求选择混合模式，使图像达到最满意的效果。　（　）

第8章 图层与蒙版

6. 不透明蒙版可以制作出透明过渡效果，通过蒙版图形来创建透明度过渡，用作蒙版的图形的明暗决定了透明的程度。　　　　　　　　　　　　　　　　　　（　　）

三、思考题

1. 如何创建图层和子图层？
2. 如何创建剪切蒙版？

四、上机操作

1. 通过本章的学习，读者基本可以掌握图层与蒙版方面的知识，下面通过练习制作婚纱卡片，达到巩固与提高的目的。

2. 通过本章的学习，读者基本可以掌握图层与蒙版方面的知识，下面通过练习制作饭店折页，达到巩固与提高的目的。

第 **9** 章

图表的设计及应用

本章主要介绍了图表、编辑图表方面的知识与技巧，同时还讲解了如何进行图表设计应用，通过本章的学习，读者可以掌握图表的设计及应用基础操作方面的知识，为深入学习 Illustrator CC 中文版平面设计与制作知识奠定基础。

本 章 要 点

1. 认识图表
2. 编辑图表
3. 图表设计应用

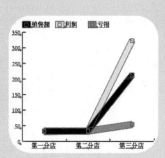

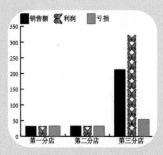

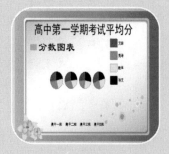

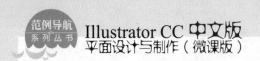

在对各种数据进行统计和比较时，为了获得更加精确、直观的效果，经常会运用图表的方式来表达。Illustrator CC 为用户提供了丰富的图表类型和强大的图表功能，使用户在运用图表进行数据统计和比较时更加方便，更加得心应手。本节将详细介绍图表的相关知识及操作方法。

9.1.1 图表的类型

在 Illustrator CC 工具箱中，使用鼠标左键单击并按住【柱形图工具】按钮 ，即可弹出图表工具组，其中有 9 种图表工具，包括【柱形图工具】、【堆积柱形图工具】、【条形图工具】、【堆积条形图工具】、【折线图工具】、【面积图工具】、【散点图工具】、【饼图工具】和【雷达图工具】，如图 9-1 所示。

图 9-1

图表工具的使用说明介绍如下。

- 柱形图工具：用来创建柱形图表。它使用一些竖排的、高度可变的矩形柱来表示各种数据，矩形的高度与数据大小成正比。

- 堆积柱形图工具：用来创建堆积柱形图表。堆积柱形图与柱形图类似，但显示的方式不同，堆积柱形图表能够显示出全部表目的总数，并将其比较。

- 条形图工具：用来创建条形图表。条形图是以水平方向上的矩形来显示图表中的数据。

- 堆积条形图工具：用来创建堆积条形图表。堆积条形图是以水平方向的矩形条来显示数据总量。
- 折线图工具：用来创建折线图表。折线图能够显示出随时间变化的发展趋势，并帮助用户把握事物发展过程，识别主要的变换特性。
- 面积图工具：用来创建面积图表。面积图可以用来表示一组或多组数据。通过不同折线连接图表中所有的点，形成面积区域，并且折线内部可填充为不同的颜色。
- 散点图工具：用来创建散点图表。散点图是一种比较特殊的数据图表。横坐标和纵坐标都是数据坐标，两组数据的交叉点形成了坐标点。
- 饼图工具：用来创建饼形图表。饼图把数据总和作为一个圆饼状进行显示，其中各组数据所占比例用不同的颜色表示，适合显示各种内部数据的比较。
- 雷达图工具：用来创建雷达图表。雷达图是以一种环形的形式对图表中的各组数据进行比较，形成比较明显的数据对比。

9.1.2 创建图表

使用图表工具可以轻松地创建图表，创建图表的方法有两种，一种是直接在文档中拖动一个矩形区域来创建图表；另一种是直接在文档中单击鼠标来创建图表。下面将分别详细介绍这两种创建图表的操作方法。

1. 拖动法创建图表

下面详细介绍使用拖动法创建图表的操作方法。

step 1 在工具箱中选择任意一种图表工具，比如选择【柱形图工具】 ，然后在不释放鼠标的情况下拖动以设定所要创建图表的外框大小，拖动效果如图 9-2 所示。

step 2 达到满意的效果时释放鼠标，系统会弹出图表数据对话框，在该对话框中可以完成图表数据的设置，如图 9-3 所示。

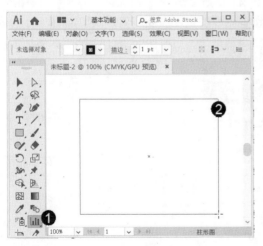

图 9-2

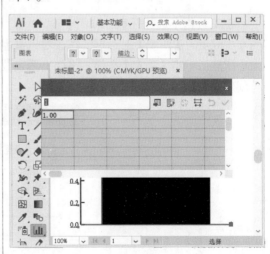

图 9-3

step 3　在图表数据对话框中，① 使用鼠标在要输入文字的单元格中单击，选定该单元格，然后在文本框中输入该单元格中要填入的数据，完成表格数据的输入，② 单击【应用】按钮 ✓，③ 单击【关闭】按钮 ✕，如图 9-4 所示。

step 4　可以看到已经完成了一个柱形图表的制作，这样即可完成使用拖动法创建图表的操作，效果如图 9-5 所示。

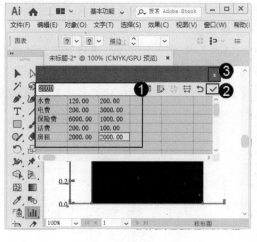

图 9-4

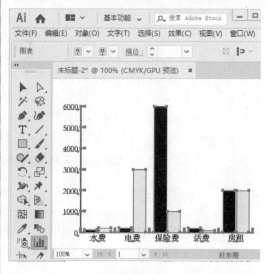

图 9-5

知识精讲

　　在选定单元格输入文字后，按下键盘上的 Enter 键，可以将选定单元格切换到同一列中的下一个单元格；按下 Tab 键，可以将选定单元格切换到同一行中的下一个单元格。使用鼠标单击的方法可以随意选定单元格。

2. 单击鼠标创建图表

　　在工具箱中选择任意一种图表工具，然后在文档的适当位置单击鼠标，系统即可弹出如图 9-6 所示的【图表】对话框。在该对话框中设置图表的宽度和高度值，以指定图表的外框大小，然后单击【确定】按钮，将弹出图表数据对话框，利用前面介绍过的方法输入数值即可创建一个指定的图表。

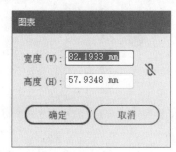

图 9-6

在 Illustrator CC 中，一个创建好的图表相当于一个图形的组合体，用户可以根据实际需求对其中的任何部分进行编辑和修改，以达到满意的效果。本节将详细介绍编辑图表的相关知识及操作方法。

9.2.1 图表的选取与颜色更改

图表创建完成之后，会自动处于选中状态，并且图表中的所有元素自动成组。可以使用直接选择工具选中图表的一部分，对其进行编辑，使得图表的显示更为生动。下面详细介绍图表的选取与颜色更改的操作方法。

step 1 创建一个图表，① 在工具箱中单击【直接选择工具】 ▷，② 选择需要改变颜色显示的柱形，如图 9-7 所示。

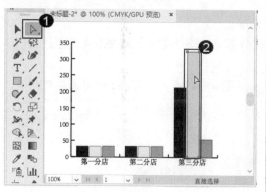

图 9-7

step 2 打开【渐变】面板，① 设置【类型】为【线性渐变】，② 为柱形选取需要的渐变颜色，如图 9-8 所示。

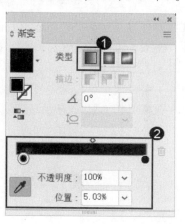

图 9-8

step 3 这样即可完成图表的选取与颜色更改的操作，效果如图 9-9 所示。

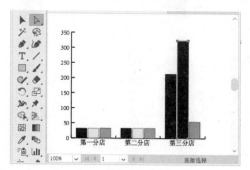

图 9-9

智慧锦囊

在 Illustrator CC 中，用户也可以对图表进行取消组合操作，但取消组合之后的图表不能再进行更改图表类型的操作。

考考您

请您根据上述方法，进行图表的选取与颜色更改的操作，测试一下您的学习效果。

第9章 图表的设计及应用

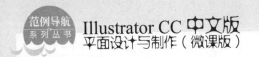

9.2.2 图表选项的更改

如果要修改图表选项，首先利用【选择工具】▶选择图表，然后在菜单栏中选择【对象】→【图表】→【类型】菜单项，或在图表上单击鼠标右键，在弹出的快捷菜单中选择【类型】菜单项，如图 9-10 所示。系统即可弹出如图 9-11 所示的【图表类型】对话框。

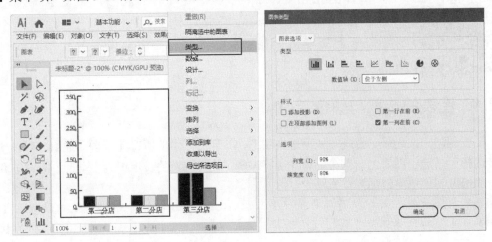

图 9-10　　　　　　　　　　　　　　　图 9-11

【图表类型】对话框中各选项的含义说明如下。

- 图表类型：在该下拉列表框中，可以选择不同的修改类型，包括图表选项、数值轴和类别轴 3 种。

- 类型：通过单击下方的图表按钮，可以转换不同的图表类型。9 种图表类型的显示效果如图 9-12 所示。

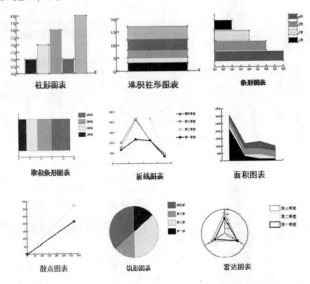

图 9-12

- 数值轴：该下拉列表框控制数值轴的位置，有【位于左侧】、【位于右侧】和【位于两侧】3 个选项供选择。选择【位于左侧】选项，数值轴将出现在图表的左侧；选择【位于右侧】选项，数值轴将出现在图表的右侧；选择【位于两侧】选项，数值轴将在图表的两侧出现。不同选项的效果如图 9-13 所示。

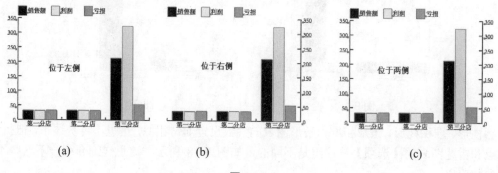

图 9-13

【数值轴】下拉列表框用来指定图表中显示数值坐标轴的位置。一般来说，Illustrator CC 可以将图表的数值坐标轴放于左侧、右侧，或者将它们对称地放于图表的两侧。但是，对于条状图表来说，可以将数值坐标轴放于图表的顶部、底部或者将它们对称地放于图表的上、下侧。此外，对于饼状图表来说该下拉列表框不能用；对于雷达图表来说，该下拉列表框只有【位于每侧】一个选项。

- 样式：该选项组中有 4 个复选框。选中【添加投影】复选框，可以为图表添加投影，如图 9-14 所示。选中【在顶部添加图例】复选框，可以将图例添加到图表的顶部而不是集中在图表的右侧，如图 9-15 所示。【第一行在前】和【第一列在前】复选框主要设置柱形图表的柱形叠放层次，需要和【选项】选项组中的【列宽】或【簇宽度】配合使用，只有当【列宽】或【簇宽度】的值大于 100%时，柱形图才能出现重叠现象，这时才可以利用【第一行在前】和【第一列在前】来调整柱形图的叠放层次。

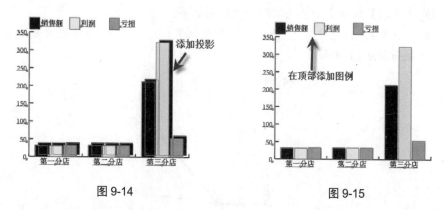

图 9-14   图 9-15

- 选项：该选项组包括【列宽】和【簇宽度】两个文本框，【列宽】文本框表示柱形图各柱形的宽度；【簇宽度】文本框表示的是柱形图各簇的宽度。下面是将【列宽】和【簇宽度】都设置为 150%时的显示效果，分别如图 9-16 和图 9-17 所示。

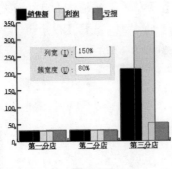

图 9-16

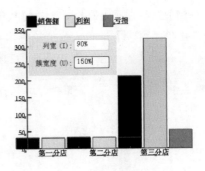

图 9-17

　　柱形、堆积柱形、条形和堆积条形图表的参数设置非常相似，这里不再赘述了，但折线、散点和雷达图表的【选项】选项组是不同的，如图 9-18 所示。这里详细介绍一下这些不同的参数应用。

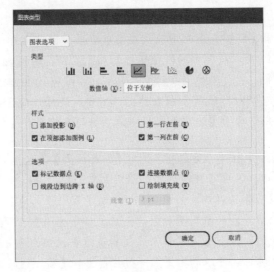

图 9-18

　　不同的【选项】选项组中各选项的含义说明如下。

■　标记数据点：选中该复选框，可以在数值位置出现标记点，以便更清楚地查看数值，效果如图 9-19 所示。

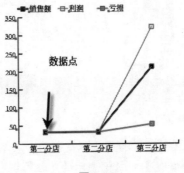

图 9-19

- 线段边到边跨 X 轴：选中该复选框，可以将线段的边缘延伸到 X 轴上，否则将远离 X 轴，效果如图 9-20 所示。

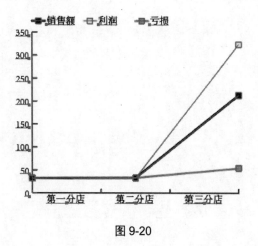

图 9-20

- 连接数据点：选中该复选框，会将数据点之间使用线连接起来，否则不连接数据线。取消选中该复选框的效果如图 9-21 所示。
- 绘制填充线：只有选中【连接数据点】复选框，此复选框才可以应用。选中该复选框后，连接线将变成填充效果，可以在【线宽】文本框中输入数值，以指定线宽。将【线宽】设置为 5pt 的效果如图 9-22 所示。

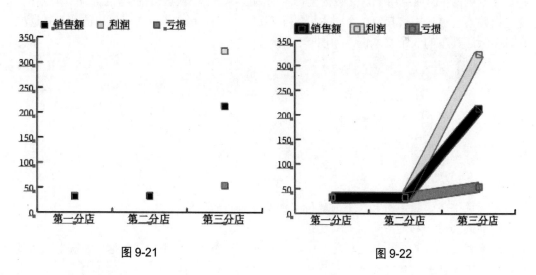

图 9-21

图 9-22

9.2.3 更改数值轴

在【图表类型】对话框中，在图表类型下拉列表框中选择几个选项，将会显示出如图 9-23 所示的几个选项组。

图 9-23

【刻度值】、【刻度线】和【添加标签】3 个选项组，主要用来设置图表的刻度以及数值。下面将分别详细介绍各选项组的应用。

1. 刻度值

【刻度值】选项组用来定义数据坐标轴的刻度数值。在默认情况下，【忽略计算出的值】复选框并不会被选中，其他 3 个文本框处于不可用状态。选中【忽略计算出的值】复选框的同时会激活其下的 3 个文本框，如图 9-24 所示。

图 9-24

- 最小值：指定图表最小刻度值，也就是原点的数值。
- 最大值：指定图表最大刻度值。
- 刻度：指定在最大值与最小值之间分成几部分。这里要特别注意，如果输入的数值不能被最大值减去最小值得到的数值整除，将出现小数。

2. 刻度线

在【刻度线】选项组中，【长度】下拉列表框控制刻度线的显示效果，包括【无】、【短】和【全宽】3 个选项。【无】表示在数值轴上没有刻度线；【短】表示在数值轴上显示短刻度线；【全宽】表示在数值轴上显示贯穿整个图表的刻度线。还可以在【绘制】文本框中输入一个数值，将数值主刻度分成若干的刻度线。不同的刻度线设置效果如图 9-25 所示。

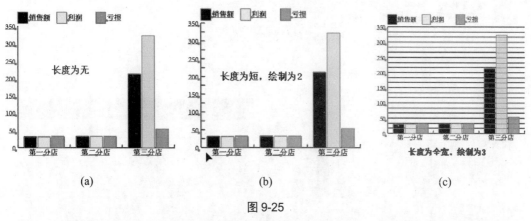

(a)　　　　　　　　　　(b)　　　　　　　　　　(c)

图 9-25

3. 添加标签

通过在【前缀】和【后缀】文本框中输入文字，可以为数值上的数据加上前缀或后缀。添加前缀和后缀效果分别如图 9-26 和图 9-27 所示。

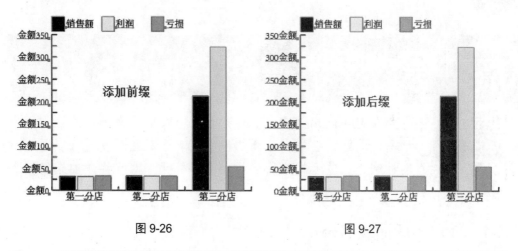

图 9-26　　　　　　　　　　　　　图 9-27

在图表类型下拉列表框中，还有【类别轴】选项，它与【数值轴】选项中的【刻度线】选项组设置方法相同，这里不再赘述。

9.2.4　编辑图表数据

要编辑已经生成的图表中的数据，可以首先使用选择工具选择该图表，然后在菜单栏中选择【对象】→【图表】→【数据】菜单项，或在图表上单击鼠标右键，在弹出的快捷菜单中选择【数据】菜单项，如图 9-28 所示，系统即可弹出图表数据对话框，如图 9-29 所示。在该对话框中用户可以对数据进行重新编辑和修改。

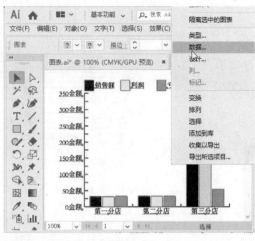

图 9-28

图 9-29

知识精讲

在图表数据对话框中，要删除多个单元格中的数据，可以用拖动的方法选取这些单元格，然后在菜单栏中选择【编辑】→【清除】菜单项即可。

Section 9.3 图表设计应用

手机扫描下方二维码，观看本节视频课程

在 Illustrator CC 中，图表不但可以显示为单一的柱形图或条形图，还可以组合成不同的显示图表，而且图表还可以通过一些设计制作，显示其他的形状或图形效果。本节将详细介绍图表设计应用的相关知识。

9.3.1 使用不同图表组合

在 Illustrator CC 中，用户可以在一个图表中组合使用不同类型的图表，从而达到特殊的效果。下面以将柱形图表中的"销售额"数据组制作成折线图表为例，来详细介绍使用不同图表组合的操作方法。

素材文件※　第9章\素材文件\图表.ai
效果文件※　第9章\效果文件\使用不同图表组合.ai

step 1　打开素材文件，选择【编组选择工具】，然后在"销售额"数据组中的任意一个柱形图上连续单击 3 次，将该组全部选中，如图 9-30 所示。

step 2　完成选中后，在菜单栏中选择【对象】→【图表】→【类型】菜单项，如图9-31 所示。

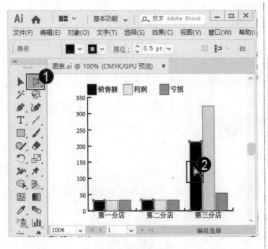

图 9-30

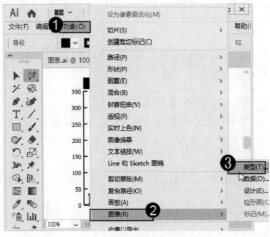

图 9-31

step 3 弹出【图表类型】对话框，① 在【类型】选项组中，单击【折线图】按钮，② 单击【确定】按钮，如图 9-32 所示。

图 9-32

step 4 返回到图表中，可以看到已经完成图表的转换。这样即可完成使用不同图表组合的操作，如图 9-33 所示。

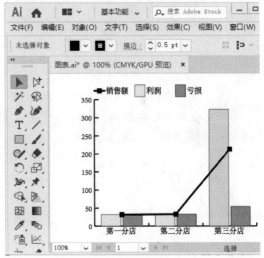

图 9-33

 要创建图表组合，必须选择一组数据中的所有对象，否则应用【类型】命令进行转换时，将不会发生任何变化。

9.3.2 设计图表图案

Illustrator CC 不仅可以使用图表的默认柱形、条形或线形图显示，还可以任意地设计图形，比如将柱形图改变成蝴蝶样式显示，这样可以使设计的图表更加形象、直观、艺术，使

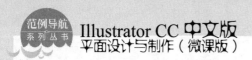
图表看起来丰富多彩。下面以【符号】面板中的蝴蝶为例，来详细介绍设计图表图案的操作方法。

素材文件	第9章\素材文件\图表.ai
效果文件	无

step 1 打开素材文件"图表.ai"，在菜单栏中选择【窗口】→【符号库】→【自然】菜单项，如图 9-34 所示。

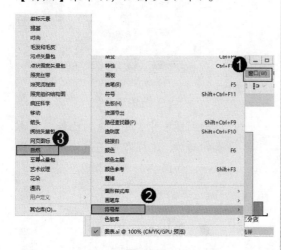

图 9-34

step 2 打开【自然】面板，选择第 1 行第 5 个符号"蝴蝶"，将其拖曳到文档中，如图 9-35 所示。

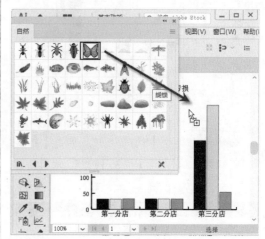

图 9-35

step 3 确认选择文档中的蝴蝶图案，然后在菜单栏中选择【对象】→【图表】→【设计】菜单项，如图 9-36 所示。

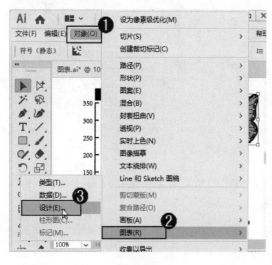

图 9-36

step 4 打开【图表设计】对话框，单击【新建设计】按钮，如图 9-37 所示。

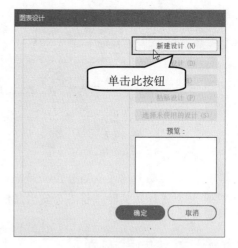

图 9-37

step 5 可以看到"蝴蝶"符号已被添加到设计框中，这样即可完成设计图表图案的操作，如图 9-38 所示。

图 9-38

智慧锦囊

在设计图案时，系统将根据图形的选择的矩形定界框大小制作图案，如果想使用某个图案的局部，可以像前面讲解过的制作图案的方法进行操作，在局部位置绘制一个没有填充和描边颜色的矩形框，然后将该矩形框利用【排列】命令，将其调整到图形的下方，再使用【设计】命令即可创建局部图案。

考考您

请您根据上述方法设计图表图案，测试一下您的学习效果。

【图表设计】对话框中各选项的含义说明如下。

- 新建设计：单击该按钮，可以将选择的图形添加到【图表设计】对话框中，如果当前文档中没有选择图形，该按钮将不可用。
- 删除设计：选择某个设计后单击该按钮，可以将该设计删除。
- 重命名：用来为设计重命名。选择某个设计后，单击该按钮将打开【重命名】对话框，在【名称】文本框中输入新的名称，单击【确定】按钮即可。
- 粘贴设计：单击该按钮，可以将选择的设计粘贴到当前文档中。
- 选择未使用的设计：单击该按钮，可以选择所有未使用的设计图案。

9.3.3 将设计应用于柱形图表

完成设计图案之后，用户就可以将设计图案应用在柱形图表中了。下面详细介绍将设计应用于柱形图表的操作方法。

素材文件 第9章\素材文件\图表.ai
效果文件 第9章\效果文件\将设计应用于柱形图表.ai

step 1 打开素材文件"图表.ai"，选择【编组选择工具】，在应用设计的柱形图中连续单击 3 次鼠标，选择柱形图中的该组柱形及图例，如图 9-39 所示。

step 2 完成选中后，在菜单栏中选择【对象】→【图表】→【柱形图】菜单项，如图 9-40 所示。

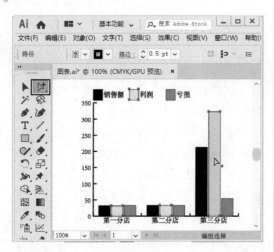

图 9-39

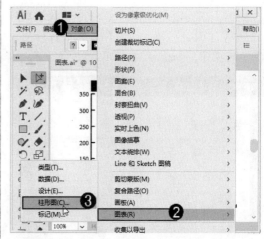

图 9-40

step 3　弹出【图表列】对话框，① 在【选取列设计】列表框中选择要应用的设计，② 设置其他参数达到需要的效果，③ 单击【确定】按钮，如图 9-41 所示。

step 4　返回到图表中，可以看到已经将设计应用于柱形图中，这样即可完成将设计应用于柱形图表的操作，效果如图 9-42 所示。

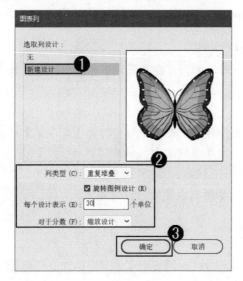

图 9-41

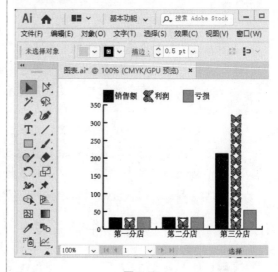

图 9-42

9.3.4　将设计应用于标记

　　设计可应用于标记却不能应用在柱形图中，也就是只能应用在带有标记点的图表中，如折线图表、散点图表和雷达图表中。下面以折线图表为例，来详细介绍将设计应用于标记的方法。

　　素材文件❀　第 9 章\素材文件\折线图表.ai
　　效果文件❀　第 9 章\效果文件\将设计应用于标记.ai

step 1　打开素材文件"折线图表.ai",选择【编组选择工具】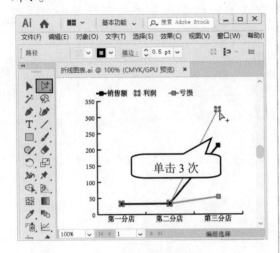,在折线图表的标记点上连续 3 次单击鼠标,选择折线图中的该组折线图标记和图例,如图 9-43所示。

图 9-43

step 3　弹出【图表标记】对话框,① 在【选取标记设计】列表框中,选择一个设计,在右侧的标记设计预览框中可以看到当前设计的预览效果,② 单击【确定】按钮,如图 9-45 所示。

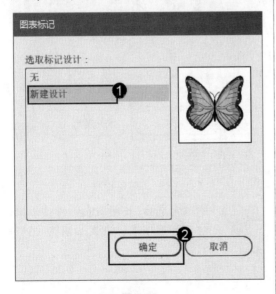

图 9-45

step 2　完成选中后,在菜单栏中选择【对象】→【图表】→【标记】菜单项,如图 9-44 所示。

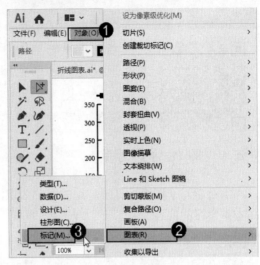

图 9-44

step 4　返回到图表中,可以看到已经将设计应用于标记。这样即可完成将设计应用于标记的操作,效果如图 9-46 所示。

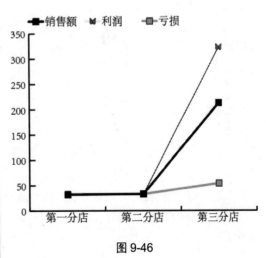

图 9-46

通过本章的学习，读者基本可以掌握图表的设计及应用的基本知识以及一些常见的操作方法，本小节将通过一些范例应用，如制作分数图表、制作图案图表，练习上机操作，以达到巩固学习、拓展提高的目的。

9.4.1　制作分数图表

本章学习了图表设计及应用的相关知识，本例将详细介绍制作分数图表，来巩固和提高本章学习的内容。

| 素材文件※ | 第9章\素材文件\01.ai |
| 效果文件※ | 第9章\效果文件\制作分数图表.ai |

step 1　新建一个文档后，选择【饼图】工具，然后在绘图区中单击鼠标，如图 9-47 所示。

step 2　弹出【图表】对话框，① 设置【宽度】和【高度】，② 单击【确定】按钮，如图 9-48 所示。

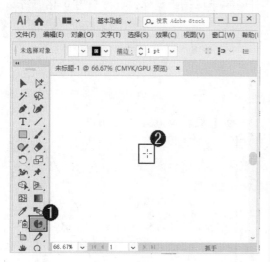

图 9-47

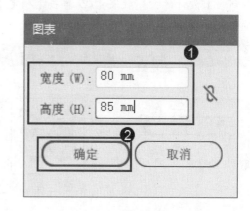

图 9-48

step 3　弹出图表数据对话框，在该对话框中输入需要的参数值，如图 9-49 所示。

step 4　输入完成后，关闭图表数据对话框，建立饼形图表，效果如图 9-50 所示。

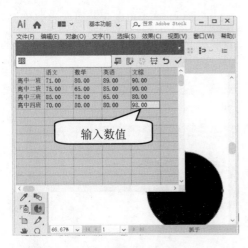

图 9-49

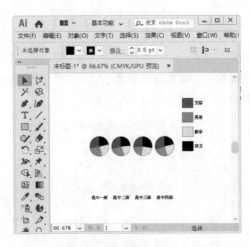

图 9-50

step 5 　打开本例的素材文件 01.ai，选择
　　　　【选择工具】▶，选取图形将其粘
贴到页面中，效果如图 9-51 所示。

step 6 　选择【选择工具】▶，选取需要的
　　　　图形，选择【对象】→【排列】→
【置于顶层】菜单项，将饼形图表置于最顶
层，效果如图 9-52 所示。

图 9-51

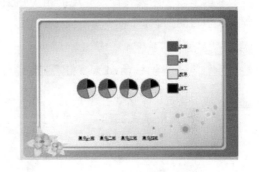

图 9-52

step 7 　选择【文字工具】T，在适当的
　　　　位置输入需要的文字。选择【选择
工具】▶，在属性栏中选择合适的字体并设
置文字大小，填充文字为黑色，效果如图 9-53
所示。

step 8 　使用相同的方法输入需要的文字，
　　　　在属性栏中选择合适的字体并设置
文字大小，填充文字为黑色，效果如图 9-54
所示。

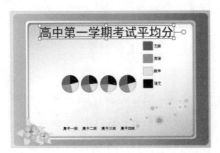

图 9-53

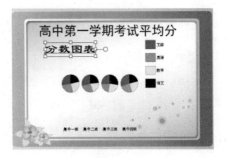

图 9-54

step 9　选择矩形工具，在页面文字左侧拖曳一个矩形，设置填充颜色为橘黄色(C、M、Y、K 的值分别为 0、35、85、0)，填充图形，设置描边颜色为无，效果如图 9-55 所示。

step 10　这样即可完成分数图表的制作，最终效果如图 9-56 所示。

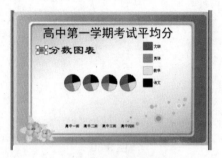

图 9-55

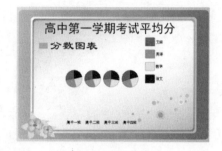

图 9-56

9.4.2　制作图案图表

本章学习了图表设计及应用的相关知识，本例将详细介绍制作图案图表，来巩固和提高本章学习的内容。

素材文件	无
效果文件	第9章\效果文件\制作图案图表.ai

step 1　选择【柱形图工具】，然后在绘图区中单击鼠标，如图 9-57 所示。

step 2　弹出【图表】对话框，① 设置【高度】和【宽度】，② 单击【确定】按钮，如图 9-58 所示。

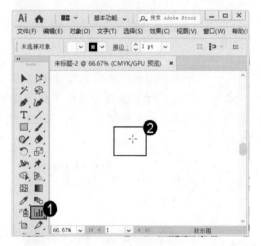

图 9-57

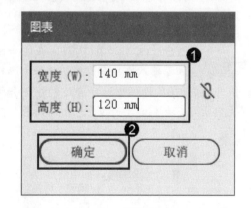

图 9-58

step 3　弹出图表数据对话框，在该对话框中输入详细的参数值，如图 9-59 所示。

step 4　输入完成后，应用并关闭图表数据对话框，建立柱形图表，效果如图 9-60 所示。

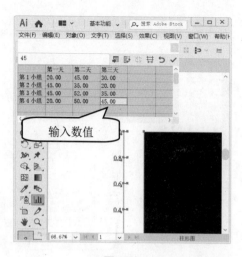

图 9-59

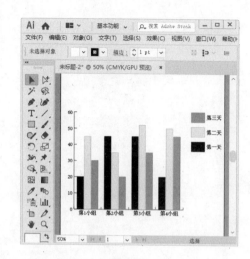

图 9-60

step 5 在菜单栏中选择【窗口】→【符号库】→【提基】菜单项，如图 9-61 所示。

step 6 打开【提基】面板，选择"植物"符号，如图 9-62 所示。

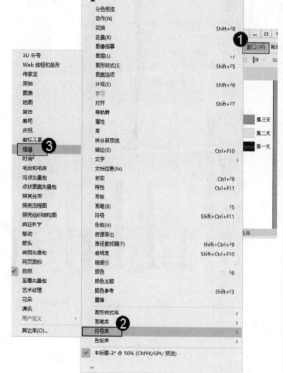

图 9-61

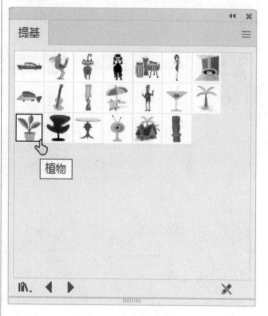

图 9-62

step 8 选择符号图形，在菜单栏中选择【对象】→【图表】→【设计】菜单项，弹出【图表设计】对话框，单击【新建设计】按钮，将会显示植物图案的预览，如图 9-64 所示。

step 7 拖曳符号到绘图页面中，效果如图 9-63 所示。

第4章 图表的设计及应用

259

图 9-63

图 9-64

step 9　单击【重命名】按钮更改图案的名称，单击【确定】按钮，完成图表图案的定义，如图 9-65 所示。

step 10　选择【选择工具】▶，使用框选的方法将图表和图案同时选中，效果如图 9-66 所示。

图 9-65

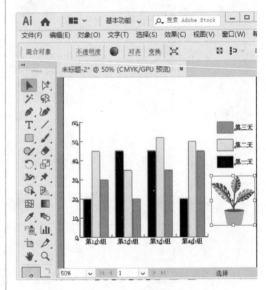

图 9-66

step 11　在菜单栏中选择【对象】→【图表】→【柱形图】菜单项，弹出【图表列】对话框，① 选择新定义的图案名称，② 在对话框中进行详细的参数设置，③ 单击【确定】按钮，如图 9-67 所示。

step 12　通过以上步骤即可完成制作图案图表的操作方法，最终效果如图 9-68 所示。

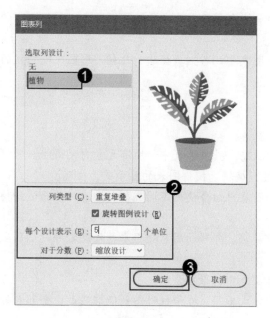

图 9-67

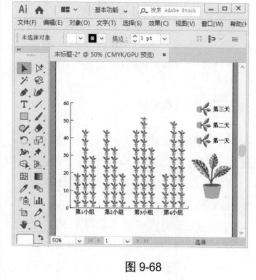

图 9-68

Section 9.5 本章小结与课后练习

本节内容无视频课程，习题参考答案在本书附录

图表工具的使用在 Illustrator CC 中是比较独立的一块。在统计和比较各种数据时，为了获得更为直观的视觉效果，通常采用图表来表达数据。通过本章的学习，读者基本可以掌握图表的设计及应用的基本知识以及一些常见的操作方法，下面通过练习几道习题，达到巩固与提高的目的。

一、填空题

1. 【图表类型】对话框中，在图表类型下拉列表框中选择_____选项，将出现【刻度值】、【刻度线】和【添加标签】3 个选项组，主要用来设置图表的刻度以及数值。

2. Illustrator CC 不仅可以使用图表的默认柱形、条形或线形图显示，还可以是_____的设计图形，比如将柱形图改变成"蝴蝶"样式显示，这样可以使设计的图表更加形象、直观、艺术，使图表看起来丰富多彩。

3. 设计可以应用于标记却不能应用在柱形图中，只能应用在_____的图表中，如折线图表、散点图表和雷达图表中。

4. 在 Illustrator CC 工具箱中，使用鼠标左键单击并按住【柱形图工具】按钮 📊，即可弹出图表工具组，其中有____种图表工具。

5. 使用图表工具可以轻松地创建图表，创建图表的方法有两种，一种是直接在文档中拖动一个矩形区域来创建图表；另一种是直接在文档中_____来创建图表。

6. ＿＿＿＿＿＿＿＿＿把数据总和作为一个圆饼状进行显示，其中各组数据所占比例用不同的颜色表示，适合显示各种＿＿＿＿＿数据的比较。

7. ＿＿＿＿＿＿＿＿＿＿是以一种环形的形式对图表中的各组数据进行比较，形成比较明显的数据对比。

二、判断题

1. 图表创建完成之后，会自动处于选中状态，并且图表中的所有元素自动成组。可以使用直接选择工具选中图表的一部分，对它进行编辑，使得图表的显示更为生动。（　　）

2. 在 Illustrator CC 中，用户可以在一个图表中组合使用不同类型的图表，从而达到特殊的效果。（　　）

3. 散点图能够显示出随时间变化的发展趋势，并帮助用户把握事物发展过程，识别主要的变换特性。（　　）

4. 条形图是以垂直方向上的矩形来显示图表中的数据。（　　）

5. 堆积柱形图与柱形图类似，但显示的方式不同，堆积柱形图表能够显示出全部表目的总数，并将其比较。（　　）

6. 面积图可以用来表示一组或多组数据。通过不同折线连接图表中所有的点，形成面积区域，并且折线内部可填充为不同的颜色。（　　）

7. 堆积条形图是以水平方向的矩形条来显示数据总量。（　　）

三、思考题

1. 如何使用不同图表组合？
2. 如何设计图表图案？

四、上机操作

1. 通过本章的学习，读者基本可以掌握图表的设计及应用方面的知识，下面通过练习制作服装销量统计表，达到巩固与提高的目的。

2. 通过本章的学习，读者基本可以掌握图表的设计及应用方面的知识，下面通过练习制作汽车宣传单，达到巩固与提高的目的。

第**10**章

外观与效果应用

本章主要介绍外观属性、效果菜单、添加矢量效果和添加位图效果方面的知识与技巧，同时还讲解如何使用图形样式，通过本章的学习，读者可以掌握外观与效果应用方面的知识，为深入学习 Illustrator CC 中文版平面设计与制作知识奠定基础。

本 章 要 点

1. 外观属性
2. 效果菜单简介
3. 添加矢量效果
4. 添加位图效果
5. 图形样式

手机扫描下方二维码，观看本节视频课程

　　在 Illustrator CC 中，用户可以通过【外观】面板将外观属性应用于任何对象、对象组或图层。外观属性是一种美化属性，它们影响对象的外观，而不影响对象的基本结构。本节将详细介绍外观属性的相关知识及操作方法。

10.1.1　【外观】面板

　　使用外观属性的优点是，可以随时修改或删除对象的外观属性，而不影响底层对象以及在【外观】面板中应用于对象的其他属性。在菜单栏中选择【窗口】→【外观】选项，即可打开【外观】面板，如图 10-1 所示。

图 10-1

　　使用【选择工具】 ▶ 单击如图 10-2 所示的下层椭圆图形，【外观】面板则会显示应用于该椭圆形的外观属性。

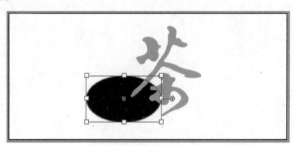

图 10-2

知识精讲

　　在 Illustrator CC 中，每个图层的对象定界框的颜色可能会有所不同，这没有关系，它取决于用户使用的操作系统及图层设置。

10.1.2 编辑属性

下面以修改如图 10-2 所示的黑色椭圆图形为例，来详细介绍使用【外观】面板编辑属性的操作方法。

step 1 ① 绘制并选中黑色椭圆图形，② 在【外观】面板中，单击【填色】属性栏中的颜色块，将会出现一个下拉按钮 ∨，单击该按钮，③ 出现一个色板列表框，在其中选择准备应用的颜色，如图 10-3 所示。

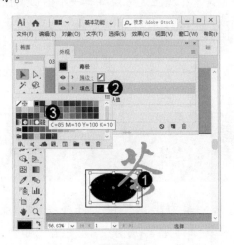

图 10-3

step 2 这样就可以在其中修改对象的填色属性，效果如图 10-4 所示。

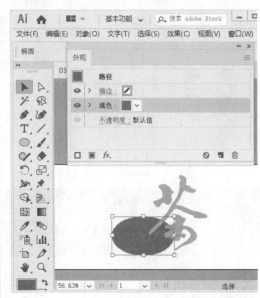

图 10-4

step 3 在【外观】面板中，单击【描边】属性栏中的 2pt 字样，将会出现【描边粗细】选项，这样即可设置描边粗细，如图 10-5 所示。

图 10-5

step 4 在【外观】面板中，① 单击【描边】字样可以展开【描边】面板，② 单击【使描边内侧对齐】按钮，按下键盘上的 Esc 键可以隐藏【描边】面板，如图 10-6 所示。

图 10-6

step 5　在【外观】面板中，① 单击【不透明度】字样可以展开一个面板，② 在【不透明度】文本框中设置参数为 50%，这样即可完成编辑属性的操作，如图 10-7 所示。

图 10-7

智慧锦囊

在【外观】面板中，单击【菜单按钮】≡，在弹出的下拉菜单中选择【显示所有隐藏的属性】菜单项，可以观察所有属性。

考考您

请您根据上述方法编辑一个图形属性，测试一下您的学习效果。

Section 10.2　效果菜单简介

手机扫描下方二维码，观看本节视频课程

　　在 Illustrator CC 中，效果菜单为用户提供了许多特殊功能，使得使用 Illustrator 处理图形更加丰富。用户可以使用滤镜和效果命令快速地处理图像，并通过对图像的变形和变色使图像更加丰富多彩。本节将详细介绍有关效果菜单的知识。

　　在 Illustrator CC 中，所有的效果命令都放置在【效果】菜单中，如图 10-8 所示。

图 10-8

在【效果】菜单中包括 3 个部分，第 1 部分是重复应用上一个效果命令，第 2 部分是应用于矢量图的效果命令，第 3 部分是应用于位图的效果命令。

在【效果】菜单中，包含了两个重复应用效果的命令，分别是【应用上一个效果】命令和【上一个效果】命令。当没有使用过任何效果时，这两个命令显示为灰色不可用的状态，当使用效果后，这两个命令将显示为上次所使用的效果命令，如图 10-9 所示。

应用 "弧形(A)" (A) Shift+Ctrl+E	应用上一个效果 Shift+Ctrl+E
弧形(A)... Alt+Shift+Ctrl+E	上一个效果 Alt+Shift+Ctrl+E

图 10-9

要特别注意的是【效果】菜单中的大部分命令不但可以应用于位图，还可以应用于矢量图形。最大的一个特点是，这些命令应用后会在【外观】面板中出现，方便再次打开相关的命令对话框进行修改。

Section 10.3　添加矢量效果

手机扫描下方二维码，观看本节视频课程

在 Illustrator CC 中的矢量效果不但使用方便，而且其使用范围也很广泛，几乎可以模拟和制作摄影、印刷与数字图像中的多种特殊效果。合理地使用 Illustrator CC 中的矢量类效果，可以制作出绚丽多彩的画面效果。本节将详细介绍添加矢量效果的相关知识及操作方法。

10.3.1　3D 效果

3D 效果可以将开放路径、封闭路径或位图对象转换为旋转、灯光和投影的三维对象，有 3 种方法可以创建 3D 效果，分别为凸出和斜角、绕转、旋转。下面将详细介绍利用这 3 种命令创建 3D 对象的操作方法。

1.　凸出和斜角

【凸出和斜角】效果用于将平面图形沿 Z 轴伸出一定的厚度，从而形成 3D 效果。下面详细介绍使用【凸出和斜角】命令创建 3D 对象的操作方法。

 在工具箱中选择【矩形工具】□，绘制一个矩形，如图 10-10 所示。

 在菜单栏中选择【效果】→3D→【凸出和斜角】菜单项，如图 10-11 所示。

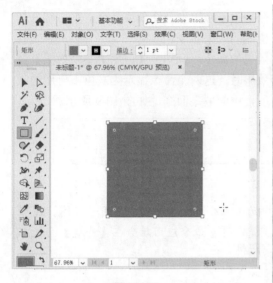

图 10-10

图 10-11

> **step 3** 弹出【3D 凸出和斜角选项】对话框，① 根据实际需要设置选项参数，② 单击【确定】按钮，如图 10-12 所示。

> **step 4** 这样即可完成使用【凸出和斜角】命令创建 3D 对象的操作，效果如图 10-13 所示。

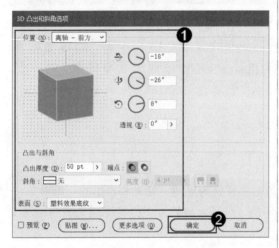

图 10-12

图 10-13

2. 绕转

在 Illustrator CC 中，使用【绕转】命令可以使平面对象沿 Y 轴进行旋转，从而形成 3D 效果。下面详细介绍使用【绕转】命令创建 3D 对象的操作方法。

> **step 1** 在工具箱中选择【画笔工具】 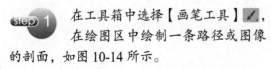，在绘图区中绘制一条路径或图像的剖面，如图 10-14 所示。

> **step 2** 完成绘制图形后，在菜单栏中选择【效果】→3D→【绕转】菜单项，如图 10-15 所示。

图 10-14

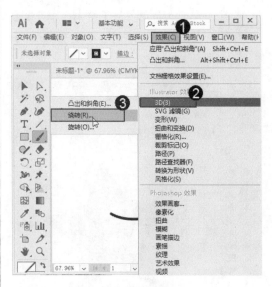

图 10-15

step 3 弹出【3D 绕转选项】对话框，① 根据实际需要设置选项参数，② 单击【确定】按钮，如图 10-16 所示。

step 4 这样即可完成使用【绕转】命令创建 3D 对象的操作，效果如图 10-17 所示。

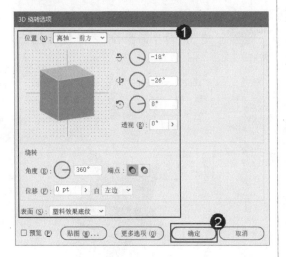

图 10-16

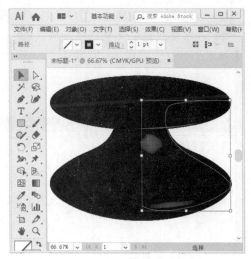

图 10-17

注意用于绕转的平面最好不要有轮廓线，因为有轮廓线会增加 3D 效果的形成时间。

3. 旋转

在 Illustrator CC 中，用户可以使用【旋转】命令使 2D 图形在 3D 空间中进行旋转，从而模拟透视的立体效果。下面详细介绍使用【旋转】命令的操作方法。

step 1　在工具箱中选择【星形工具】 ☆，在绘图区中绘制一个星形图形，如图 10-18 所示。

step 2　完成绘制图形后，在菜单栏中选择【效果】→3D→【旋转】菜单项，如图 10-19 所示。

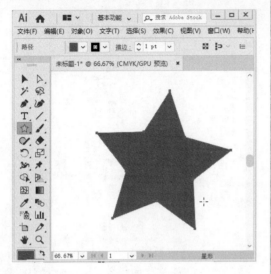

图 10-18

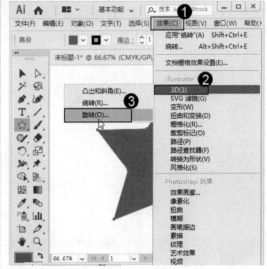

图 10-19

step 3　弹出【3D 旋转选项】对话框，① 根据实际需要设置选项参数，② 单击【确定】按钮，如图 10-20 所示。

step 4　这样即可完成使用【旋转】命令创建 3D 对象的操作，效果如图 10-21 所示。

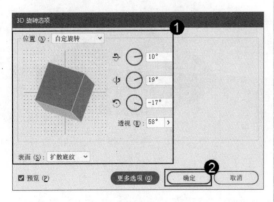

图 10-20

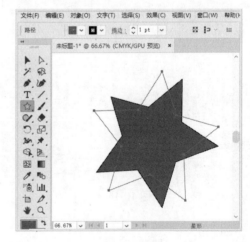

图 10-21

10.3.2　【SVG 滤镜】效果

SVG 是将图像描述为形状、路径、文本和滤镜效果的矢量格式，其生成的文件很小，用户可在不损失图像的锐利程度、细节和清晰度的情况下，放大 SVG 图像的视图。在 Illustrator CC 中，【SVG 滤镜】菜单的子菜单中包含很多命令，使用后可以创建出特殊的效果，比如暗调、木纹、磨蚀和高斯模糊等，如图 10-22 所示。

图 10-22

1. 暗调

使用暗调滤镜可以创建出阴影效果。该效果的操作比较简单，创建或者选择图形后，在【效果】菜单的【SVG 滤镜】子菜单中选择暗调滤镜即可，应用【AI_暗调_1】滤镜前后的效果如图 10-23 所示。

图 10-23

2. 木纹

在 Illustrator CC 中，使用木纹滤镜可以创建出类似木纹的效果。该效果的操作比较简单，创建或者选择图形后，在【效果】菜单的【SVG 滤镜】子菜单中选择【AI_木纹】滤镜即可，效果如图 10-24 所示。

(a)   (b)

图 10-24

3. 湍流

在 Illustrator CC 中，使用湍流滤镜可以创建出类似噪波或者杂纹的效果。该效果的操作比较简单，创建或者选择图形后，在【效果】菜单的【SVG 滤镜】子菜单中选择湍流滤镜即可。应用【AI_湍流_3】滤镜前后的效果如图 10-25 所示。

(a)   (b)

图 10-25

4. 磨蚀

在 Illustrator CC 中，使用磨蚀滤镜可以创建出类似油墨画的效果。该效果的操作比较简单，创建或者选择图形后，在【效果】菜单的【SVG 滤镜】子菜单中选择磨蚀滤镜即可。应用【AI_磨蚀_3】滤镜前后的效果如图 10-26 所示。

(a)   (b)

图 10-26

5. 高斯模糊

在 Illustrator CC 中，使用高斯模糊滤镜可以创建出模糊的效果。该效果的操作比较简单，创建或者选择图形后，在【效果】菜单的【SVG 滤镜】子菜单中选择高斯模糊滤镜即可。应用【AI_高斯模糊_4】滤镜前后的效果如图 10-27 所示。

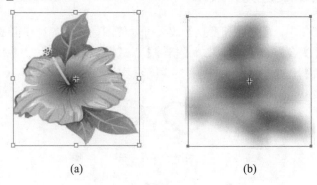

(a)   (b)

图 10-27

关于 SVG 滤镜组中其他滤镜的应用与前面介绍的几种滤镜应用操作相同，在此不再赘述，用户可以自己进行尝试应用。

10.3.3 【变形】效果

在 Illustrator CC 中，【变形】效果可以使对象扭曲或变形，可作用的对象有路径、文本、网格、混合和栅格图像。【变形】效果包括【弧形】、【拱形】、【凸出】、【凹壳】、【旗形】、【波形】、【鱼形】、【扭转】等，应用效果如图 10-28 所示。

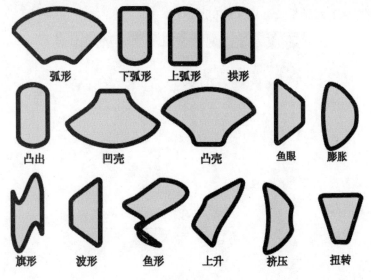

图 10-28

知识精讲

在 Illustrator CC 中，SVG 提供对文本和颜色的高级支持，可以确保用户看到的图像和 Illustrator 画板中显示的图像一样清晰。SVG 效果是一系列描述各种数学运算的 XML 属性，生成的效果会应用于目标对象而不失去原图像，如果对象需要使用多个效果，SVG 效果则必须是最后一个效果。

10.3.4 【扭曲和变换】效果

在 Illustrator CC 中，【扭曲和变换】效果可以使图像产生各种扭曲变形的效果，其中包括 7 个命令，有【变换】、【扭拧】、【扭转】、【收缩和膨胀】、【波纹效果】、【粗糙化】、【自由扭曲】几个，效果如图 10-29 所示。

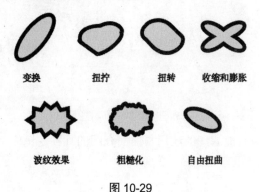

变换　　　　　扭拧　　　　　扭转　　　　收缩和膨胀

波纹效果　　　　粗糙化　　　　自由扭曲

图 10-29

10.3.5 【栅格化】效果

【栅格化】效果是用来生成像素(非矢量数据)的效果，可以将矢量图像转换为像素图像。打开或者选择需要进行栅格化的图形，然后在菜单栏中选择【效果】→【栅格化】菜单项，即可打开【栅格化】对话框，如图 10-30 所示。

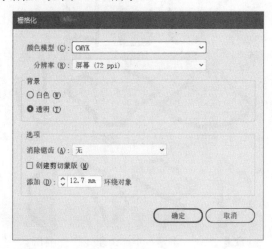

图 10-30

【栅格化】对话框中主要参数的含义如下。

■ 颜色模型：用于确定在栅格化过程中所用的颜色模型。可以产生 RGB 或 CMYK 颜色的图像(这取决于文档的颜色模式)、灰度图像或 1 位图像(黑白位图或是黑色和透明色，这取决于所选的背景选项)。

- 分辨率：用于确定栅格化图像中的每英寸像素数(ppi)。栅格化矢量对象时，选择【使用文档栅格效果分辨率】来使用全局分辨率设置。
- 背景：用于确定矢量图形的透明区域如何转换为像素。选中【白色】单选按钮可用白色像素填充透明区域，选中【透明】单选按钮可以使背景透明。如果选中【透明】单选按钮，则会创建一个 Alpha 通道(适用于除 1 位图像以外的所有图像)。如果图稿被导出到 Photoshop 中，则 Alpha 通道将被保留。
- 消除锯齿：使用消除锯齿效果，以改善栅格化图像的锯齿边缘外观。设置文档的栅格化选项时，若把该选项设置为【无】，则保留细小线条和细小文本的尖锐边缘。(该选项消除锯齿的效果要比【创建剪切蒙版】选项的效果好)。
- 创建剪切蒙版：创建一个使栅格化图像的背景显示为透明的蒙版。如果已为【背景】设置了【透明】，则不需要再创建剪切蒙版。
- 添加…环绕对象：围绕栅格化图像添加指定数量的像素。

> 栅格化矢量对象时，在【消除锯齿】下拉列表框中若选择【无】选项，则不会使用消除锯齿效果，而线稿图在栅格化时也将保留其尖锐边缘。选择【优化图稿】选项，可使用最适合无文字图稿的消除锯齿效果。选择【优化文字】选项，可使用最适合文字的消除锯齿效果。

10.3.6 【裁剪标记】效果

【裁剪标记】效果指示了所需的打印纸张剪切的位置，原图像和使用该命令后的图像效果如图 10-31 所示。

(a)　　　　　　　　　　　　(b)

图 10-31

10.3.7 【路径】效果

【路径】效果可以将对象路径相对于对象的原始位置进行偏移，也可以将文字转换为同其他图形对象一样可以进行编辑和操作的一组复合路径，将所选对象的描边更改为与原始描

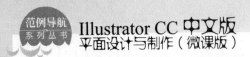

边相同粗细的填色对象。【路径】子菜单如图 10-32 所示。

图 10-32

应用【位移路径】命令的前后效果如图 10-33 所示。

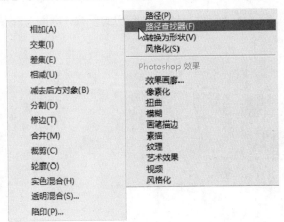

(a)   (b)

图 10-33

10.3.8 【路径查找器】效果

在 Illustrator CC 中，【路径查找器】效果可以将组、图层或子图层合并到单一的可编辑
对象中。【路径查找器】子菜单如图 10-34 所示。

图 10-34

10.3.9 【转换为形状】效果

在 Illustrator CC 中，【转换为形状】子菜单中包含 3 种命令，有【矩形】、【圆角矩形】、
【椭圆】命令，使用这 3 种命令可以把一些简单的形状转换为这 3 种形状。下面将详细介绍
应用【转换为形状】效果的操作方法。

1. 矩形

在 Illustrator CC 中，用户可以使用【转换为形状】子菜单中的【矩形】菜单项来转换对象的形状。下面详细介绍使用【矩形】菜单项转换对象形状的操作方法。

step 1 在绘图区中，随意绘制几个图形并选中，如图 10-35 所示。

图 10-35

step 2 在菜单栏中选择【效果】→【转换为形状】→【矩形】菜单项，如图 10-36 所示。

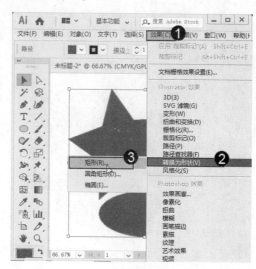

图 10-36

step 3 弹出【形状选项】对话框，① 根据实际需要设置选项参数，② 单击【确定】按钮，如图 10-37 所示。

图 10-37

step 4 这样即可完成使用【矩形】菜单项转换对象形状的操作，效果如图 10-38 所示。

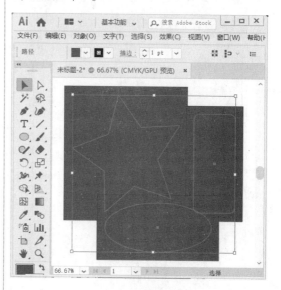

图 10-38

第二十章 外观与效果应用

277

2. 圆角矩形

在 Illustrator CC 中，用户可以使用【转换为形状】子菜单中的【圆角矩形】菜单项来转换对象的形状。下面详细介绍使用【圆角矩形】菜单项转换对象形状的操作方法。

step 1 在绘图区中，随意绘制几个图形并将它们选中，如图 10-39 所示。

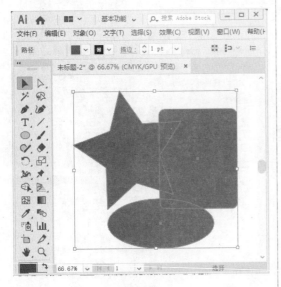

图 10-39

step 3 弹出【形状选项】对话框，① 根据实际需要设置选项参数，② 单击【确定】按钮，如图 10-41 所示。

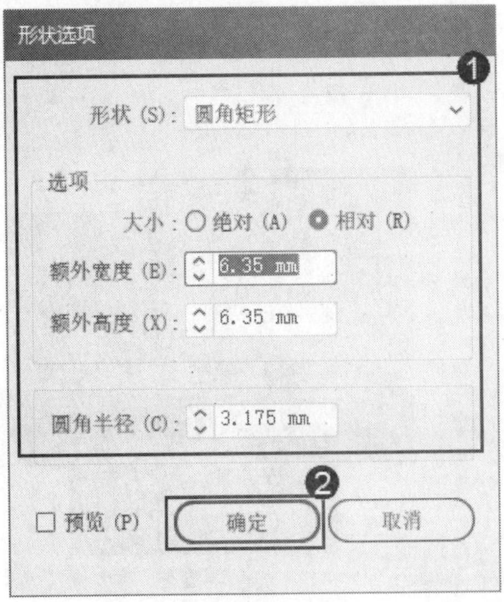

图 10-41

step 2 在菜单栏中选择【效果】→【转换为形状】→【圆角矩形】菜单项，如图 10-40 所示。

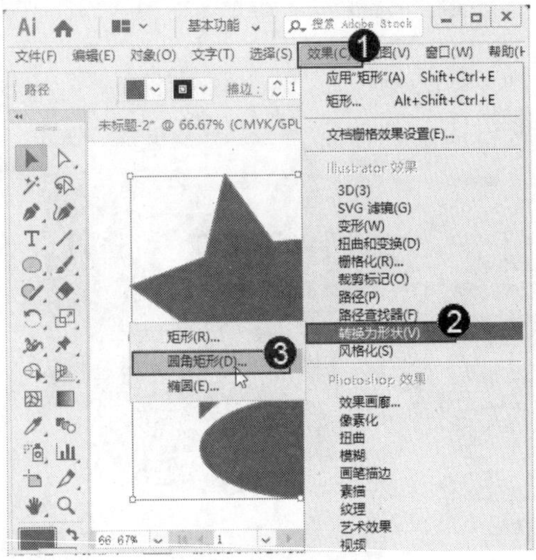

图 10-40

step 4 这样即可完成使用【圆角矩形】菜单项转换对象形状的操作，效果如图 10-42 所示。

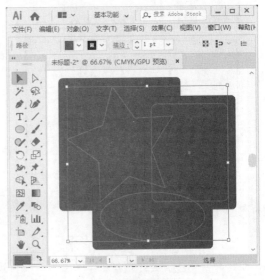

图 10-42

3. 椭圆

在 Illustrator CC 中，用户可以使用【转换为形状】子菜单中的【椭圆】菜单项来转换对象的形状。下面详细介绍使用【椭圆】菜单项转换对象形状的操作方法。

Step 1 在绘图区中，随意绘制几个图形并将它们选中，如图 10-43 所示。

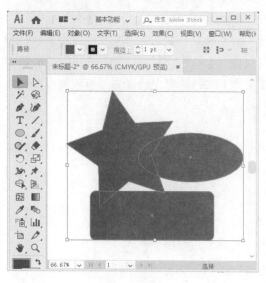

图 10-43

Step 2 在菜单栏中选择【效果】→【转换为形状】→【椭圆】菜单项，如图 10-44 所示。

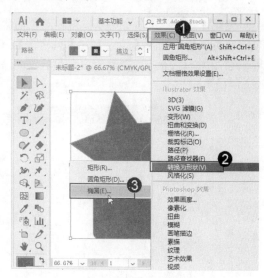

图 10-44

Step 3 弹出【形状选项】对话框，① 根据实际需要设置选项参数，② 单击【确定】按钮，如图 10-45 所示。

形状选项

形状 (S)：椭圆

选项

大小：○绝对 (A) ●相对 (R)

额外宽度 (E)：6.35 mm

额外高度 (X)：6.35 mm

圆角半径 (C)：3.176 mm

□预览 (P)   确定   取消

图 10-45

Step 4 这样即可完成使用【椭圆】菜单项转换对象形状的操作，效果如图 10-46 所示。

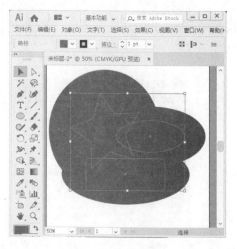

图 10-46

第二□章　外观与效果应用

279

10.3.10　【风格化】效果

在 Illustrator CC 中，【风格化】效果组可以增强对象的外观效果，其子菜单中包含 6 种命令，有【内发光】、【圆角】、【外发光】、【投影】、【涂抹】、【羽化】命令，可以创建出不同的特殊效果。下面将详细介绍应用【风格化】效果的操作方法。

1.　内发光

使用【内发光】命令可以模拟在对象内部或边缘发光的效果。选中需要设置内发光的对象，在菜单栏中选择【效果】→【风格化】→【内发光】菜单项，即可打开【内发光】对话框，如图 10-47 所示。设置选项参数后，单击【确定】按钮即可完成操作。对象的内发光效果如图 10-48 所示。

图 10-47

图 10-48

2.　圆角

使用【圆角】命令可以使带有锐角的图形生成圆角效果。选中需要设置圆角的对象，在菜单栏中选择【效果】→【风格化】→【圆角】菜单项，即可打开【圆角】对话框，如图 10-49 所示。设置选项参数后，单击【确定】按钮即可完成操作。对象的圆角效果如图 10-50 所示。

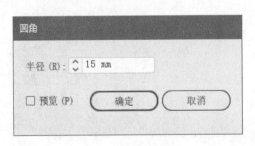

图 10-49

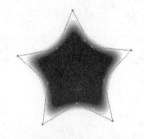

图 10-50

3.　外发光

使用【外发光】命令可以使对象的外部产生发光的效果。选中需要设置外发光的对象，在菜单栏中选择【效果】→【风格化】→【外发光】菜单项，即可打开【外发光】对话框，如图 10-51 所示。设置选项参数后，单击【确定】按钮即可完成操作。对象的外发光效果如图 10-52 所示。

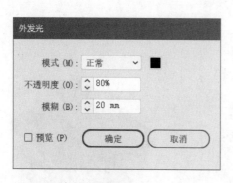

图 10-51

图 10-52

4. 投影

使用【投影】命令可以使一个图形的下方产生真实的投影效果。选中需要设置投影的对象，在菜单栏中选择【效果】→【风格化】→【投影】菜单项，即可打开【投影】对话框，如图 10-53 所示。设置选项参数后，单击【确定】按钮即可完成操作。对象的投影效果如图 10-54 所示。

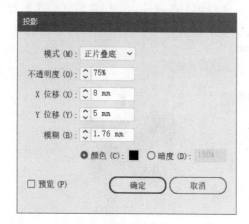

图 10-53

图 10-54

5. 涂抹

使用【涂抹】命令可以使图形转换为各种形式的草图或涂抹效果。选中需要设置涂抹的对象，在菜单栏中选择【效果】→【风格化】→【涂抹】菜单项，即可打开【涂抹选项】对话框，如图 10-55 所示。设置选项参数后，单击【确定】按钮即可完成操作。对象的涂抹效果如图 10-56 所示。

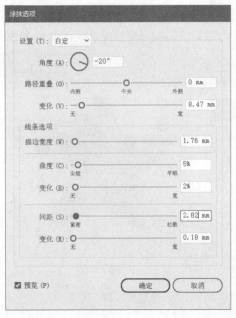

图 10-55   图 10-56

6. 羽化

使用【羽化】命令可以制作出图形边缘虚化或过渡的效果。选中需要设置羽化效果的对象，在菜单栏中选择【效果】→【风格化】→【羽化】菜单项，即可打开【羽化】对话框，如图 10-57 所示。设置选项参数后，单击【确定】按钮即可完成操作。对象的羽化效果如图 10-58 所示。

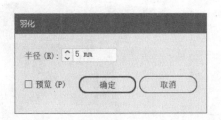

图 10-57   图 10-58

Section 10.4 添加位图效果

手机扫描下方二维码，观看本节视频课程

在 Illustrator CC 中，用户不仅可以为矢量图应用多种效果，还可以为位图应用多种效果，如【像素化】、【扭曲】、【模糊】、【画笔描边】、【素描】、【纹理】、【艺术效果】、【视频】和【风格化】效果，从而使用户获得需要的多种设计效果。本节将详细介绍位图滤镜的相关知识及操作方法。

10.4.1 【像素化】效果

【像素化】效果组包含 4 个效果，分别为【彩色半调】、【晶格化】、【点状化】和【铜版雕刻】。这组效果主要用于将图片中相似颜色对应的像素合并起来，以产生明确的轮廓或特殊的视觉效果。下面将介绍应用【像素化】效果的操作方法。

1. 彩色半调

用户可以使用【彩色半调】菜单项使图像产生类似丝网印花的特殊效果，从而使图像更加丰富多彩。下面详细介绍使用【彩色半调】菜单项改变图像效果的操作方法。

step 1 在工具箱中单击【选择工具】，选中图像，如图 10-59 所示。

step 2 在菜单栏中选择【效果】→【像素化】→【彩色半调】菜单项，如图 10-60 所示。

图 10-59

图 10-60

step 3 弹出【彩色半调】对话框，① 根据实际需要设置选项参数，② 单击【确定】按钮，如图 10-61 所示。

step 4 这样即可完成使用【彩色半调】菜单项改变图像效果的操作，效果如图 10-62 所示。

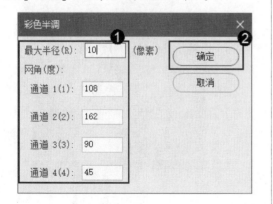

图 10-61

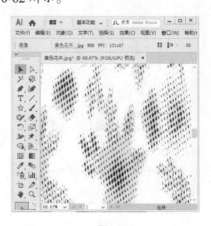

图 10-62

2. 晶格化

【晶格化】效果生成的色块是紧密连接在一起的，它会自动改变色块的形状以适应填充空隙的要求。下面详细介绍使用【晶格化】菜单项改变图像效果的操作方法。

Step 1 在工具箱中单击【选择工具】，选中图像，如图 10-63 所示。

Step 2 在菜单栏中选择【效果】→【像素化】→【晶格化】菜单项，如图 10-64 所示。

图 10-63

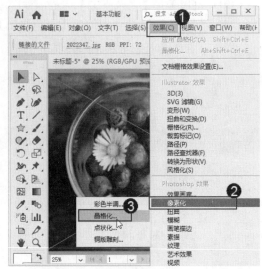

图 10-64

Step 3 弹出【晶格化】对话框，① 根据实际需要设置选项参数，② 单击【确定】按钮，如图 10-65 所示。

Step 4 这样即可完成使用【晶格化】菜单项改变图像效果的操作，效果如图 10-66 所示。

图 10-65

图 10-66

3. 点状化

用户可以使用【点状化】菜单项使图像产生类似结晶化的特殊效果，【点状化】效果将图像中颜色相近的像素合并为不规则的小块，从而使图像更加丰富多彩。下面详细介绍使用【点状化】菜单项改变图像效果的操作方法。

step 1 在工具箱中单击【选择工具】▶，选中图像，如图 10-67 所示。

图 10-67

step 2 在菜单栏中选择【效果】→【像素化】→【点状化】菜单项，如图 10-68 所示。

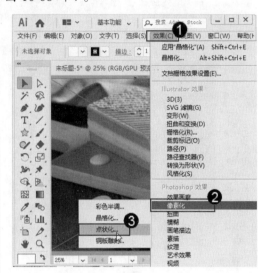

图 10-68

step 3 弹出【点状化】对话框，① 根据实际需要设置选项参数，② 单击【确定】按钮，如图 10-69 所示。

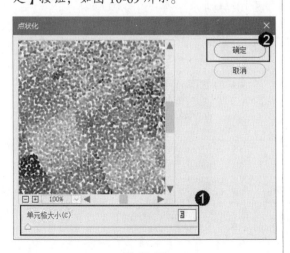

图 10-69

step 4 这样即可完成使用【点状化】菜单项改变图像效果的操作，效果如图 10-70 所示。

图 10-70

4. 铜版雕刻

【铜版雕刻】效果也是一个针对像素进行处理的操作，它可以根据图片情况产生出各种不规则的点或线，从而模拟铜版雕刻的效果。下面详细介绍使用【铜版雕刻】菜单项改变图像效果的操作方法。

 step 1 在工具箱中单击【选择工具】，选中图像，如图 10-71 所示。

step 2 在菜单栏中选择【效果】→【像素化】→【铜版雕刻】菜单项，如图 10-72 所示。

图 10-71

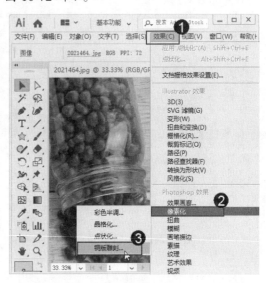

图 10-72

step 3 弹出【铜版雕刻】对话框，① 根据实际需要选择类型选项，② 单击【确定】按钮，如图 10-73 所示。

step 4 这样即可完成使用【铜版雕刻】菜单项改变图像效果的操作，效果如图 10-74 所示。

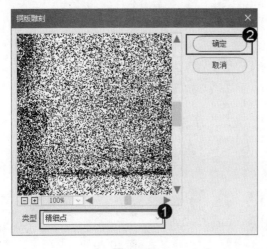

图 10-73

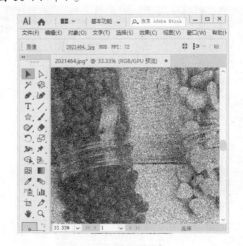

图 10-74

10.4.2 【扭曲】效果

【扭曲】效果组包含 3 个效果，分别为【扩散亮光】、【海洋波纹】和【玻璃】。这组效果大多是通过对像素进行位移或插值等操作来实现对图像的扭曲。下面将介绍应用【扭曲】效果的操作方法。

1. 扩散亮光

用户可以使用【扩散亮光】菜单项为给图像制造出一种光芒四射的效果，从而使图像的明暗对比更加强烈。下面详细介绍使用【扩散亮光】菜单项改变图像效果的操作方法。

step 1 在工具箱中单击【选择工具】，选中图像，如图 10-75 所示。

step 2 在菜单栏中选择【效果】→【扭曲】→【扩散亮光】菜单项，如图 10-76 所示。

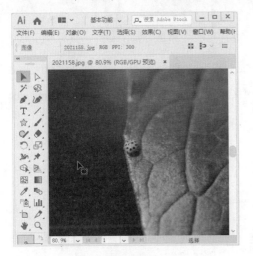

图 10-75

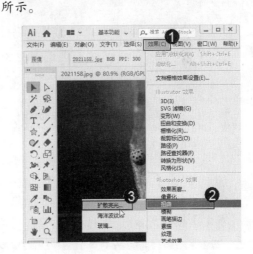

图 10-76

step 3 弹出【扩散亮光】对话框，① 根据实际需要设置选项参数，② 单击【确定】按钮，如图 10-77 所示。

step 4 这样即可完成使用【扩散亮光】菜单项改变图像效果的操作，效果如图 10-78 所示。

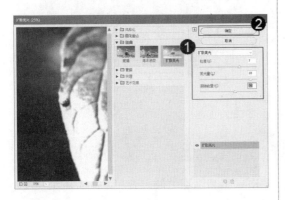

图 10-77

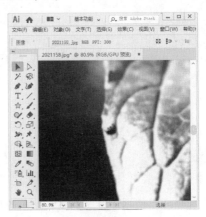

图 10-78

2. 海洋波纹

用户可以使用【海洋波纹】菜单项使图像模拟出海洋波纹的效果，从而使图像更加生动形象。下面详细介绍使用【海洋波纹】菜单项改变图像效果的操作方法。

step 1 在工具箱中单击【选择工具】，选中图像，如图 10-79 所示。

step 2 在菜单栏中选择【效果】→【扭曲】→【海洋波纹】菜单项，如图 10-80 所示。

图 10-79

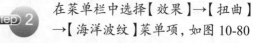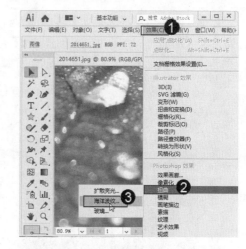

图 10-80

step 3 弹出【海洋波纹】对话框，① 根据实际需要设置选项参数，② 单击【确定】按钮，如图 10-81 所示。

step 4 这样即可完成使用【海洋波纹】菜单项改变图像效果的操作，效果如图 10-82 所示。

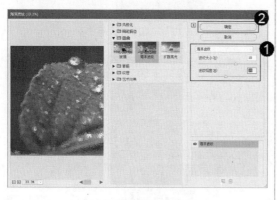

图 10-81

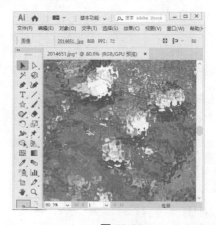

图 10-82

3. 玻璃

用户可以使用【玻璃】菜单项在图像上制作出一系列细小的纹理效果，从而使图像产生一种透过玻璃观察的效果。下面详细介绍使用【玻璃】菜单项改变图像效果的操作方法。

在工具箱中单击【选择工具】▶，选中图像，如图 10-83 所示。

图 10-83

step 3 弹出【玻璃】对话框，① 根据实际需要设置选项参数，② 单击【确定】按钮，如图 10-85 所示。

图 10-85

step 2 在菜单栏中选择【效果】→【扭曲】→【玻璃】菜单项，如图 10-84 所示。

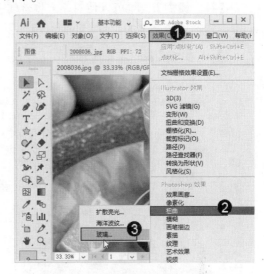

图 10-84

step 4 这样即可完成使用【玻璃】菜单项改变图像效果的操作，效果如图 10-86 所示。

图 10-86

10.4.3　【模糊】效果

　　【模糊】效果组包含 3 个效果，分别为【径向模糊】、【特殊模糊】、【高斯模糊】。其中，【特殊模糊】效果是在 Illustrator CC 中新增加的模糊效果。【高斯模糊】效果是一种传统的模糊效果，而【径向模糊】效果则可以提供带有方向性的模糊效果。下面将详细介绍应用【模糊】效果的操作方法。

1. 径向模糊

【径向模糊】效果可以使对象产生旋转模糊或中心辐射的效果，最终得到的图像类似于拍摄旋转物体所产生的照片。下面介绍使用【径向模糊】菜单项改变图像效果的方法。

 在工具箱中单击【选择工具】 ，选中图像，如图 10-87 所示。

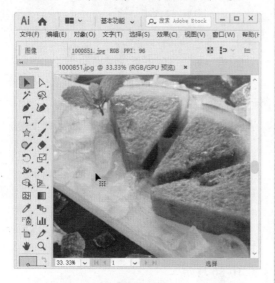

图 10-87

 在菜单栏中选择【效果】→【模糊】→【径向模糊】菜单项，如图 10-88 所示。

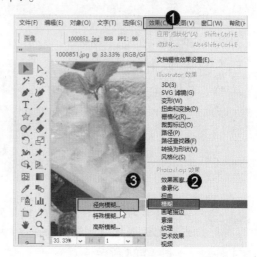

图 10-88

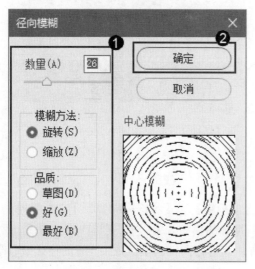

弹出【径向模糊】对话框，① 根据实际需要设置选项参数，② 单击【确定】按钮，如图 10-89 所示。

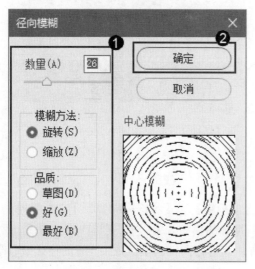

图 10-89

这样即可完成使用【径向模糊】菜单项改变图像效果的操作，效果如图 10-90 所示。

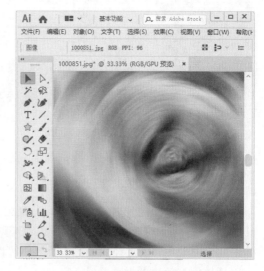

图 10-90

2. 特殊模糊

　　【特殊模糊】效果可以使对象产生特殊的模糊效果，比如在特定的对象边缘或者其他某一区域产生模糊效果。下面详细介绍使用【特殊模糊】菜单项改变图像效果的操作方法。

step 1　　在工具箱中单击【选择工具】 ▶，选中图像，如图10-91所示。

step 2　　在菜单栏中选择【效果】→【模糊】→【特殊模糊】菜单项，如图10-92所示。

图 10-91

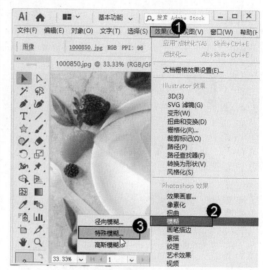

图 10-92

step 3　　弹出【特殊模糊】对话框，① 根据实际需要设置选项参数，② 单击【确定】按钮，如图10-93所示。

step 4　　这样即可完成使用【特殊模糊】菜单项改变图像效果的操作，效果如图10-94所示。

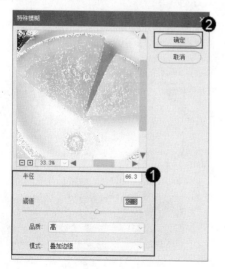

图 10-93

图 10-94

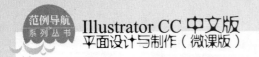
3. 高斯模糊

　　【高斯模糊】效果的作用原理是通过高斯曲线的分布模式来有选择性地模糊图像。在 Illustrator CC 中，【高斯模糊】效果使用的是钟形高斯曲线，这种曲线的特点是中间高，两边低，呈尖峰状。下面详细介绍使用【高斯模糊】菜单项改变图像效果的操作方法。

step 1　在工具箱中单击【选择工具】 ▶，选中图像，如图 10-95 所示。

step 2　在菜单栏中选择【效果】→【模糊】→【高斯模糊】菜单项，如图 10-96 所示。

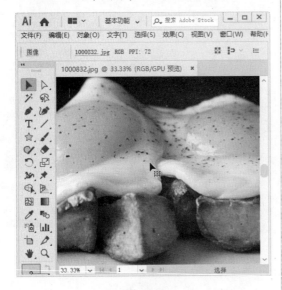

图 10-95

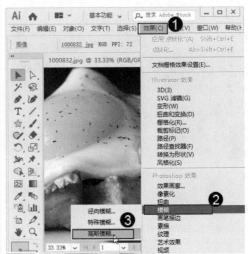

图 10-96

step 3　弹出【高斯模糊】对话框，① 根据实际需要设置选项参数，② 单击【确定】按钮，如图 10-97 所示。

step 4　这样即可完成使用【高斯模糊】菜单项改变图像效果的操作，效果如图 10-98 所示。

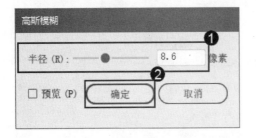

图 10-97

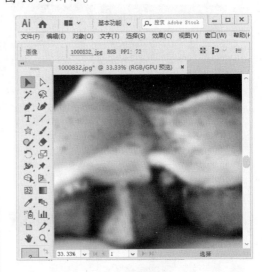

图 10-98

10.4.4 【画笔描边】效果

【画笔描边】效果组中共有 8 个效果，它们分别是【喷溅】、【喷色描边】、【墨水轮廓】、【强化的边缘】、【成角的线条】、【深色线条】、【烟灰墨】和【阴影线】，如图 10-99 所示。【画笔描边】效果组中的效果用于对对象的边缘进行处理以产生特殊的效果，使边缘产生凸现、线条化、模糊化、强化黑色、阴影或是油墨等效果。

图 10-99

应用【画笔描边】效果组中的各个效果后的图案如图 10-100 所示。

图 10-100

10.4.5 【素描】效果

【素描】效果组一共提供了 14 个效果，如图 10-101 所示。

【素描】效果组可以用于模拟现实中的素描、速写等美术手法对图像进行处理，使图像的当前背景色或前景色代替图像中的颜色，并在图像中加入底纹从而产生凹凸的立体效果，应用【素描】效果组中的各个效果后的图案如图 10-102 所示。

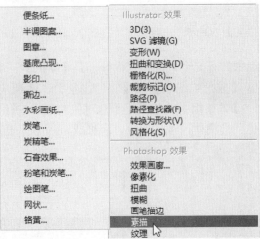

图 10-101

图 10-102

10.4.6 【纹理】效果

【纹理】效果组中共有 6 个效果。它们是【拼缀图】、【染色玻璃】、【纹理化】、【颗粒】、【马赛克拼贴】和【龟裂缝】，如图 10-103 所示。

这些效果可以使图像产生各种纹理效果，还可以使用前景色在空白的图像上制作纹理图，应用【纹理】效果组中的各个效果后的图案如图 10-104 所示。

图 10-103

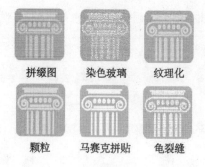

图 10-104

 　　在 Illustrator CC 中，【纹理】效果组中的【拼缀图】效果可以产生类似于瓦片的自由拼贴效果；【龟裂缝】效果可以产生裂纹效果，还可以在空白画面上直接生成裂纹效果；【马赛克拼贴】效果能够产生分布均匀，但形状不规则的马赛克效果，其作用之后的效果与【龟裂缝】效果相似，但【龟裂缝】效果的立体感较强。

10.4.7 【艺术效果】效果

在 Illustrator CC 中，【艺术效果】效果组中共包含 15 种效果，如图 10-105 所示。

图 10-105

为了使计算机中的图像更加人性化，更加具有艺术创作的痕迹，Illustrator 提供了【艺术效果】效果组，这是最重要的一个效果组。使用这个效果组，在 Illustrator 中就可以模拟使用不同介质作画时得到的特色性的"艺术"作品。应用【艺术效果】效果组中的各个效果后的图案如图 10-106 所示。

图 10-106

10.4.8　【视频】效果

【视频】效果组可以从摄像机输入图像或将 Illustrator 格式的图像输出到录像带上。可以用来解决 Illustrator 格式图像与视频图像交换时产生的系统差异的问题。实际上【视频】效果组是 Illustrator CC 的一个外部接口程序。

【视频】效果组中包括【NTSC 颜色】效果和【逐行】效果，选择菜单栏中的【效果】→【视频】菜单项即可打开【视频】效果组，如图 10-107 所示。

图 10-107

1.　【NTSC 颜色】效果

NTSC 是 National Television Standards Committee 的缩写，翻译成中文的意思就是：国家电视标准委员会，通常指的是美国的电视标准委员会。

【NTSC 颜色】效果作用原理是将颜色限制在电视再现所能接受的范围内，防止由于电视扫描线之间的渗漏导致颜色过度饱和。【NTSC 颜色】的色彩范围比 RGB 色彩模式的范围小，如果一个 RGB 图像需要转换为视频，可先对其应用【NTSC 颜色】效果。

2. 【逐行】效果

　　【逐行】效果的作用原理是通过隔行删去一幅视频图像的奇数行或偶数行，来平滑从视频上获得的移动位图图像。在【逐行】对话框中，包括【消除】和【创建新场方式】两个选项组，如图 10-108 所示。

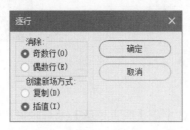

图 10-108

10.4.9　【风格化】效果

　　【风格化】效果组中只有 1 个效果，即【照亮边缘】效果，其工作原理是通过置换像素以及查找和提高图像的对比度，而产生一幅具有写实或印象派效果的图像。下面详细介绍使用【照亮边缘】效果的操作方法。

step 1　在工具箱中单击【选择工具】 ，选中图像，如图 10-109 所示。

图 10-109

step 2　在菜单栏中选择【效果】→【风格化】→【照亮边缘】菜单项，如图 10-110 所示。

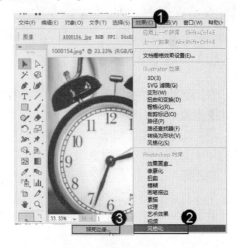

图 10-110

step 3　弹出【照亮边缘】对话框，① 根据实际需要设置选项参数，② 单击【确定】按钮，如图 10-111 所示。

step 4　这样即可完成使用【照亮边缘】菜单项改变图像效果的操作，效果如图 10-112 所示。

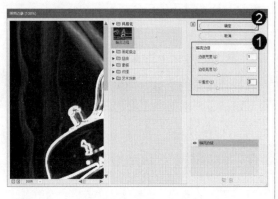

图 10-111

图 10-112

知识精讲

在 Illustrator CC 中，【照亮边缘】效果只能照亮图像中颜色对比度比较大的区域的边缘，为得到更理想的效果，处理的图像应是边缘轮廓较清晰的。

Section
10.5

图 形 样 式

手机扫描下方二维码，观看本节视频课程

在 Illustrator CC 中，图形样式是一组命名保存了的外观属性，用户可以重复使用它。通过应用不同的图形样式，可以快速、全面地修改对象和文本的外观。本节将详细介绍图形样式的相关知识及操作方法。

10.5.1 【图形样式】面板

在菜单栏中选择【窗口】→【图形样式】菜单项，即可打开如图 10-113 所示的【图形样式】面板。

用户可以使用【图形样式】面板创建、命名、存储、应用和删除各种效果和属性，并将其应用于对象、图层或对象组，还可以断开对象与图形样式之间的链接并编辑对象自身的属性，而不影响使用了同一图形样式的其他对象。

如果样式没有填色和描边，则样式的缩览图会显示为带黑色轮廓和白色填色的对象。此外，会显示一条细小的红色斜线，表示没有填色或描边，如图 10-114 所示。

图 10-113

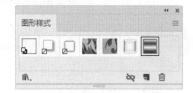

图 10-114

10.5.2 应用现有图形样式

用户可以直接从 Illustrator CC 中默认的图形样式库中选择图形样式，将其应用于图稿中。下面详细介绍应用图形样式的操作方法。

step 1 ① 选中准备应用图形样式的图形对象，② 在【图形样式】面板中单击【图形样式库菜单】按钮，如图 10-115 所示。

step 2 弹出图形样式库下拉菜单，在其中选择准备应用的样式，如选择【艺术效果】菜单项，如图 10-116 所示。

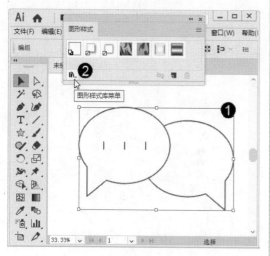

图 10-115

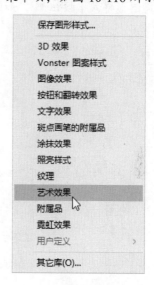

图 10-116

step 3 打开【艺术效果】面板，可以看到有多个样式，这里选择【彩色半调】样式，如图 10-117 所示。

step 4 可以看到选择的图形对象已应用了选择的样式，这样即可完成应用现有图形样式的操作，如图 10-118 所示。

图 10-117

图 10-118

第二口章 外观与效果应用

299

10.5.3 创建图形样式

当用户将一个图形对象应用任意外观属性组合之后，包括填色和描边、效果和透明度设置等，可以将其创建成一个新的图形样式，方便以后随时使用。下面详细介绍创建图形样式的操作方法。

step 1 ① 选中准备创建图形样式的图形对象，② 在【图形样式】面板中单击【新建图形样式】按钮 ，如图 10-119 所示。

step 2 此时在【图形样式】面板中可以看到一个名为"图形样式"的新图形样式，双击该图标，如图 10-120 所示。

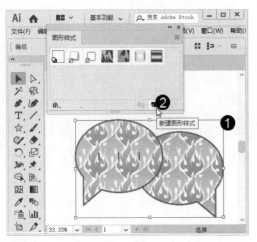

图 10-119

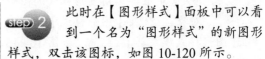

图 10-120

step 3 弹出【图形样式选项】对话框，① 在【样式名称】文本框中输入新建的图形样式名称，② 单击【确定】按钮，如图 10-121 所示。

step 4 可以看到在【图形样式】面板中新建的图形样式已被命名为刚刚输入的名称，这样即可完成创建图形样式的操作，如图 10-122 所示。

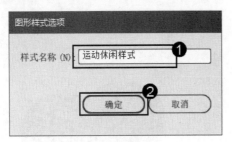

图 10-121

图 10-122

知识精讲

要创建图形样式，还可以单击已选中要用于创建图形样式的对象，在【外观】面板中，将列表顶部的外观缩览图拖曳到【图形样式】面板中去。

Section 10.6 范例应用与上机操作

手机扫描下方二维码，观看本节视频课程

通过本章的学习，读者基本可以掌握外观与效果应用的基本知识以及一些常见的操作方法，本小节将通过一些范例应用，如制作爆炸效果、绘制菊花图案、制作复古插画，练习上机操作，以达到巩固学习、拓展提高的目的。

10.6.1 制作爆炸效果

本章学习了外观与效果应用操作的相关知识，本例将详细介绍制作爆炸效果的方法，来巩固和提高本章学习的内容。

素材文件	无
效果文件	第10章\效果文件\制作爆炸效果.ai

step 1 按下键盘上的 F7 键，打开【图层】面板，单击面板右下角的【新建图层】按钮，新建"图层 1"，如图 10-123 所示。

图 10-123

step 2 利用【矩形工具】绘制一个黑色矩形，并在绘图区空白位置单击取消选择图形，如图 10-124 所示。

图 10-124

step 3 新建"图层 2"，将工具箱中的填色设置为【无】，描边颜色设置为黑色。利用【钢笔工具】绘制如图 10-125 所示的路径。

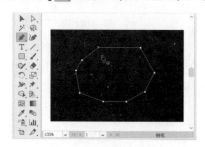

图 10-125

step 4 利用【锚点工具】将路径调整至如图 10-126 所示的形态。

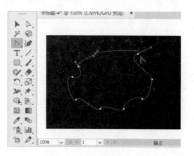

图 10-126

step 5　按下键盘上的 Ctrl+C 组合键，将调整后的路径复制到剪贴板中，然后按 F6 键，在【颜色】面板中给图形填充红色，效果如图 10-127 所示。

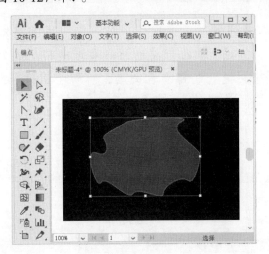

图 10-127

step 7　在弹出的【羽化】对话框中设置详细的参数，效果如图 10-129 所示。

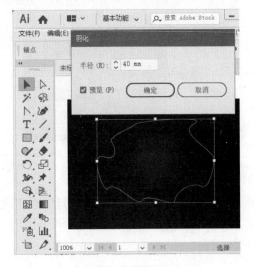

图 10-129

step 9　按住 Shift+Alt 组合键，将图形以中心等比例缩小至如图 10-131 所示。

step 6　在菜单栏中选择【效果】→【风格化】→【羽化】菜单项，如图 10-128 所示。

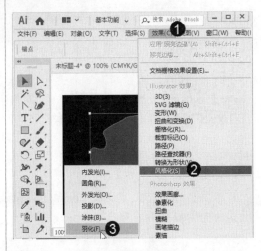

图 10-128

step 8　按键盘上的 Ctrl+F 组合键，将剪贴板中的图形粘贴到当前图形的前面，并将填充色设置为白色，描边颜色设置为【无】，效果如图 10-130 所示。

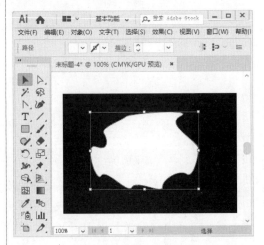

图 10-130

step 10　在菜单栏中选择【效果】→【扭曲和变换】→【粗糙化】菜单项，如图 10-132 所示。

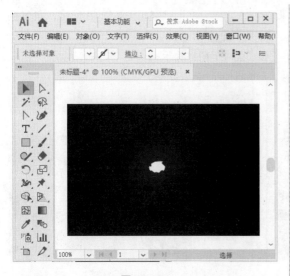

图 10-131

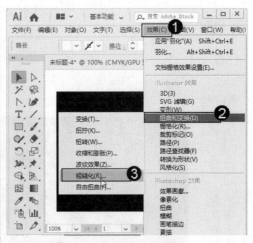

图 10-132

step 11 在弹出的【粗糙化】对话框中设置各项参数，如图 10-133 所示。

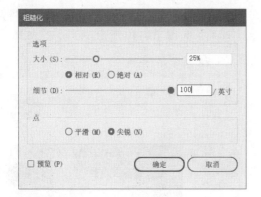

图 10-133

step 13 在菜单栏中选择【效果】→【扭曲和变换】→【收缩和膨胀】菜单项，如图 10-135 所示。

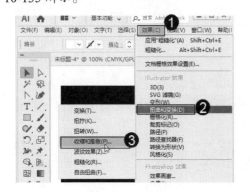

图 10-135

step 12 设置完成粗糙化后，图形效果如图 10-134 所示。

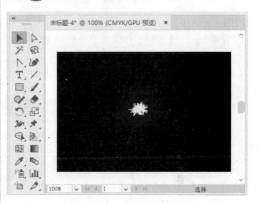

图 10-134

step 14 在弹出来的【收缩和膨胀】对话框中详细设置各项参数，如图 10-136 所示。

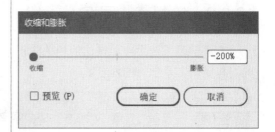

图 10-136

step15 单击【确定】按钮，图形效果如图 10-137 所示。

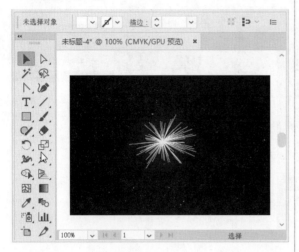

图 10-137

step17 双击混合工具，在弹出的【混合选项】对话框中，将【间距】设置为【指定的步数】，【步数】设置为 10，激活【对齐路径】按钮，单击【确定】按钮，如图 10-139 所示。

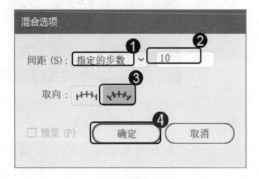

图 10-139

step16 按住 Shift+Alt 组合键，将发射线以中心等比例放大，效果如图 10-138 所示。

图 10-138

step18 把发射线和下面的模糊图形制作出混合即可完成最终的爆炸效果，如图 10-140 所示。

图 10-140

10.6.2　绘制菊花图案

本章学习了效果应用操作的相关知识，本例将详细介绍绘制菊花图案的操作方法，来巩固和提高本章学习的内容。

素材文件	无
效果文件	第 10 章\效果文件\菊花图案.ai

Step 1　使用【钢笔工具】 ✐、【直接选择工具】 ▶ 和【锚点工具】 ▷ 绘制调整出如图 10-141 所示的图形。

图 10-141

Step 2　选中该图形，然后在菜单栏中选择【效果（C）→【扭曲和变换】→【变换】菜单项，如图 10-142 所示。

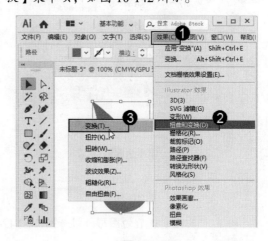

图 10-142

Step 3　弹出【变换效果】对话框，详细设置如图 10-143 所示的参数。

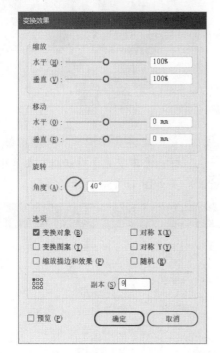

图 10-143

Step 4　变换完成后的图形效果如图 10-144 所示。

图 10-144

Step 5　选中变换完成的图形，在菜单栏中选择【效果】→【风格化】→【羽化】菜单项，如图 10-145 所示。

Step 6　在弹出的【羽化】对话框中设置详细的参数，如图 10-146 所示。

图 10-145

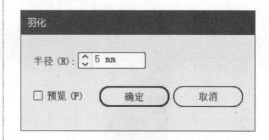

图 10-146

step 7　羽化完成后的图形效果如图 10-147 所示。

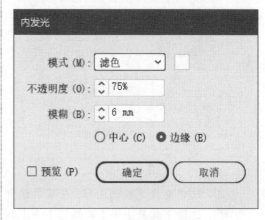step 8　使用椭圆工具在花卉中心位置绘制一个黄色的圆形，如图 10-148 所示。

图 10-147

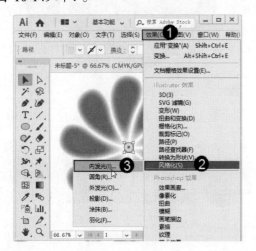

图 10-148

step 9　在菜单栏中选择【效果】→【风格化】→【内发光】菜单项，如图 10-149 所示。

step 10　弹出【内发光】对话框，在其中设置如图 10-150 所示的参数。

内发光

图 10-150

图 10-149

step 11 完成设置图形内发光的效果，如图 10-151 所示。

step 12 通过移动复制图形，调整图形的大小并分别设置不同的颜色，组合得到最终的图案效果，如图 10-152 所示。

图 10-151

图 10-152

10.6.3 制作复古插画

在 Illustrator CC 中，用户可以使用【染色玻璃】和【自由扭曲】等菜单项进行插画的设计和制作。本例详细介绍制作复古插画的操作方法。

素材文件❀	第 10 章\素材文件\制作复古插画.ai
效果文件❀	第 10 章\效果文件\复古插画效果.ai

step 1 打开素材文件"制作复古插画.ai"，使用【选择工具】▶选中图像，如图 10-153 所示。

step 2 选中图形后，在菜单栏中选择【效果】→【纹理】→【染色玻璃】菜单项，如图 10-154 所示。

图 10-153

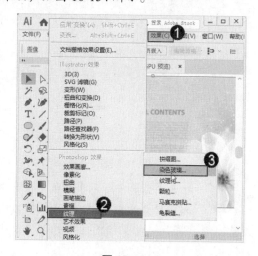

图 10-154

step 3 弹出【染色玻璃】对话框，① 根据需要设置详细的参数，② 单击【确定】按钮，如图 10-155 所示。

第 10 章 外观与效果应用

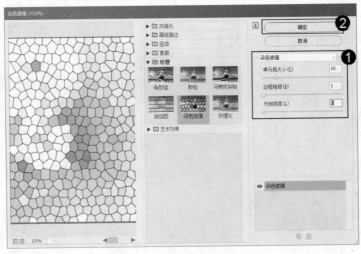

图 10-155

step 4 返回到工作界面中，可以看到应用【染色玻璃】效果后的效果，如图 10-156 所示。

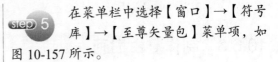

图 10-156

step 5 在菜单栏中选择【窗口】→【符号库】→【至尊矢量包】菜单项，如图 10-157 所示。

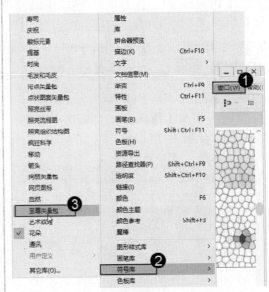

图 10-157

step 6 打开【至尊矢量包】面板，在其中选择需要的矢量图，如选择第 6 个矢量图形，将其拖动至绘图区中并调整大小和位置，如图 10-158 所示。

step 7 在工具箱中选择【文字工具】 T ，在绘图区中单击并输入文字，如图 10-159 所示。

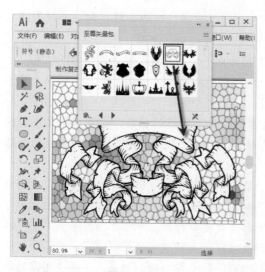

图 10-158

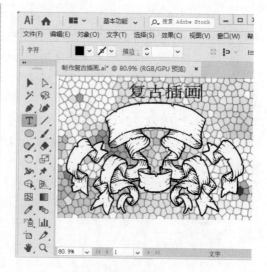

图 10-159

 输入文字后，用户可以设置文字的大小和字体格式，并将其拖曳到如图 10-160 所示的位置，这样即可完成制作复古插画的操作。

图 10-160

Section
10.7 本章小结与课后练习

本节内容无视频课程，习题参考答案在本书附录

　　通过本章的学习，读者基本可以掌握使用【外观】面板编辑图形属性和使用图形样式的相关知识及操作方法，同时读者还会掌握使用 Illustrator CC 中的效果相关命令来处理与编辑位图图像和矢量图形，为它们添加一些特殊效果，下面通过练习几道习题，达到巩固与提高的目的。

一、填空题

　　1．在【效果】菜单中包括 3 个部分，第 1 部分是重复应用上一个效果命令，第 2 部分是应用于_____的效果命令，第 3 部分是应用于_____的效果命令。

2. 3D 效果可以将开放路径、封闭路径或位图对象转换为可以旋转、灯光和投影的三维对象，有 3 种方法可以创建 3D 效果，分别为_____、绕转、_____。

3. _____效果用于将平面图形沿 Z 轴伸出一定的厚度，从而形成 3D 效果。

4. 【栅格化】效果是用来生成像素(非矢量数据)的效果，可以将_____转换为像素图像。

5. _____可以将对象路径相对于对象的原始位置进行偏移，也可以将文字转换为同其他图形对象一样可以进行编辑和操作的一组复合路径，将所选对象的描边更改为与原始描边相同粗细的填色对象。

6. 在 Illustrator CC 中，【转换为形状】子菜单中包含 3 种命令，有_____、【圆角矩形】、_____命令，使用这 3 种命令可以把一些简单的形状转换为这 3 种形状。

7. 使用_____命令可以使带有锐角的图形生成圆角效果。

8. 用户使用_____命令可以制作出图形边缘虚化或过渡的效果。

9. 用户可以使用_____命令给图像制作出一种光芒四射的效果，从而使图像的明暗对比更加强烈。

10. _____效果可以使对象产生旋转模糊或中心辐射的效果，最终得到的图像类似于拍摄旋转物体所产生的照片。

二、判断题

1. 使用外观属性的优点是，可以随时修改或删除对象的外观属性，而不影响底层对象以及在【外观】面板中应用于对象的其他属性。　　　　　　　　　　　　　（　　）

2. 在【效果】菜单中，包含了两个重复应用效果的命令，分别是【应用上一个效果】命令和【上一个效果】命令。当有使用过任何效果时，这两个命令显示为灰色不可用的状态，当没有使用效果后，这两个命令将显示为上次所使用的效果命令。　　　　　（　　）

3. 在 Illustrator CC 中，【路径查找器】效果可以将组、图层或子图层合并到单一的可编辑对象中。　　　　　　　　　　　　　　　　　　　　　　　　　　　（　　）

4. 使用【外发光】效果可以模拟在对象内部或边缘发光的效果。　　　　　（　　）

5. 【像素化】效果组包含 4 个效果，分别为【彩色半调】、【晶格化】、【点状化】、【铜版雕刻】。这组效果主要用于将图片中相似颜色对应的像素合并起来，以产生明确的轮廓或特殊的视觉效果。　　　　　　　　　　　　　　　　　　　　　　（　　）

6. 【高斯模糊】效果的作用原理是通过高斯曲线的分布模式来有选择性地模糊图像。在 Illustrator 中，【高斯模糊】效果使用的是钟形高斯曲线，这种曲线的特点是中间高，两边低，呈尖峰状。　　　　　　　　　　　　　　　　　　　　　　　　（　　）

7. 【画笔描边】效果组中的效果用于对对象的边缘进行处理以产生特殊的效果，对边缘可以产生凸现、线条化、模糊化、强化黑色、阴影或是油墨等效果。　　　（　　）

8. 【素描】效果组可以用于模拟现实中的素描、速写等美术手法对图像进行处理，使图像的当前背景色或前景色代替图像中的颜色，并在图像中加入图案从而产生凹凸的立体效果。　　　　　　　　　　　　　　　　　　　　　　　　　　　　（　　）

三、思考题

1. 如何使用【外观】面板编辑属性?
2. 如何应用现有图形样式?

四、上机操作

1. 通过本章的学习,读者基本可以掌握外观与效果应用方面的知识,下面通过练习制作美食网页,达到巩固与提高的目的。

2. 通过本章的学习,读者基本可以掌握外观与效果应用方面的知识,下面通过练习制作茶品包装,达到巩固与提高的目的。

范例导航
系列丛书

第**11**章

切片与网页输出

本章主要介绍使用 Web 安全色、切片方面的知识与技巧，同时还讲解如何使用 Web 图形输出，通过本章的学习，读者可以掌握切片与网页输出基础操作方面的知识，为深入学习 Illustrator CC 中文版平面设计与制作知识奠定基础。

本 章 要 点

1. 使用 Web 安全色
2. 切片
3. Web 图形输出

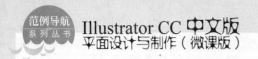
使用 Web 安全色

手机扫描下方二维码，观看本节视频课程

网页设计是近年来比较热门的设计类型，与其他类型的平面设计不同，网页由于其呈现介质的不同，在设计制作的过程 中需要注意一些问题，例如颜色的问题，文件大小的问题等。本节将详细介绍使用 Web 安全色的相关知识及操作方法。

11.1.1 将非安全色转换为 Web 安全色

Web 安全色是指能在不同操作系统和不同浏览器之中同时正常显示的颜色。为什么在设计网页时需要使用安全色呢？这是由于网页需要在不同的操作系统下或在不同的显示器中浏览，而不同操作系统或浏览器的颜色都有一些细微的差别。所以确保制作出的网页颜色能够在所有显示器中显示相同的效果是非常重要的，这就需要用户在制作网页时使用 Web 安全色，如图 11-1 所示。

Web安全色   非安全色

图 11-1

在【拾色器】对话框中选择颜色时，在所选颜色右侧若出现警告图标，就说明当前选择的颜色不是 Web 安全色，如图 11-2 所示。单击该图标，即可将当前颜色替换为与其最接近的 Web 安全色，如图 11-3 所示。

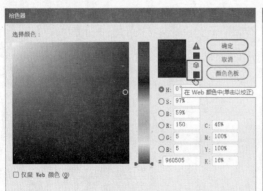

图 11-2

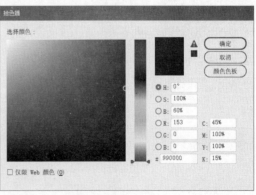

图 11-3

11.1.2 在 Web 安全色状态下工作

在【拾色器】对话框中选择颜色时，选中左下角的【仅限 Web 颜色】复选框，则拾色器色域中的颜色明显减少，此时选择的颜色皆为安全色，如图 11-4 所示。在菜单栏中选择【窗口】→【颜色】菜单项，打开【颜色】面板，在其面板菜单中选择【Web 安全 RGB】菜单项，如图 11-5 所示。

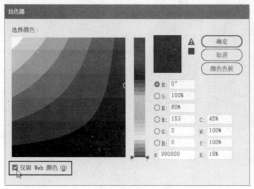

图 11-4

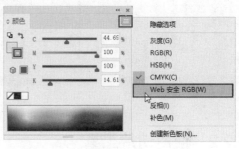

图 11-5

系统即可切换为 Web 安全色状态，效果如图 11-6 所示。

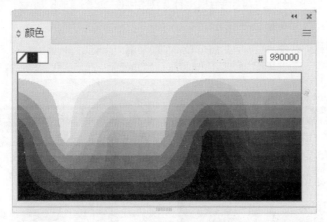

图 11-6

Section
11.2

切　片

手机扫描下方二维码，观看本节视频课程

　　网页可以包含许多元素，如 HTML 文本、位图图像和矢量图等。在 Illustrator 中，可以使用切片来定义图稿中不同 Web 元素的边界，并且 Illustrator 文档中的切片与生成的网页中的表格单元格相对应。本节将详细介绍切片的相关知识及操作方法。

11.2.1　什么是网页切片

网页切片可以简单地理解成将网页图片切分为一些小碎片的过程。为了使网页浏览时流畅，在网页制作中往往不会直接使用整幅大尺寸的图像。通常情况下都会将整张图像"分割"为多个部分，这就需要使用到切片技术，如图 11-7 所示。

图 11-7

11.2.2　使用切片工具

单击工具箱中的【切片工具】按钮（快捷键：Shift +K），然后在图像中按住鼠标左键并拖动，绘制出一个矩形框，与绘制选区的方法相似，如图 11-8 所示。释放鼠标左键以后就可以创建一个切片，如图 11-9 所示。

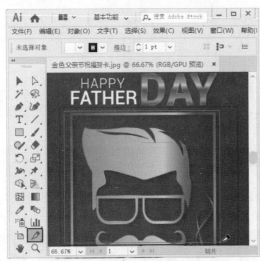
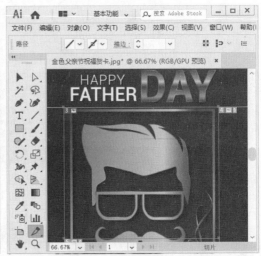

图 11-8　　　　　　　　　　　　　　图 11-9

11.2.3　基于参考线创建切片

使用 Illustrator CC 可以在包含参考线的文件中创建基于参考线的切片。首先建立参考线，按下键盘上的 Ctrl+R 组合键显示出标尺，然后分别从水平标尺和垂直标尺上拖曳出参考线，以定义切片的范围，如图 11-10 所示。

图 11-10

建立参考线后，在菜单栏中选择【对象】→【切片】→【从参考线创建】菜单项，如图 11-11 所示。

图 11-11

系统即可基于参考线的划分方式创建出切片，效果如图 11-12 所示。

图 11-12

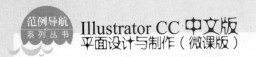

11.2.4　平均创建切片

划分切片命令可以沿水平方向、垂直方向或同时沿这两个方向划分切片。不论原始切片是用户切片还是自动切片，划分后的切片总是用户切片。下面详细介绍平均创建切片的操作方法。

素材文件❀　　第 11 章\素材文件\划分切片.ai

效果文件❀　　第 11 章\效果文件\平均创建切片.ai

step 1　打开素材文件"划分切片.ai"，可以看到已经创建了一些切片，① 在工具箱中按住【切片工具】按钮，② 在弹出的菜单中选择【切片选择工具】，如图 11-13 所示。

step 2　使用【切片选择工具】，在绘图区中选中需要进行划分的切片，如图 11-14 所示。

图 11-13

图 11-14

step 3　选择【对象】→【切片】→【划分切片】菜单项，如图 11-15 所示。

step 4　弹出【划分切片】对话框，① 设置需要的选项参数，② 单击【确定】按钮，如图 11-16 所示。

图 11-15

图 11-16

返回到绘图区中，可以看到此时被选中的切片自动进行了划分，这样即可完成平均创建切片的操作，效果如图 11-17 所示。

图 11-17

11.2.5 删除与释放切片

创建切片后，如果用户感觉该切片不理想或不想再继续使用，可以删除或释放切片。

若要删除切片，可以使用【切片选择工具】 ，选择一个或多个切片，如图 11-18 所示。然后按下键盘上的 Delete 键即可删除该切片，如图 11-19 所示。

图 11-18   图 11-19

若要释放切片，选择准备进行释放的切片，然后在菜单栏中选择【对象】→【切片】→【释放】菜单项，如图 11-20 所示。系统即可将该切片释放为一个无填充、无描边的矩形，如图 11-21 所示。

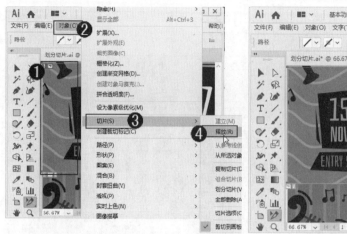

图 11-20　　　　　　　　　　图 11-21

使用【切片选择工具】选择切片，然后按住键盘上的 Alt 键的同时拖动切片，即可复制出相同的切片。在菜单栏中选择【对象】→【切片】→【组合切片】菜单项，即可将所选的切片组合为一个切片。

11.2.6　定义切片选项

切片的选项确定了切片内容在生成的网页中如何显示、如何发挥作用。

单击工具箱中的【切片选择工具】按钮，在图像中选中要进行定义的切片，然后在菜单栏中选择【对象】→【切片】→【切片选项】菜单项，系统即可弹出【切片选项】对话框，如图 11-22 所示。

图 11-22

在【切片选项】对话框中选择切片类型并可以设置对应的选项。

- 图像：如果希望切片区域在生成的网页中为图像文件，请选择此类型。如果希望图像是 HTML 链接，请输入 URL 和目标框架。还可以指定当鼠标位于图像上时浏览器的状态区域中所显示的信息，未显示图像时所显示的替代文本以及表格单元格的背景颜色。

- 无图像：如果希望切片区域在生成的网页中包含 HTML 文本和背景颜色，请选择此类型。在【在单元格中显示的文本】文本框中输入所需文本，并使用标准 HTML 标记设置文本格式。注意输入的文本不要超过切片区域可以显示的长度(如果输入了太多的文本，它将扩展到邻近切片并影响网页的布局。然而，因为用户无法在画板上看到文本，所以只有用 Web 浏览器查看网页时，才会变得一目了然)。设置【水平】和【垂直】选项，更改表格单元格中文本的对齐方式。

- HTML 文本：仅当选择文本对象并选择【对象】→【切片】→【建立】菜单项来创建切片时，才能使用这种类型。可以通过生成的网页中基本的格式属性将 Illustrator 文本转换为 HTML 文本。若要编辑文本，请更新图稿中的文本。设置【水平】和【垂直】选项，更改表格单元格中文本的对齐方式。还可以选择表格单元格的背景颜色。

要在【切片选项】对话框中编辑 HTML 文本切片的文本，需要将【切片类型】设置为【无图像】。这样将断开与画板中的文本对象的链接。要忽略文本格式，请输入<unformatted>作为文本对象中的第一个词。

Web 图形输出

手机扫描下方二维码，观看本节视频课程

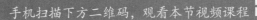

随着 Internet 的普及，Web 页面的艺术设计也越来越重要，使用 Illustrator 不仅可以设计出专业化的页面，而且可以直接输出为 Web 文件。现在的 Illustrator CC 制作 Web 图形的功能更是发挥得淋漓尽致了，本节将详细介绍 Web 图形输出的相关知识。

11.3.1 Web 图形文件格式

在菜单栏中选择【文件】→【导出】→【存储为 Web 所用格式(旧版)】菜单项，如图 11-23 所示，可以很方便地设置存储的文件格式以及各项参数。

图 11-23

Illustrator 支持网页上使用的 3 种主要图形文件格式，分别是 GIF 格式、JPEG 格式和 PNG 格式，另外还支持 SWF 格式、SVG 格式和 WBMP 格式。选择【存储为 Web 所用格式 (旧版)】菜单项，会打开如图 11-24 所示的【存储为 Web 所用格式】对话框。

图 11-24

单击 GIF 右侧的下拉按钮，将会打开一个下拉列表，从中可以看到 Illustrator 所支持的文件格式，如图 11-25 所示。

图 11-25

- GIF 格式主要用于大面积单色图像，如风格化的艺术作品和标语等，所有的网络浏览器都支持这种格式。GIF 使用一种固定压缩的格式，这种格式与 TIFF 所用的格式相似。这种压缩方案属于无损压缩，经这种压缩方案的图像质量不会下降。

- JPEG 格式主要用于照片图像，以及包含多层色彩的图像，它也可以在所有的浏览器上使用。与 GIF 有所不同的是，JPEG 在压缩的时候删除了部分数据，从而降低

了图像的质量。用户可以选择每幅图像的压缩量，压缩量越大，存储文件时所占的空间就越少，但是图像质量下降的也就越大。

- PNG-8 格式和 GIF 文件支持 8 位颜色，因此它们可以显示 256 位的颜色。确定使用哪种颜色的过程称为索引，因此 GIF 和 PNG-8 格式中的图像称为索引颜色图像。当图像转换为索引颜色时，Illustrator 将构建一个颜色查找表，用以存储并索引图像中的颜色。如果原始图像中的颜色没有在颜色查找表中显示，则应用程序可以选择表中最接近的颜色或者使用可用颜色的组合模拟颜色。

- PNG-24 格式适合于压缩连续色调图像，但它所生成的文件比 JPEG 格式生成的文件要大得多。使用 PNG-24 格式的优点在于可在图像中保留多达 256 个透明度级别。

11.3.2 使用 JPEG 格式储存图像

当制作好图像，并需要用 JPEG 格式存储图像时，最好先以 Illustrator 格式存储文件。因为在制作原始文件时，无法在 Illustrator 中编辑位图文件。下面详细介绍使用 JPEG 格式储存图像的操作方法。

step 1 选择准备使用 JPEG 格式储存图像的图片，在菜单栏中选择【文件】→【导出】→【存储为 Web 所用格式(旧版)】菜单项，如图 11-26 所示。

step 2 弹出【存储为 Web 所用格式】对话框，① 单击【预设】选项组中的格式下拉按钮，② 在打开的下拉列表中选择 JPEG 类型，如图 11-27 所示。

图 11-26

图 11-27

step 3 在【预设】选项组中，用户还可以对图片进行各种预先设置，比如设置品质、模糊和杂边等，如图 11-28 所示。

step 4 单击对话框右侧的【优化菜单】按钮 ，在弹出的下拉菜单中选择【优化文件大小】菜单项，如图 11-29 所示。

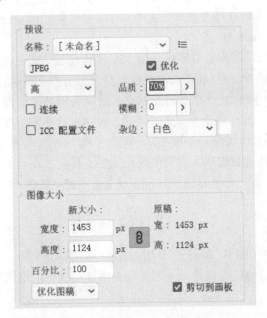

图 11-28

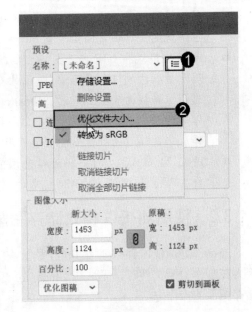

图 11-29

step 5 弹出【优化文件大小】对话框，用户从中可以进行优化设置，如图 11-30 所示。

step 6 切换到【存储为 Web 所用格式】对话框的【双联】选项卡中，就可以预览图片在不同质量参数设置下的质量以及下载所需的时间，如图 11-31 所示。

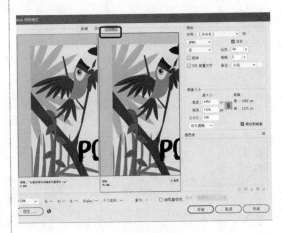

图 11-30

图 11-31

step 7 设置完成后，单击【存储】按钮，系统即可打开【将优化结果存储为】对话框，在其中输入保存的路径和文件名称，如图 11-32 所示。

step 8 单击【保存】按钮即可完成使用 JPEG 格式储存图像的操作，打开保存文件所在路径即可查看存储的图像文件，如图 11-33 所示。

图 11-32

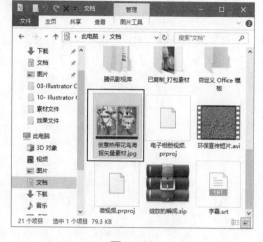

图 11-33

　　另外，用户还可以通过【导出】对话框，将文件保存为 JPEG 格式。在菜单栏中选择【文件】→【导出】→【导出为】菜单项，即可打开【导出】对话框，如图 11-34 所示。在该对话框中选择保存类型为 JPEG 格式。

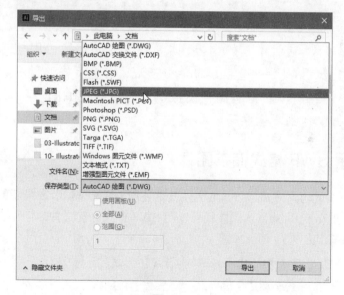

图 11-34

　　单击【导出】按钮，将会弹出【JPEG 选项】对话框，如图 11-35 所示。

　　在【JPEG 选项】对话框中，用户可以通过在【图像】选项组中的【品质】文本框中输入 0~10 中的一个数值来决定图像的质量，也可以在右侧的下拉列表框中选择【低】、【中】、【高】或【最大】选项，还可以用鼠标拖动滑块来完成。数值越大，图像的质量越好，所占的空间也就越大。

　　在【分辨率】下拉列表框中，用户可以定义输出图像的分辨率。因为 Web 图像的分辨率是 72ppi，而不是打印所需分辨率。分辨率越低，文件越小，在 Internet 网上传输的速度就越快。

第二章　切片与网页输出

325

JPEG 选项

图像

颜色模型 (C)：RGB

品质 (Q)：━━━━●━━━━ 5　中

较小文件　　较大文件

选项

压缩方法 (M)：基线（标准）

分辨率 (R)：屏幕（72 ppi）

消除锯齿 (A)：优化文字（提示）　ⓘ

☐ 图像映射 (I)

☑ 嵌入 ICC 配置文件 (E)：sRGB IEC61956-2.1

確定　　取消

图 11-35

Section 11.4　范例应用与上机操作

手机扫描下方二维码，观看本节视频课程

通过本章的学习，读者基本可以掌握切片与网页输出的基本知识以及一些常见的操作方法，本小节将通过一些范例应用，如使用 SWF 格式储存图像、为图像指定 URL 等，练习上机操作，以达到巩固学习、拓展提高的目的。

11.4.1　使用 SWF 格式储存图像

SWF 是一种矢量动画格式，如 Flash 文件就是使用的 SWF 格式，在最新的 Illustrator CS6 版本中用户不需要安装 Illustrator 插件就可以用 SWF 格式存储文件。本例详细介绍用 SWF 格式储存图像的操作方法。

素材文件 ▧　第 11 章\素材文件\自驾游旅行网站登录图.ai
效果文件 ▧　第 11 章\效果文件\SWF 格式储存图像.swf

step 1　打开素材文件，选择准备储存为 SWF 格式的图片，在菜单栏中选择【文件】→【导出】→【导出为】菜单项，如图 11-36 所示。

step 2　弹出【导出】对话框，① 选择准备保存的位置，② 在【保存类型】下拉列表框中选择 SWF 类型，并设置文件名称，③ 单击【导出】按钮，如图 11-37 所示。

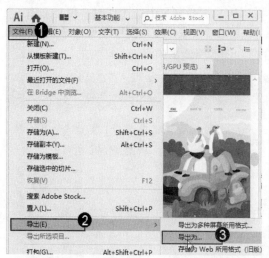

图 11-36

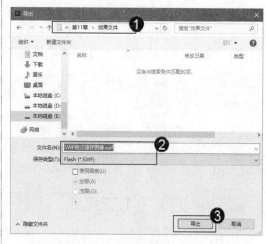

图 11-37

step 3 弹出【SWF 选项】对话框，设置各项参数，单击【确定】按钮，如图 11-38 所示。

step 4 通过以上步骤即可完成使用 SWF 格式储存图像的操作，打开保存文件所在的路径即可查看到该格式文件，如图 11-39 所示。

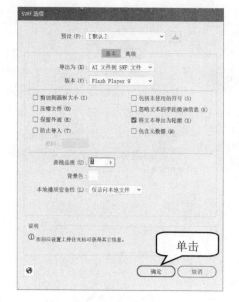

图 11-38

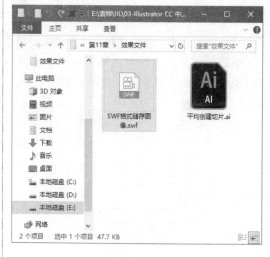

图 11-39

11.4.2 为图像指定 URL

URL(Uniform Resource Locator，统一资源定位器)是用在 WWW 上的网址，每个 URL 都会给出网上一个文件或目录的位置，并向 Web 浏览器给出寻找该文件或目录的各种信息，将其显示在屏幕上。URL 通常如下表示。

http://www.baidu.com/

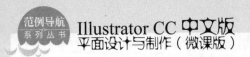
Illustrator CC 允许用户在图像上嵌入 URL。当用户选择网页上的图像时，位于 URL 上的那一页就会显示出来。使用这项功能，用户可以将多个 URL 嵌入到图像中，单击图像的不同部分就能与不同的 URL 相连。本例详细介绍为图像指定 URL 的操作方法。

素材文件※	第 11 章\素材文件\为图像指定 URL.ai
效果文件※	无

step 1 打开素材文件"为图像指定 URL.ai"，在 Illustrator 中选择需要与 URL 建立链接的对象，如图 11-40 所示。

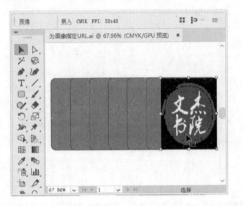

图 11-40

step 2 在菜单栏中选择【窗口】→【特性】菜单项，如图 11-41 所示。

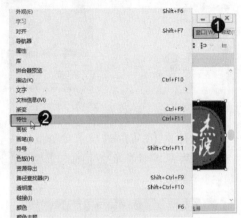

图 11-41

step 3 打开【特性】面板，在【图像映射】下拉列表框中选择【矩形】选项，在 URL 下拉列表框中输入需要链接的 URL，如图 11-42 所示。

图 11-42

step 4 单击【浏览器】按钮 ，可以验证 URL 位置，这样即可完成为图像指定 URL 的操作，如图 11-43 所示。

图 11-43

11.4.3 脚本的应用

执行脚本时，计算机会执行一系列操作。这些操作可以只涉及 Illustrator CC，也可以涉及其他应用程序，如文字处理、电子表格和数据库管理程序。Illustrator CC 支持多脚本环境

(包括微软开发的 Visual Basic、Visual C、AppleScript 和 JavaScript)。可以使用 Illustrator 自带的标准脚本，还可以自建脚本并将其添加到【脚本】子菜单。如果要在 Illustrator 中运行脚本，可以选择【文件】→【脚本】菜单项，然后从子菜单中选择一个脚本命令，如图 11-44 所示。

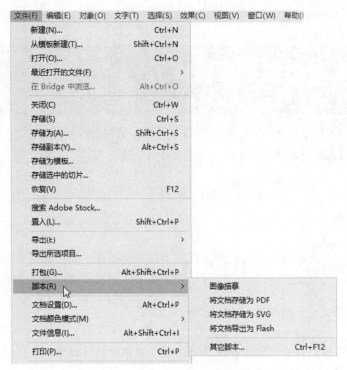

图 11-44

比如在选择【文件】→【脚本】→【将文档存储为 SVG】菜单项后，将会弹出【选择文件夹】对话框，从中可以设置文件夹和名称，如图 11-45 所示。

图 11-45

如果要在系统中安装脚本，需要将该脚本复制到计算机的硬盘上。如果要把脚本放在

Adobe Illustrator 应用程序文件夹里的 Presets/Scripts 文件夹中，则该脚本会出现在【文件】菜单的【脚本】子菜单中。

如果 Illustrator 运行时编辑脚本，必须存储更改后才能让更改生效。如果在 Illustrator 运行时将一个脚本放入脚本文件，必须重新启动 Illustrator 才能让该脚本出现在【脚本】菜单中。

Section 11.5　本章小结与课后练习

本节内容无视频课程，习题参考答案在本书附录

通过本章的学习，读者基本可以掌握使用 Web 安全色、切片和 Web 图形输出的基本知识以及一些常见的操作方法，下面通过练习几道习题，达到巩固与提高的目的。

一、填空题

1. _____是指能在不同操作系统和不同浏览器之中同时正常显示的颜色。
2. _____命令可以沿水平方向、垂直方向或同时沿这两个方向划分切片。

二、判断题

1. 在【拾色器】对话框中选择颜色时，选中左下角的【仅限 Web 颜色】复选框，拾色器色域中的颜色明显减少，此时选择的颜色皆为安全色。　　　　　　（　　）
2. 在制作原始文件时，无法在 Illustrator 中编辑位图文件。　　　　　　　（　　）

三、思考题

1. 如何基于参考线创建切片？
2. 如何平均创建切片？

四、上机操作

1. 通过本章的学习，读者基本可以掌握切片与网页输出方面的知识，下面通过练习文档设置，达到巩固与提高的目的。
2. 通过本章的学习，读者基本可以掌握切片与网页输出方面的知识，下面通过练习打印设置，达到巩固与提高的目的。

第12章

综合应用实战案例

　　本章结合多个领域案例的实际应用，通过案例设计、案例制作进一步详解 Illustrator CC 强大的应用功能和制作技巧，通过本章的学习，读者可以掌握综合应用案例设计的理念和软件的技术要点，设计制作出专业的综合案例。

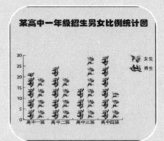

本章要点

1. 制作精美名片
2. 制作创意图形统计表
3. 设计公益广告插图

制作精美名片

本节内容无视频课程

本小节将通过制作精美名片来练习和巩固 Illustrator CC 的基本操作命令，同时也会学习和掌握一些图形的绘制和基本编辑方法，具体制作方法总共分为两大部分：制作名片背景和标志、输入文字完善名片内容。

12.1.1 制作名片背景和标志

在 Illustrator CC 软件中，用户可以使用【矩形工具】□ 绘制出一个名片大小的图形，然后利用素材文件，设置其【透明度】参数和填充颜色，制作出精美名片的背景和标志。下面详细介绍制作名片背景和标志的操作方法。

素材文件※	第 12 章\素材文件\标志.ai、二维码.png
效果文件※	第 12 章\效果文件\精美名片.ai

 step 1 启动 Illustrator CC 软件，在菜单栏中选择【文件】→【新建】菜单项，弹出【新建文档】对话框，设置选项参数，如图 12-1 所示。

图 12-1

 step 2 单击【创建】按钮，新建一个名片大小的图形文件，如图 12-2 所示的。

 step 3 在工具箱中选择【矩形工具】□，然后将鼠标指针移动到工具箱下方位置，单击 □ 图标，设置默认的填充颜色和描边颜色，如图 12-3 所示。

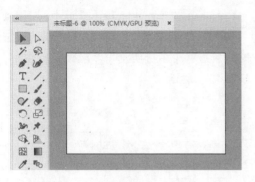

图 12-2

图 12-3

step 4 移动鼠标指针至页面的左上角，然后按住鼠标左键并向右下方拖曳，绘制一个与页面相同大小的矩形，如图 12-4 所示。

step 5 在菜单栏中选择【文件】→【打开】菜单项，打开素材文件"标志.ai"，如图 12-5 所示。

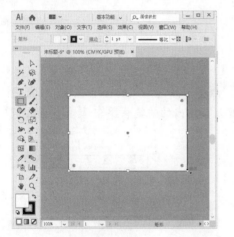

图 12-4

图 12-5

step 6 将鼠标指针移动到左侧的"橘子"图形上单击将其选中，然后在菜单栏中选择【编辑】→【复制】菜单项，复制选中的图形，如图 12-6 所示。

step 7 将刚刚新建的文件设置为当前状态，然后在菜单栏中选择【编辑】→【粘贴】菜单项，将"橘子"图形复制到当前文件中，如图 12-7 所示。

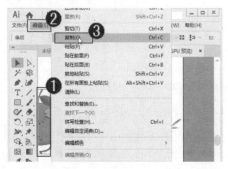

图 12-6

图 12-7

第 12 章 综合应用实战案例

step 8 将鼠标指针放置在图形变换框的控制点上，按住鼠标左键，调整图形到合适的大小，如图 12-8 所示。

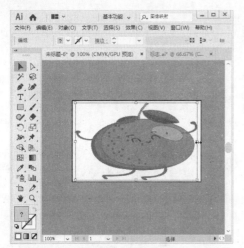

图 12-8

step 9 在菜单栏中选择【窗口】→【透明度】菜单项，打开【透明度】面板，然后将【不透明度】参数设置为 30%，如图 12-9 所示。

图 12-9

step 10 "橘子"图形的不透明度设置完成后的效果，如图 12-10 所示。

图 12-10

step 11 将标志文件设置为当前状态，然后框选右侧的标志图形，单击鼠标右键，在弹出的快捷菜单中选择【编组】菜单项，如图 12-11 所示。

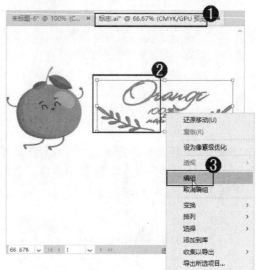

图 12-11

step 12 选中右侧的图形文件后，在菜单栏中选择【编辑】→【复制】菜单项，如图 12-12 所示。

step 13 将新建的文件设置为当前状态，然后在菜单栏中选择【编辑】→【粘贴】菜单项，将标志复制到当前文件中，如图 12-13 所示。

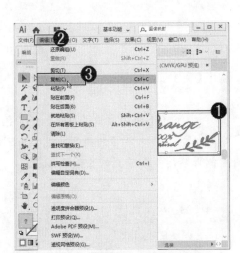

图 12-12

图 12-13

 在工具箱的下方，双击图形填充色 ，如图 12-14 所示。

弹出【拾色器】对话框，在其中设置如图 12-15 所示的颜色参数。

图 12-14

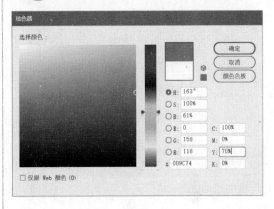

图 12-15

 单击【确定】按钮，统一标志的颜色，然后调整其大小和位置，即可完成名片的背景和标志的制作，效果如图 12-16 所示。

图 12-16

12.1.2　输入文字完善名片内容

制作完成名片的背景和标志后，用户就可以利用【文字工具】 T ，输入名片中具体的文字内容来完成名片的制作。

step 1　选择【文字工具】 T ，在名片中输入人名、职务、联系方式等文字内容，并调整文字的字体和大小以及位置等，如图 12-17 所示。

图 12-17

step 2　选择【矩形工具】 □ ，绘制出如图 12-18 所示的矩形，然后在矩形的左侧再绘制一个竖直的长条矩形。

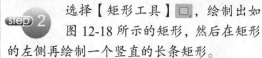

图 12-18

step 3　选择【文字工具】 T ，在上方的矩形中输入文字，如图 12-19 所示。

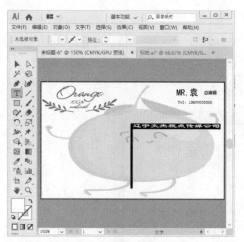

图 12-19

step 4　在菜单栏中选择【文件】→【置入】菜单项，如图 12-20 所示。

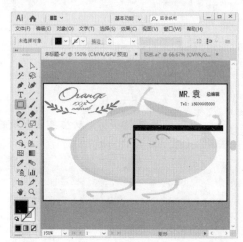

图 12-20

step 5　弹出【置入】对话框，选择本例素材文件"二维码.png"，单击【置入】按钮，如图 12-21 所示。

step 6　返回到绘图区中，此时的鼠标指针会变为 形状，在页面中合适的位置处单击放置素材图像，如图 12-22 所示。

图 12-21

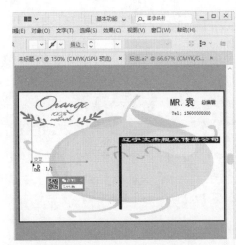

图 12-22

step 7 置入素材图像后，使用【选择工具】► 调整图像的大小和位置，如图 12-23 所示。

step 8 继续利用【文字工具】T 依次输入相关文字，并调整其字体、大小和位置等，即可完成名片的制作，最终效果如图 12-24 所示。

图 12-23

图 12-24

第一二章 综合应用实战案例

Section 12.2　制作创意图形统计表

本节内容无视频课程

本小节将通过制作创意图形统计表来练习和巩固 Illustrator CC 的操作和命令，同时也会学习和掌握一些图表图形的绘制方法和编辑技巧。具体制作方法分为 4 大部分：设计男女图表图案、创建统计表、设置男女图案图表形态、绘制图表背景。

12.2.1　设计男女图表图案

　　Illustrator CC 不仅可以使用图表的默认柱形、条形或线形图显示，还可以是任意的设计图形，要制作创意图表首先要制作出一些生动形象的图表图案。

| 素材文件❀ | 第 12 章\素材文件\跳跃的冬装人物.ai |
| 效果文件❀ | 第 12 章\效果文件\创意图形统计表.ai |

step 1 打开素材文件"跳跃的冬装人物.ai"，选择【选择工具】▶，选择如图 12-25 所示的图形。

step 2 选中图形后，在菜单栏中选择【对象】→【图表】→【设计】菜单项，如图 12-26 所示。

图 12-25

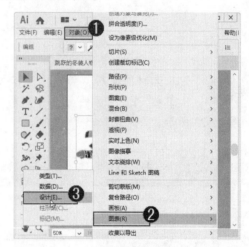

图 12-26

step 3 弹出【图表设计】对话框，单击【新建设计】按钮，此时对话框左侧的列表框中出现【新建设计】文字，在【预览】区域下方显示设计图案，如图 12-27 所示。

step 4 单击【重命名】按钮，弹出【图表设计】对话框，① 在【名称】文本框中输入"男生"，② 单击【确定】按钮，如图 12-28 所示。

图 12-27

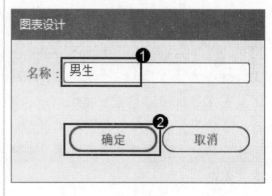

图 12-28

step 5 返回到【图表设计】对话框中，可以看到新设计的图表图案名称已更改为"男生"，单击【确定】按钮，如图 12-29 所示。

step 6 使用相同的方法将画板中的另一个女生图形也创建为图表图案，并重命名为"女生"，如图 12-30 所示。然后将图形选中并删除，这样即可完成设计男女图表图案的操作。

图 12-29

图 12-30

12.2.2 创建统计表

完成图表图案设计之后，用户就可以利用【柱形图工具】创建统计表了，并且可以调整图表的大小和位置。

step 1 在工具箱中选择【柱形图工具】，在画板中拖曳鼠标确定图表的大小，如图 12-31 所示。

step 2 释放鼠标后，即可弹出图表数据输入框，输入详细的统计表数据，如图 12-32 所示。

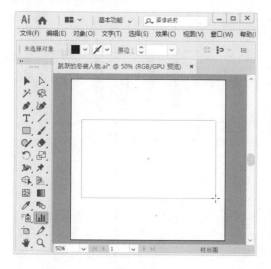

图 12-31

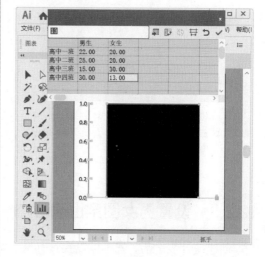

图 12-32

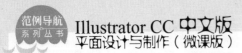
step 3 依次单击图表数据输入框右上角的【应用】按钮✔和【关闭】按钮✖，关闭图表数据输入框后，即可创建一个柱形图统计表，如图 12-33 所示。

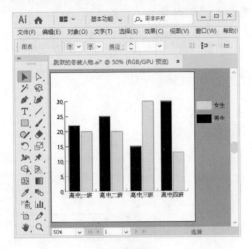

图 12-33

step 5 弹出【比例缩放】对话框，在该对话框中设置详细的缩放参数及选项，然后单击【确定】按钮，如图 12-35 所示。

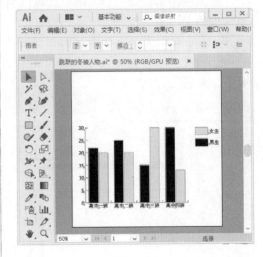

图 12-35

step 4 创建图表后，如果对图表的大小不满意，可以选中该图表，然后单击鼠标右键，在弹出的快捷菜单中选择【变换】→【缩放】菜单项，如图 12-34 所示。

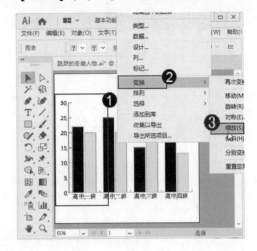

图 12-34

step 6 返回到工作界面中，可以看到图表的大小已被缩放，调整其位置到合适的地方，这样即可完成创建统计表的操作，如图 12-36 所示。

图 12-36

12.2.3 设置男女图案图表形态

创建统计表之后，就可以设置具有男女图案的图表形态了，从而完成创建图案图表形态的操作。下面详细介绍其操作方法。

Step 1 在工具箱中选择【编组选择工具】，选择如图 12-37 所示的"男"系列图形。

Step 2 选中"男"系列图形后，在菜单栏中选择【对象】→【图表】→【柱形图】菜单项，如图 12-38 所示。

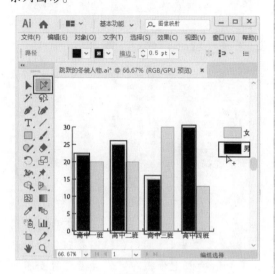

图 12-37

Step 3 弹出【图表列】对话框，① 在【选取列设计】列表框中选择【男生】选项，② 设置【列类型】及相关参数选项，③ 单击【确定】按钮，如图 12-39 所示。

Step 4 返回到绘图区中，可以看到利用"男生"图形创建图表列后的图表效果，如图 12-40 所示。

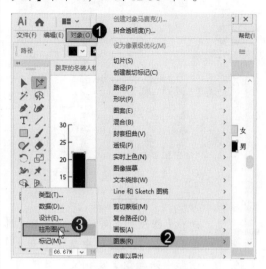

图 12-38

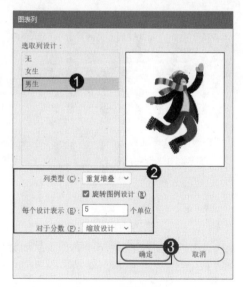

图 12-39

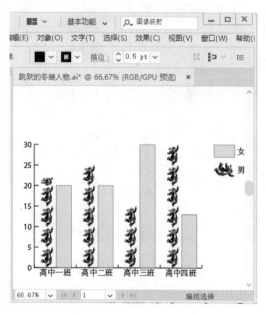

图 12-40

Step 5 在工具箱中选择【编组选择工具】，选择如图 12-41 所示的"女"系列图形。

Step 6 选中"女"系列图形后，在菜单栏中选择【对象】→【图表】→【柱形图】菜单项，如图 12-42 所示。

第12章 综合应用实战案例

341

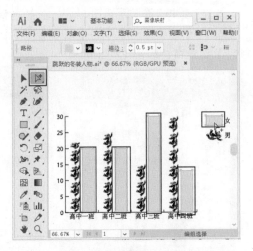

图 12-41

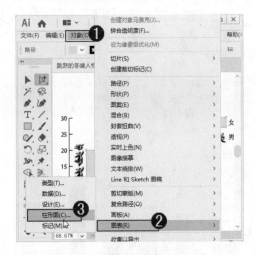

图 12-42

step 7 弹出【图表列】对话框，① 在【选取列设计】列表框中选择【女生】选项，② 设置【列类型】及相关参数选项，③ 单击【确定】按钮，如图 12-43 所示。

step 8 返回到绘图区中，可以看到利用"女生"图形创建图表列后的图表效果，通过以上步骤即可完成设置男女图案图表形态的操作，效果如图 12-44 所示。

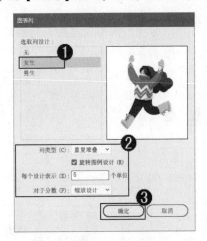

图 12-43

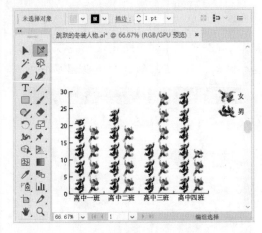

图 12-44

12.2.4 绘制图表背景

完成创意图案图表形态的设置后，用户还可以为制作的统计表绘制一个背景，从而让图表更加美观。下面详细介绍其操作方法。

step 1 在工具箱中选择【矩形工具】□，绘制一个灰色的矩形，与创建的文档大小相同，如图 12-45 所示。

step 2 按下键盘上的 Ctrl+Shift+[组合键，将所绘制的灰色矩形置于底层，效果如图 12-46 所示。

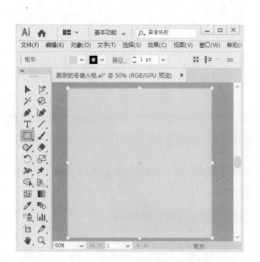

图 12-45

图 12-46

 选择【文字工具】，在图表的上方输入统计表标题文本，并设置字体、大小以及位置等，这样即可完成制作创意图形统计表的操作，最终效果如图 12-47 所示。

图 12-47

Section 12.3 设计公益广告插图

本节内容无视频课程

　　本小节将通过设计公益广告插图来练习和巩固 Illustrator CC 的操作和命令，同时也会学习和掌握一些使用绘图工具及效果命令的方法，具体制作方法分为4 大部分：绘制小鸡图形元素、设计其他图形元素、添加插图效果、添加背景及文字。

12.3.1 绘制小鸡图形元素

要制作公益广告插图，首先需要绘制一个小鸡图形元素，该图形元素也是制作本例作品的基本图形，下面详细介绍其操作方法。

素材文件※	无
效果文件※	第 12 章\效果文件\公益广告插图.ai

 step 1 启动 Illustrator CC 软件，在菜单栏中选择【文件】→【新建】菜单项，弹出【新建文档】对话框，设置选项参数，如图 12-48 所示。

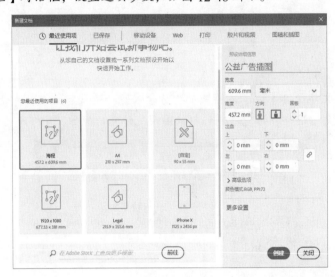

图 12-48

step 2 单击工具箱中的【椭圆工具】○，在页面上绘制两个大小不同的椭圆，分别作为小鸡的头部和身体，并将【填色】颜色块设置成黄色，【描边】颜色块设置成【无】，然后使用选择工具和旋转工具调整其位置，如图 12-49 所示。

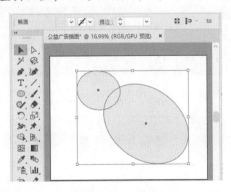

图 12-49

step 3 在菜单栏中选择【窗口】→【路径查找器】菜单项，如图 12-50 所示。

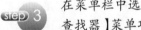
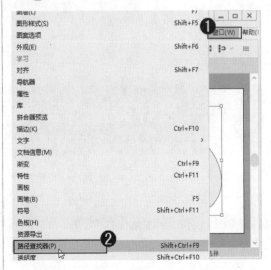

图 12-50

Step 4 打开【路径查找器】面板，单击【联集】按钮 ■，如图 12-51 所示。

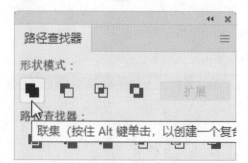

图 12-51

Step 6 选择绘制的图形，然后在菜单栏中选择【效果】→【扭曲和变换】→【粗糙化】菜单项，如图 12-53 所示。

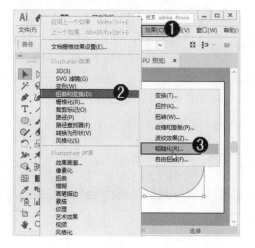

图 12-53

Step 8 返回到绘图区中，可以看到此时的图形效果，如图 12-55 所示。

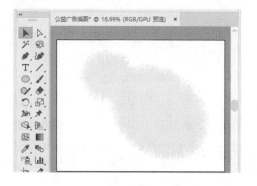

图 12-55

Step 5 返回到绘图区中，可以看到此时的图形效果，如图 12-52 所示。

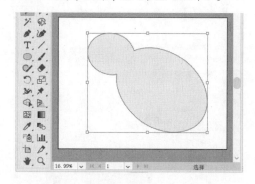

图 12-52

Step 7 弹出【粗糙化】对话框，设置【大小】、【细节】参数，选中【相对】和【尖锐】单选按钮，然后单击【确定】按钮，如图 12-54 所示。

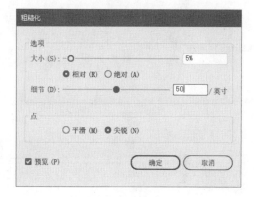

图 12-54

Step 9 单击工具箱中的【弧形工具】 ⌒，绘制一条弧线，作为小鸡的翅膀，并将【填色】颜色块设置成【无】，【描边】颜色块设置成白色，如图 12-56 所示。

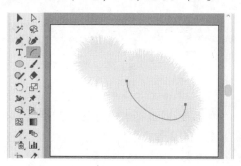

图 12-56

step10 选择绘制的翅膀图形，然后在菜单栏中选择【效果】→【扭曲和变换】→【粗糙化】菜单项，如图 12-57 所示。

图 12-57

step12 返回到绘图区中，将该图形描边设置为 5pt，效果如图 12-59 所示。

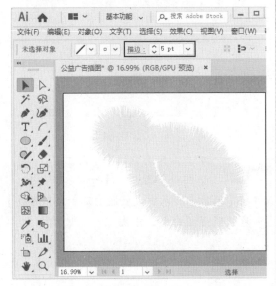

图 12-59

step14 单击工具箱中的【钢笔工具】，绘制出鸡爪的轮廓，然后将【填色】颜色块设置成红色，【描边】颜色块设置成黑色，效果如图 12-61 所示。

step11 弹出【粗糙化】对话框，设置【大小】、【细节】参数，选中【相对】和【尖锐】单选按钮，然后单击【确定】按钮，如图 12-58 所示。

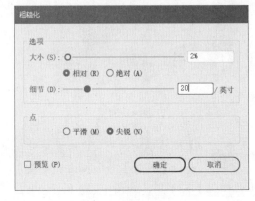

图 12-58

step13 单击工具箱中的【钢笔工具】，绘制出小鸡的鸡喙，然后将【填色】颜色块设置成红色，【描边】颜色块设置成黑色，效果如图 12-60 所示。

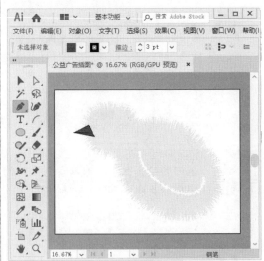

图 12-60

step15 单击工具箱中的【椭圆工具】，在头部位置绘制出一个黑色的小椭圆和白色的小椭圆，调整出眼睛的效果，如图 12-62 所示，这样即可完成绘制小鸡图形元素的全部操作。

图 12-61

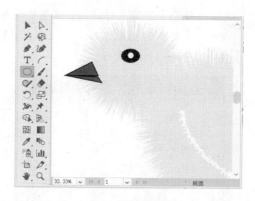

图 12-62

12.3.2 设计其他图形元素

完成基本的小鸡图形元素绘制之后，接下来用户就可以设计其他图形元素了，从而丰富插图效果。下面详细介绍其操作方法。

step 1 单击工具箱中的【椭圆工具】○，绘制一个椭圆，作为鸡卵，并将【填色】颜色块设置成红色，【描边】颜色块设置成黑色，效果如图 12-63 所示。

图 12-63

step 3 使用【选择工具】▶和【旋转工具】↻调整鸡卵壳和小鸡的位置，并调整图层顺序，使小鸡看起来是破壳而出的效果，效果如图 12-65 所示。

图 12-65

step 2 单击工具箱中的【刻刀工具】按钮⌀，在鸡卵上绘制一道不规则的锯齿形，效果如图 12-64 所示。

图 12-64

step 4 确定小鸡处于选中的状态下，双击工具箱中的【镜像工具】▷◁，如图 12-66 所示。

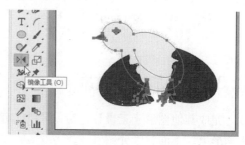

图 12-66

step 5 弹出【镜像】对话框，设置需要镜像图形的相关选项，然后单击【复制】按钮，如图 12-67 所示。

图 12-67

step 6 返回到绘图区中，可以看到复制出的小鸡图形，如图 12-68 所示。

图 12-68

step 7 使用相同的方法复制另一只小鸡图形并调整好它们的大小和位置，如图 12-69 所示。

图 12-69

step 8 使用【椭圆工具】○绘制出一个大的鸡卵，并填充合适的颜色，按下键盘上的 Ctrl+Shift+[组合键，将所绘制的大椭圆置于底层，即可完成设计其他图形元素的全部操作，如图 12-70 所示。

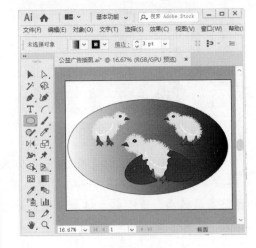

图 12-70

12.3.3 添加插图效果

完成其他图形元素设计之后，用户就可以添加插图的效果，从而让设计的广告插图更加生动形象。下面详细介绍其操作方法。

Step 1 选择所有的绘制图形,然后在菜单栏中选择【对象】→【编组】菜单项,将其编组,如图 12-71 所示。

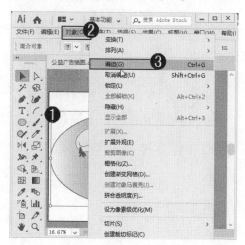

图 12-71

Step 3 弹出【投影】对话框,设置需要的参数及选项,单击【确定】按钮,如图 12-73 所示。

图 12-73

Step 2 选择所绘制的图形后,在菜单栏中选择【效果】→【风格化】→【投影】菜单项,如图 12-72 所示。

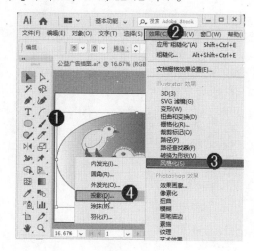

图 12-72

Step 4 这样即可获得投影效果,如图 12-74 所示,通过以上步骤即可完成添加插图效果的操作。

图 12-74

12.3.4 添加背景及文字

为插图添加完效果之后,最后可以为插图添加背景及文字,完善所设计的公益广告插图。下面详细介绍其操作方法。

Step 1 在工具箱中选择【矩形工具】□,绘制一个橘黄色的矩形,与创建的文档大小相同,按下键盘上的 Ctrl+Shift+[组合键,将所绘制的矩形置于底层,这样即可完成添加背景的操作,如图 12-75 所示。

Step 2 选择【文字工具】T,在背景上方添加需要的文字,并设置文字的字体、大小和位置等,如图 12-76 所示。

图 12-75

图 12-76

 step 3 选择添加的文字，在菜单栏中选择【效果】→【变形】→【拱形】菜单项，如图 12-77 所示。

step 4 弹出【变形选项】对话框，在其中设置需要的参数及选项，然后单击【确定】按钮，如图 12-78 所示。

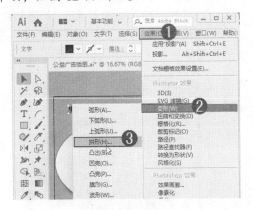

图 12-77

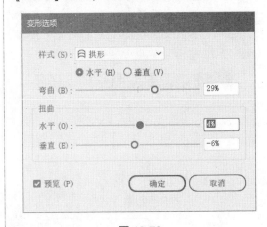

图 12-78

step 5 返回到绘图区中，使用【选择工具】调整文本的位置，这样即可完成设计公益广告插图的所有操作，最终效果如图 12-79 所示。

图 12-79

附录　课后练习答案

第1章

一、填空题

1. 矢量图形
2. 位图图像
3. 水平、垂直

二、判断题

1. √
2. ×

三、思考题

1. 在 Illustrator CC 菜单栏中，选择【文件】→【新建】菜单项。

弹出【新建文档】对话框，用户可以设置新建文件的名称、大小、方向、出血等，完成设置后，单击【创建】按钮。通过以上方法即可完成新建文件的操作。

2. 在菜单栏中，①单击【文件】主菜单，②选择【关闭】菜单项。

可以看到已经将该文件关闭，这样即完成关闭文件的操作。

四、上机操作

1. 在工具箱中，①单击抓手工具，②在图像中使用抓手工具拖动需要显示的区域图像。

通过以上操作即可改变图像的显示区域。

2. 打开素材文件，在 Illustrator CC 菜单栏中，选择【窗口】→【导航器】菜单项。

在弹出的【导航器】对话框中，直接向左拖动缩放滑块或单击【缩小】按钮。

通过以上方法即可缩小显示图像。

第2章

一、填空题

1. 选择工具
2. 填充色、边线的颜色
3. 直线段、数值方法
4. 【窗口】、6
5. 【水平左对齐】
6. 【水平居中对齐】
7. 【垂直顶对齐】
8. 【垂直顶分布】
9. 【水平左分布】

二、判断题

1. √
2. √
3. ×
4. √
5. √
6. √
7. ×

三、思考题

1. 选中需要存储的对象，然后在菜单栏中选择【选择】→【存储所选对象】菜单项。

弹出【存储所选对象】对话框，①根据实际需求更改对象的名称，②单击【确定】按钮，这样即可储存选择的对象。

在菜单栏中单击【选择】菜单项，在弹出的下拉菜单中即可看到所存储的对象，这样即完成存储所选对象的操作。

2. 选择一个需要进行自由变换的图案，然后在工具箱中选择自由变换工具。

在不按下鼠标键的情况下把光标移动到矩形外面，光标会变成一个弯曲的箭头 ↰，表示此时拖动鼠标可以实现对象的旋转。

把光标移动到矩形边界框的一个手柄上，此时光标变成了一个直箭头 ↘，拖动鼠标就可以缩放对象以达到想要的尺寸。

把光标移动到矩形的内部，光标再次变为 ▓ 形状，这时拖动鼠标可以移动对象。

四、上机操作

1. 打开配套的素材文件，选择椭圆工具，在工作区上方画出月亮，在下方画一个扁椭圆形为画海浪做准备，根据喜好为图形填色。

填充图形后，单击星形工具，在月亮周围添加星星，根据喜好为星星填充颜色。

在工具箱中选择旋转扭曲工具，选中扁椭圆形并按住鼠标拖动，绘制出多个海浪形状，复制出多个海浪并填充不同层次的颜色。

通过以上步骤即可完成绘制夜晚海景图的操作。

2. 在工具箱中，选择直线段工具，在工作区下方绘制出一条直线段。

在工具箱中，选择矩形工具，在直线段上方绘制出矩形房体和矩形门。

在工具箱中，选择多边形工具，在矩形上方绘制出三角形房顶和梯形道路，再使用圆角矩形工具绘制出烟囱。

在工具箱中，使用弧线工具绘制出烟囱上的炊烟，使用椭圆工具在道路旁画满鹅卵石，再使用直线工具、弧线工具和螺旋线工具绘制出花朵的形状并复制多个布满道路两旁。

根据个人喜好将图形填充颜色，通过以上步骤即可完成绘制带花园的小房子的操作。

第 3 章

一、填空题

1. 路径
2. 闭合路径
3. 锚点、线段
4. 锚点
5. 直线角点

二、判断题

1. √
2. ×
3. √
4. √
5. ×
6. ×

三、思考题

1. 在工具箱中，①选择钢笔工具，②用鼠标单击绘图区任意位置，再将鼠标移动至另一位置，调整控制柄控制曲线的弯度。

释放鼠标后，再将鼠标移动至下一位置调整并释放鼠标，重复操作可绘制出波浪线效果，这样即可完成使用钢笔工具绘制波浪曲线的操作。

2. 在绘图区中，①按住钢笔工具，②在弹出的菜单中选择【添加锚点工具】菜单项。

选择一段路径，单击路径上的任意位置，这样路径上即可增加一个新的锚点。

在绘图区中，①按住钢笔工具，②在弹出的菜单中选择【删除锚点工具】菜单项。

选择一段路径，单击路径上的任意锚点，这样即可删除路径上的一个锚点。

在绘图区中，①按住钢笔工具，②在弹出的菜单中选择【锚点工具】菜单项。

选择一段闭合路径，单击路径上的任意

锚点，按住鼠标左键并拖动锚点可以编辑路径的形状，这样即可完成转换锚点的操作。

四、上机操作

1．选择椭圆工具，绘制一个椭圆形，双击渐变工具，弹出【渐变】面板，将渐变色设置为从白色到浅粉色(其中 C、M、Y、K 的值分别为 0、64、0、0)，单击渐变色带上方的渐变滑块，将【位置】选项设置为61%。

图形被填充渐变色，设置图形的描边颜色为无。

再选择钢笔工具，绘制一个"眼睛"图形。在【渐变】面板中，将渐变色设置为从黑色到红色(其中 C、M、Y、K 的值分别为30、100、100、0)，单击渐变色带上方的渐变滑块，将【位置】选项设置为34%。

图形被填充渐变色，设置描边颜色为无，取消选取状态。用相同的方法，再次制作一个眼睛图形，并调整到适当的位置。

选择椭圆工具，在页面中适当的位置绘制一个椭圆形。在【渐变】面板中，将渐变色设置为从桃红色(其中 C、M、Y、K 的值分别为 10、100、0、0)到浅红色(其中 C、M、Y、K 的值分别为 5、32、7、0)。

图形被填充渐变色，设置图形的描边颜色为无。

选择椭圆工具，按住 Shift 键的同时，在页面中适当的位置绘制两个圆形，填充图形为黑色。

选择钢笔工具，绘制一个"大嘴"图形。设置填充颜色为红色(其中 C、M、Y、K 的值分别为 0、100、100、0)，设置描边颜色为无。

选择钢笔工具，分别绘制两个"牙齿"图形，填充图形为白色，设置描边颜色为无。选中选择工具，按住 Shift 键，单击鼠标将白色图形同时选取，按 Ctrl+[组合键，将其

后移一层。

选择选择工具，选取红色图形，按Ctrl+C 组合键，复制图形，按 Ctrl+F 组合键，将复制的图形粘贴在前面。按住 Shift 键的同时，选取两个白色图形，按 Ctrl+7 组合键，建立剪切蒙版。

选择钢笔工具，绘制一个"耳朵"图形。双击渐变工具，弹出【渐变】面板，将渐变色设为从桃红色(其中 C、M、Y、K 的值分别为 6、89、0、0)到红色(其中 C、M、Y、K 的值分别为 14、59、0、0)。

图形被填充渐变色，设置图形的描边颜色为无。

按 Ctrl+C 组合键，复制图形，按 Ctrl+F组合键，将复制的图形粘贴在前面，按住Shift+Alt 组合键，向内拖曳变换框的控制手柄，等比例缩小图形。

填充图形为桃红色(其中 C、M、Y、K 的值分别为 0、100、0、0)。

选中选择工具，用框选的方法，将耳朵图形同时选取，按 Ctrl+G 组合键，将其编组。按 Ctrl+Shift+[组合键，将其置于底层。

双击镜像工具，弹出【镜像】对话框，设置详细参数，单击【复制】按钮，并将镜像后的图形向右拖曳到适当的位置，取消选取状态。

选择钢笔工具，分别绘制两条曲线。选中选择工具，用框选的方法将两条曲线同时选取。

选择【窗口】→【描边】菜单项，弹出【描边】面板，单击【圆头端点】按钮，并进行其他选项的详细设置，取消选取状态即可完成最终的效果。

2．在绘图区中，①绘制两个图形并用鼠标框选，②单击鼠标右键，在弹出的快捷菜单中选择【建立复合路径】菜单项。

通过以上步骤即可完成绘制复合路径的操作。

在绘图区中，①选中被组合的复合路

径，②单击鼠标右键，在弹出的快捷菜单中选择【释放复合路径】菜单项。

通过以上步骤即可完成释放复合路径的操作。

第4章

一、填空题

1. 【填色】、【描边】
2. 填充
3. 【窗口】、【颜色】
4. 【窗口】、【色板】
5. 端点

二、判断题

1. √
2. ×
3. √
4. √
5. ×
6. √
7. √

三、思考题

1. 选择准备进行虚线描边的图形后，①在【描边】面板中选中【虚线】复选框，②选择准备应用的虚线样式，③设置虚线大小，即可完成虚线描边的操作。

2. 选择准备进行图案填充的图形，然后在菜单栏中选择【窗口】→【色板库】→【图案】菜单项，即可在弹出的子菜单中选择准备进行填充的图案类型，这里选择【自然】→【自然_叶子】菜单项。

系统即可打开用户选择的图案库面板，在其中选择准备应用的图案填充，如选择"花蕾"。

返回到 Illustrator CC 软件的工作区中，

可以看到选择的图形已被填充了所选择的图案，这样即可完成使用图案填充的操作。

3. 打开素材文件"吸管工具素材.ai"，①在工具箱中选中选择工具，②选择素材中没有任何属性的图形对象。

①在工具箱中选择吸管工具，②将鼠标指针移动至有填充属性的图形对象上，然后单击进行吸取。

可以看到没有任何属性的图形对象已被应用同样属性的样式，这样即可完成使用吸管工具为对象赋予相同属性的操作。

四、上机操作

1. 在菜单栏中选择【窗口】→【色板库】→【其他库】菜单项。

弹出【打开】对话框，然后依次选择【色板】→【渐变】文件夹。

在【渐变】文件夹中，①选择准备使用的渐变库，②单击【打开】按钮。

打开选择的渐变库后，用户即可在其中选择准备使用的渐变，如选择"大地色调33"，这样即可完成使用渐变库填充图形颜色的操作。

2. 绘制一个图形并选中，在菜单栏中选择【对象】→【创建渐变网格】菜单项。

弹出【创建渐变网格】对话框，①根据需要设置相关数值，②单击【确定】按钮。即可完成使用【创建渐变网格】菜单项创建渐变网格的操作。

第5章

一、填空题

1. 形状
2. 【修饰文字工具】

二、判断题

1. √

2. √

3. ×

三、思考题

1. 绘制一个图形，①在工具箱中选择区域文字工具，②将鼠标移动至图形边框时，指针将变为 形状。

在图形上单击，图形将转换为文本路径，输入文字即可完成使用【区域文字工具】创建文本的操作。

2. 输入文字后，使用【选择工具】选择文字，然后在菜单栏中选择【文字】→【创建轮廓】菜单项。

可以看到选择的文字已被转换为图形，这样即可完成将文字转换为图形的操作。

四、上机操作

1. 使用文字工具输入文字。使用直接选择工具将文字适当变形。使用置入命令置入素材图片。使用剪切蒙版命令编辑置入的图片。使用路径文字工具输入路径文字即可。

2. 使用文字工具输入文字。使用创建轮廓命令将文字转换为轮廓路径。使用缩放工具、旋转扭曲工具将文字变形即可。

第6章

一、填空题

1. 路径
2. 符号喷枪工具
3. 前后
4. 符号紧缩器工具
5. 符号旋转器工具
6. 【样式】

二、判断题

1. √

2. √

3. ×

4. ×

三、思考题

1. 在菜单栏中选择【文件】→【打开】菜单项或者【置入】菜单项导入图像。

弹出【打开】对话框，①选择需要描摹的图像素材"彩绘一品红和圣诞帽.jpg"，②单击【打开】按钮。

导入需要描摹的图像并选中，在菜单栏中选择【对象】→【图像描摹】→【建立】菜单项。

可以看到已经将图稿进行描摹，这样即可完成使用图像描摹的操作。

2. 在菜单栏中选择【窗口】→【符号】菜单项。

打开【符号】面板，①选择需要应用的符号，②按住鼠标左键将其拖动至绘图区中。

将选择的符号拖曳到画板中后，用户可以调整其大小和位置。

使用 Ctrl+C、Ctrl+V 组合键，复制粘贴符号，并调整它们的位置，这样即可完成使用【符号】面板创建图形的操作。

四、上机操作

1. 使用矩形工具和投影命令添加投影效果。使用建立不透明蒙版命令添加图形的透明效果。使用文字工具添加文字，即可绘制播放图标。

2. 使用倾斜工具制作矩形的倾斜效果，使用投影命令为文字添加投影效果，使用【色板】面板为图形添加图案，使用符号库添加需要的符号图形，即可绘制音乐节插画。

第 7 章

一、填空题

1. 合并
2. 联集

二、判断题

1. ×
2. √
3. √

三、思考题

1. 打开素材文件"向日葵混合.ai"，可以看到已经创建了一个混合对象，在工具箱中使用【钢笔工具】绘制一个开放的路径。

将混合和路径全部选中，然后在菜单栏中选择【对象】→【混合】→【替换混合轴】菜单项。

可以看到选中的混合对象已经按照刚刚绘制的开放路径进行排列，这样即可完成替换混合轴的操作。

2. 打开素材文件"网格建立封套扭曲素材.ai"，选中需要创建封套的图形对象，然后在菜单栏中选择【对象】→【封套扭曲】→【用网格建立】菜单项。

弹出【封套网格】对话框，①单击【行数】和【列数】选项的数值框，设置需要的数值，②单击【确定】按钮。

返回到画板中，可以看到图形添加的封套网格。

选择直接选择工具，在封套网格控制点上按住鼠标进行拖动，会出现控制柄，拖动控制柄可以把图形调整成用户想要的形状。

四、上机操作

1. 使用混合工具制作底图效果。使用高斯模糊命令为图形添加模糊效果。使用变形命令将文字变形即可完成立体效果文字的制作。

2. 使用椭圆工具和羽化命令制作太阳发光效果。使用钢笔工具和混合工具制作高山效果。使用【与形状区域相加】命令制作云效果。使用【粗糙化】命令制作花心效果，即可完成太阳插画的绘制。

第 8 章

一、填空题

1. 透明层、不会
2. 包含
3. 锁定
4. 任意形状
5. 黑色、白色、半透明

二、判断题

1. √
2. ×
3. √
4. √
5. √
6. ×

三、思考题

1. 打开【图层】面板，①单击右上方的菜单按钮，②在弹出的下拉菜单中选择【新建图层】菜单项。

弹出【图层选项】对话框，①根据需要设置名称和颜色等选项，②单击【确定】按钮。可以看到在【图层】面板中已经创建了一个刚刚命名的图层，这样即可完成创建图层的操作。

打开【图层】面板，①选中需要创建子图层的图层，②单击最下方的【创建新子图层】按钮。可以看到在选择的图层下已经创建了一个子图层，这样即可完成创建子图层的操作。

2. 打开一个图像，①在工具箱中单击椭圆工具，②在绘图区中绘制一个椭圆形作为蒙版。

在工具箱中，①选择直接选择工具，②选中图像和制作的椭圆形。

在菜单栏中选择【对象】→【剪切蒙版】→【建立】菜单项。通过以上步骤即可完成创建剪切蒙版的操作。

四、上机操作

1. 使用圆角矩形工具绘制背景。使用【透明度】面板改变图形的透明度和混合模式。使用钢笔工具绘制路径。使用路径文字工具输入路径文字，使用符号库的自然界命令绘制装饰图形，即可制作婚纱卡片。

2. 使用矩形工具绘制背景效果。使用剪切蒙版命令制作图片的剪切蒙版效果。使用投影命令为图形添加投影效果。使用羽化命令羽化图形。使用画笔命令为图形添加画笔描边效果。使用徽标元素符号库命令添加符号图形即可制作饭店折页。

第9章

一、填空题

1. 【数值轴】
2. 任意
3. 带有标记点
4. 9
5. 单击鼠标
6. 饼图、内部
7. 雷达图

二、判断题

1. √

2. √
3. ×
4. ×
5. √
6. √
7. √

三、思考题

1. 打开素材文件"图表.ai"，选择【编组选择工具】 ，然后在【销售额】数据组中的任意一个柱形图上双击鼠标左键，将该组全部选中。

完成选中后，在菜单栏中选择【对象】→【图表】→【类型】菜单项。

弹出【图表类型】对话框，①在【类型】选项组中，单击【折线图】按钮，②单击【确定】按钮。

返回到图表中可以看到已经完成图表的转换，这样即可完成使用不同图表组合的操作。

2. 打开素材文件"图表.ai"，在菜单栏中选择【窗口】→【符号库】→【自然】菜单项。

打开【自然】面板，选择第1行第5个"蝴蝶"符号，将其拖曳到文档中。

确认选择文档中的"蝴蝶"图案，然后在菜单栏中选择【对象】→【图表】→【设计】菜单项。

打开【图表设计】对话框，单击【新建设计】按钮。

可以看到"蝴蝶"符号已被添加到设计框中，这样即可完成设计图表图案的操作。

四、上机操作

1. 在工具箱中选择矩形工具并绘制一个矩形，打开【符号】面板并选择需要应用的图案。

选中矩形框和图形，在菜单栏中选择

【对象】→【图表】→【设计】菜单项。

打开【图表设计】对话框，单击【新建设计】按钮，根据需要给图案重命名，单击【确定】按钮。

打开素材文件，单击柱形图工具，在绘图区中拖动鼠标定义需要的大小区域。

弹出【图表数据】对话框，根据素材文件在表格内填写数据，再单击【应用】按钮。

选中图形和图表，在菜单栏中选择【对象】→【图表】→【柱形图】菜单项。

弹出【图表列】对话框，选中刚刚设计的图案名称，设置相应的选项，单击【确定】按钮。即可完成制作服装销量统计表的操作。

2.　使用置入命令置入素材图片。使用剪切蒙版命令为图片添加剪切蒙版效果。使用【对齐】面板对齐素材图片。使用字形命令在文字中插入字形。使用折线图工具制作折线图表，即可制作完成汽车宣传单。

第 10 章

一、填空题

1.　矢量图、位图
2.　凸出和斜角、旋转
3.　凸出和斜角
4.　矢量图像
5.　路径效果
6.　【矩形】、【椭圆】
7.　【圆角】
8.　【羽化】
9.　【扩散亮光】
10.　【径向模糊】

二、判断题

1.　√
2.　×
3.　√

4.　×
5.　√
6.　√
7.　√
8.　×

三、思考题

1.　①绘制并选中黑色椭圆图形，②在【外观】面板中，单击填色属性栏中的颜色块，将会出现一个下拉按钮，单击该按钮，③出现【色板】面板，在其中选择准备应用的颜色。这样就可以在其中修改对象的填色属性。

在【外观】面板中，单击描边文本框中的 2pt 字样，将会出现【描边粗细】选项，这样即可设置描边粗细。

在【外观】面板中，①单击【描边】字样可以展开【描边】面板，②单击【使描边内侧对齐】按钮，按下键盘上的 Esc 键可以隐藏【描边】面板。

在【外观】面板中，①单击【不透明度】字样可以展开一个面板，②在【不透明度】文本框中设置参数为 50%，这样即可完成编辑属性的操作。

2.　①选中准备应用图形样式的图形对象，②在【图形样式】面板中单击【图形样式库菜单】按钮。

弹出样式库下拉菜单，在其中选择准备应用的样式，如选择【艺术效果】菜单项。

打开【艺术效果】面板，可以看到有多个样式，这里选择【彩色半调】样式。

可以看到选择的图形对象已应用了选择的样式，这样即可完成应用现有图形样式的操作。

四、上机操作

1.　置入素材文件，使用剪切蒙版命令为图片添加蒙版效果，使用外发光命令为文字添加发光效果，使用弧形命令将文字变形即可制作完成美食网页。

2. 置入素材文件，使用【艺术效果】命令、【透明度】面板制作背景图形，使用【风格化】命令制作投影。使用 3D 命令、【符号】面板制作立体包装图效果，使用文字工具添加文字，即可制作完成茶品包装。

第 11 章

一、填空题

1. Web 安全色
2. 【划分切片】

二、判断题

1. √
2. √

三、思考题

1. 首先建立参考线，按下键盘上的 Ctrl+R 组合键显示出标尺，然后分别从水平标尺和垂直标尺上拖曳出参考线，以定义切片的范围。

建立参考线后，在菜单栏中选择【对象】→【切片】→【从参考线创建】菜单项。系统即可基于参考线的划分方式创建出切片。

2. 打开素材文件"划分切片.ai"，可以看到已经创建了一些切片，①在工具箱中按住切片工具，②在弹出的菜单中选择【切片选择工具】菜单项。

使用切片选择工具，在绘图区中选中需要进行划分的切片。

选择【对象】→【切片】→【划分切片】菜单项。

弹出【划分切片】对话框，①设置需要的选项参数，②单击【确定】按钮。

返回到绘图区中，可以看到此时被选中的切片自动进行了划分，这样即可完成平均创建切片的操作。

四、上机操作

1. 要进行页面设置，可以在菜单栏中选择【文件】→【文档设置】菜单项，即可弹出【文档设置】对话框。

【文档设置】对话框共由 3 部分构成，用于设置不同的参数，它们分别是【出血和视图选项】、【透明度】选项和【文字】选项，用户在其中即可进行详细的设置。

2. 在菜单栏中选择【文件】→【打印】菜单项，或者按下键盘上的 Ctrl+P 组合键，即可弹出【打印】对话框。

在【打印】对话框中，用户可以设置纸张的大小和方向、标记和出血、图形和颜色管理。在左上角的列表栏中单击选择不同的选项，即可显示出相应的选项设置内容。设置完成之后，单击【完成】按钮即可进行打印了。